リーマンサット・プロジェクト（Rymansat）

@RymanSat

地球の周りを回りながら、アームを伸ばして地
に自撮り（Selfie）する人工衛星を、思うがまま
（Selfish）に開発してみた
#宇宙好きをこじらせた
#趣味は宇宙開発
#趣味で作る人工衛星

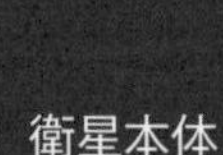

衛星本体

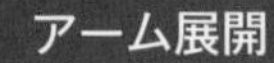

アーム展開

超小型衛星「RSP-01」愛称：Selfie-sh（セルフィッシュ）

2021 年2月 21 日にアメリカで打ち上げられ
同年3月 14 日にきぼうから放出された「RSP-01」は
2022 年6月 10 日にミッションを完了

宇宙ポストに寄せられた
17,067 通のお願い事と共に
流れ星☆彡になった

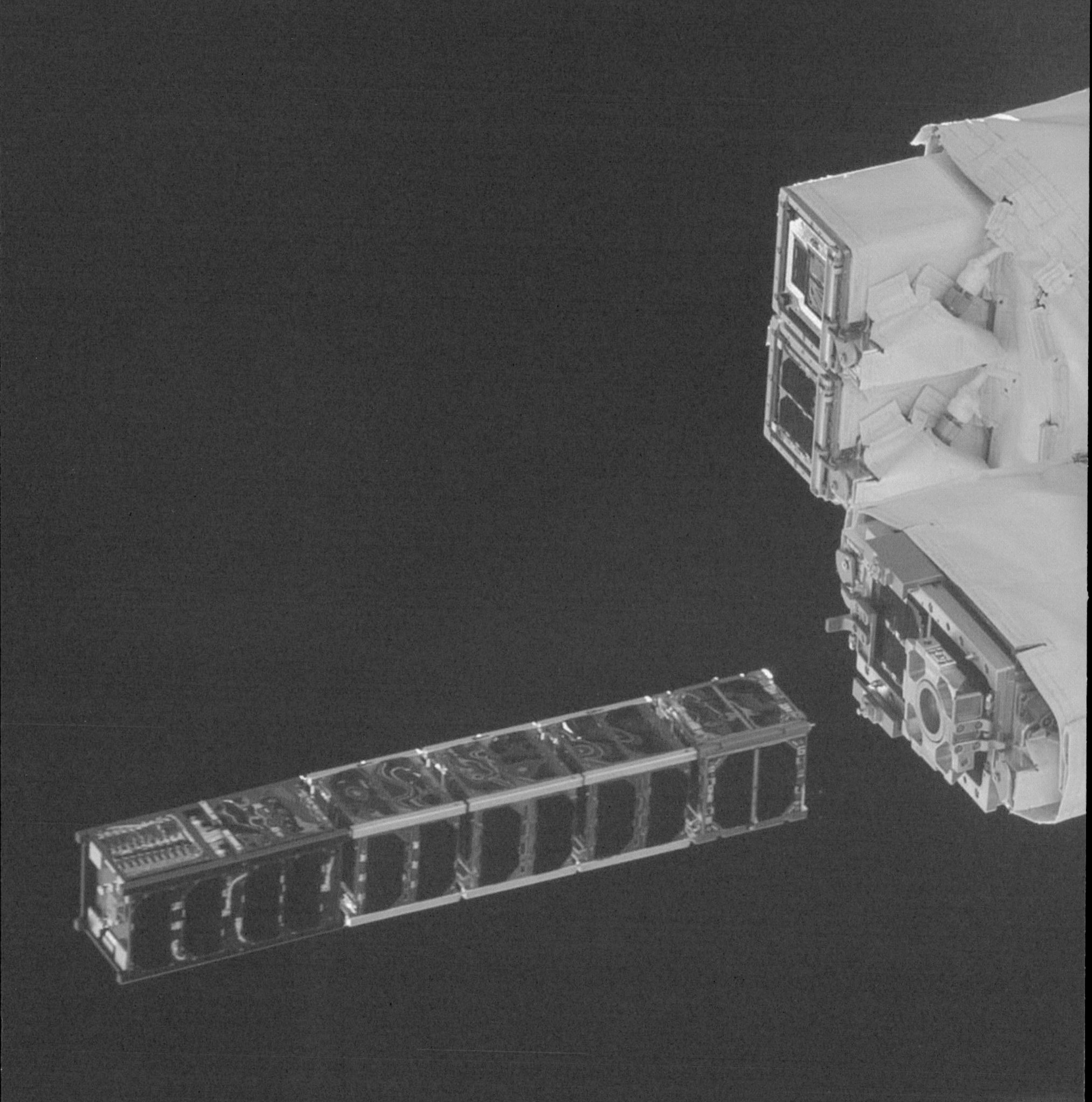

有人実験施設「きぼう」から、他の衛星※と共に放出される超小型衛星「RSP-01」

※OPUSAT-II（大阪府立大学）、BIRDS-4（Tsuru、Maya-2、GuaraniSat-1）（九州工業大学／University of the Philippines Diliman（フィリピン大学ディリマン校）／Agencia Espacial del Paraguay（パラグアイ宇宙庁））

きぼうの小型衛星放出機構（JEM Small Satellite Orbital Deployer: J-SSOD）を利用した16回目の放出ミッション（J-SSOD#16）
撮影：野口聡一宇宙飛行士
撮影日：2021年3月14日（日本時間）
出典：JAXA／NASA

作業風景

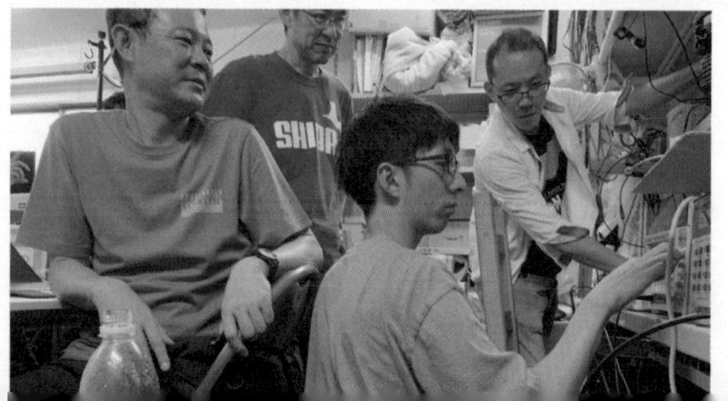

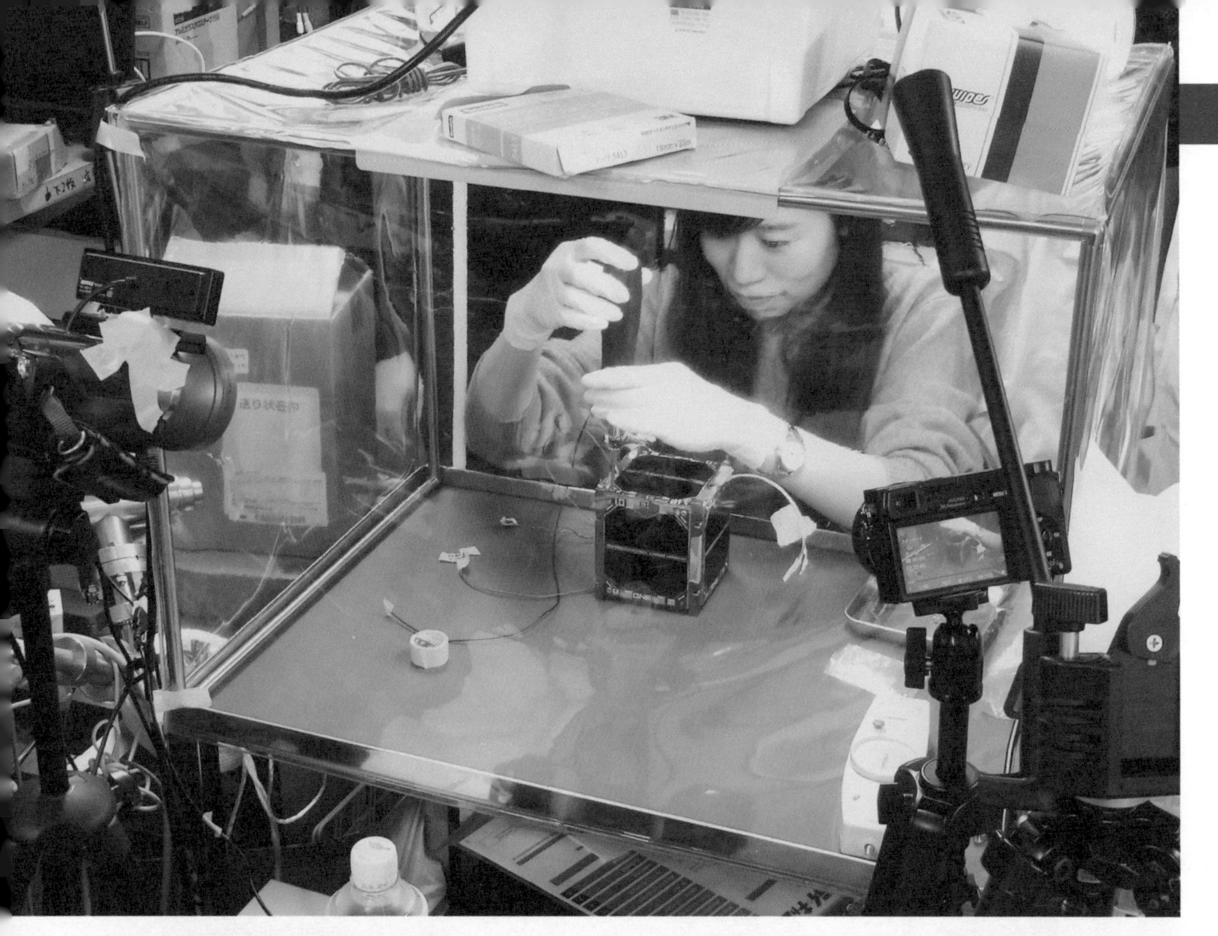

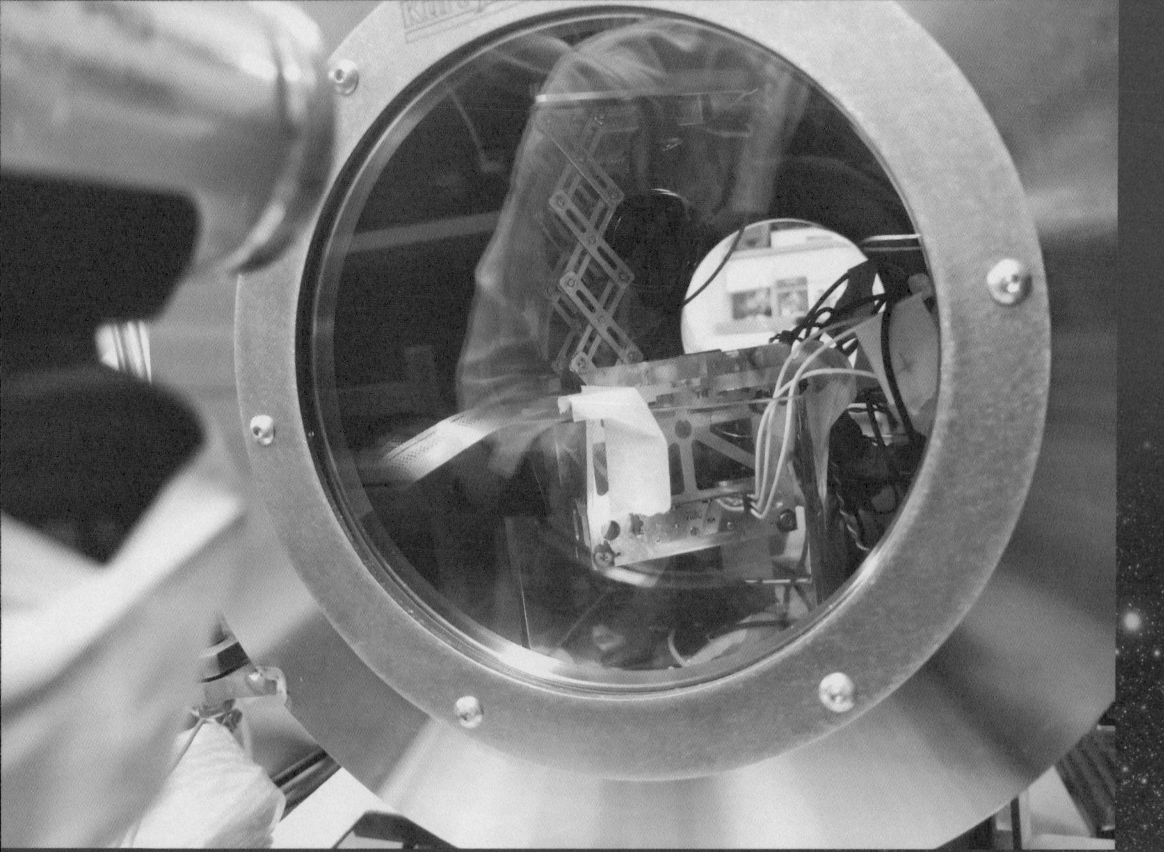

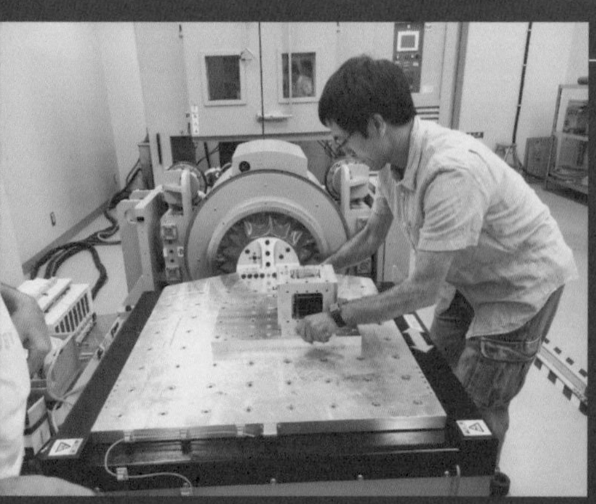

振動試験

ソーラーシュミレータ試験

フライトモデルのフィットチェック

放射線試験

人工衛星を自分で作って
みたいと思っている方へ

本書は、リーマンサット・プロジェクト（以下：rsp.）が製作した超小型衛星RSP-01の開発、運用、またその舞台裏について書いたものです。後半には簡易版RSP-01衛星の製作手順も記しています。あなたの手で自分の人工衛星を作ってみてください。読み終えて、当団体への興味や疑問がわいた方はぜひrsp.へのご参加もお待ちしています（https://www.rymansat.com/）。

rsp.は「日本の宇宙開発を盛り上げたい」という想いを持ってファウンダー５人で立ち上げた団体です。当団体は、人を中心とした開発を大切に活動しています。本書で紹介するのは初号機であり、RSP-01と呼んでいます。本衛星はファウンダーである私にとって非常に重要なものでした。詳細は本文02に記載しますが、プロジェクトマネージャーとして初号機を無事開発できたこと、ミッションを達成できたことは非常にうれしく、また誇らしく思っています。本衛星の開発本を出版することになるとはまったく想像していませんでしたが、メンバーと築き上げたこの実績が少しでも宇宙開発の裾野を広げ、より日本の宇宙開発を盛り上げることに貢献できるなら幸いです。

当団体の開発は、普段宇宙開発に関わっていないメンバーを中心に行っています。開発中、辛く大変なことが何度もありました。アームの小型化が実現しない、審査直前に伸ばしたアームが戻らない、電力収支が合わない、宇宙からの電波強度が低い等々…。しかし、進む度に立ちはだかる壁をチーム一丸となって克服してきました。「RSP-01 はチームプレー！」それを体現してくれた開発メンバーに心から感謝しています。

また、素晴らしいコミュニティマネージメントを発揮してくれた組織運営メンバー、開発以外の全てを支えてくれた広報メンバー、当団体外から温かく応援してくださった皆様、本当にありがとうございました。

本書を読んで、趣味で宇宙開発を始める方が増えることを願っています。宇宙開発はすでに目の前にあります！

ファウンダー兼 RSP-01 プロジェクトマネージャー
三井　龍一

目次

#趣味で作る人工衛星

リーマンサット・プロジェクト 著

01

サラリーマン衛星の夜明け

リーマンサット・プロジェクトとは

リーマンサット・プロジェクト（以下：rsp.）は、一般のサラリーマンや学生などによる趣味の宇宙開発団体である。自らで宇宙開発を行うと共に、宇宙開発そのものの広報活動にも注力し、「宇宙を身近に」ではなく、「身近なものを宇宙に」つなげることで宇宙開発の裾野を広げることを目的としたコミュニティ（サードプレイス）である。あくまでも趣味であることを是（ぜ）とし、趣味だからこそできる活動を通じて日本の宇宙開発の発展を企図している、と言うと、何か崇高（すうこう）な目的に向かって一心に活動しているように思われるかもしれないが、実態は発展途上であり、常に渇望する団体である。この団体の性格は、本書で紹介する人工衛星のミッション成立にも大きく影響しているため、団体設立から現在に至るまでの経緯を簡単に紹介したい。

開かれた趣味の宇宙開発団体を目指して

2014年5月、rsp.は、自分の手で宇宙開発を行いたいという想いを持つ者3人が、新橋の居酒屋でその夢を語るところから始まった。素人に宇宙開発は無理なのか、宇宙開発を一般人の関心を集めるものにするにはどうしたらよいのか、宇宙業界はもっと開かれた業界になるべきではないか、そのようなことを話しているうちに、実践的に宇宙開発を行う団体を作りたいと構想し始めた。同時に、宇宙に興味のない一般人の関心をひくための方法も模索し始めた。そこで、宇宙に興味がない2人を加えて、団体の方向性を具体的に話し合っていった。この時点では、5人はお互いのスキルや得意分野を把握しておらず、5人に足りないスキルをカバーするメンバーが見つかれば、人工衛星くらいなら作れるのでは、と考えていた。海外には人工衛星キットなるものがあることが分かっていたからだ。これは後々大変な誤解だったことが分かるのだが、「なんとなくできそう」といいように解釈してポジティブな行動を生んだことが、「できることよりも、やりたいことを大事にする」という団体の性格を決める要因になっていった。

まずは団体名を決めて、メンバーを集めることになった。アマチュアだが宇宙開発をしたい、と考えている人はまだまだ在野にたくさんいるだろう。それはどんな人なのか、その人達に響くメッセージは何なのか。そんなことを考えているうちに、「サラリーマンにもできる宇宙開発」というコンセプトが生まれた。団体名は、サラリーマンが作る人工衛星（サテライト）ということで、「リーマンサット・プロジェクト」とした。

同年11月、アマチュアの開発者が集まるイベント「Maker Faire Tokyo 2014」で「The Space for the rest of us －普通の人も目指せる、宇宙を。」という、どこかで聞いたようなメッセージを掲げ、チラシと熱意だけで一緒に開発を行うメンバーを募った。

2015年1月にはキックオフミーティングを行い、宇宙開発をしたいというサラリーマン、学

図1　団体のキービジュアル

生が数多く集まった。本当にアマチュアなのか疑わしいほど宇宙開発に詳しい者もいれば、楽しそうだからという理由で参加した者もいた。様々な背景・知識を持つメンバーが集まったことで、知識の差、興味・考え方の違いなどで話がまとまらないこともあったが、この時の経験から「多様性を担保しつつ活動を続ける」、「できることより、やりたいことを大事にする」という「趣味の宇宙開発団体」としての立ち位置が明確になっていった。

図1は、どこにでもいる普通のサラリーマンが、宇宙開発を趣味として語る時代が来ることを期待して作成したキービジュアルである。

同年3月、趣味だからこそできる人工衛星を作ろう、ということで、実用性や実現性は後回しにして、面白さを重視したミッションプレゼン大会を行った。プレゼンでは、宇宙でニャーニャー鳴く超小型猫型衛星や、下の歯を高いところに投げたら丈夫な歯になるという言い伝えを拡大解釈して宇宙まで歯を送る衛星など、事業であれば口にも出せないようなアイデアが多数飛び交った。

結果、技術的価値から全方位撮影できるカメラを搭載して自分が宇宙にいるような映像を撮影する衛星と、その他2つの衛星が採択され、正式に技術班(後の技術部)が発足した。

ミッションは決まったが、実際にどこから手をつけるのか。この時点では、まだまだ知見もメンバーも少なかったため、各自で『人工衛星をつくる－設計から打ち上げまで－』（オーム社）を購入し、勉強するところから始めた。

また、広報活動も本格化し、広報班（後の広報部）も発足。さらなるメンバー獲得のためにWebサイトでの記事更新やイベントへの出展にも力を入れた。幸い、「サラリーマンが宇宙開発をする」というメッセージは分かりやすく、メディア受けも良かった。イベントでも熱量の高いメンバーが、自らの「好き」を伝える努力をしてくれたおかげで「ここでなら宇宙開発の夢を追えるかも」という技術者の参加が増えた。

さらに、団体の内外を問わず、誰もが参加しやすい活動として「宇宙ポスト」プロジェクトがスタートした。願い事を集めてデータ化し、我々が開発している人工衛星に搭載して打ち上げ、最後には大気圏突入によって流れ星になるというプロジェクトである。これにより、「宇宙開発の知識はないけど、楽しそうだから」という方々に加わってもらうことができた。

2016年9月、予定していた期限内に目標とする衛星を開発するのは技術的にも資金的にも課題が多かったため、実験機として「RSP-00」の開発を開始することになった。

同年12月には契約や支払いなどの周辺雑務を行うための法人格、一般社団法人リーマンサットスペーシズを設立。趣味の宇宙開発団体としての性格は保ちつつ、対外折衝も行えるよう準備を進めていった。

2018年9月には、RSP-00をJAXA(宇宙航空研究開発機構) 種子島宇宙センターから打ち上げた。

設立してから年100～150名のペースでメンバーが増えていった。金融、交通、Webサービスなどの開発を本職とするエンジニアや、マーケター、デザイナー、弁護士、看護師、学生などを迎え、より雑多でにぎやかな団体になった。本職では開発に携わらない者が、はんだごてを持って作業にあたったり、アマチュア無線技士の資格を取ろうと勉強したりする者も増えてきた。また、イベントへの出展などを通じて、エンジニアが広報活動に関わることも多くなった。最初は自分ができることを行うだけに留まっていたメンバーが、できないけれどやってみたいことに手を出すことで、自らの新たな可能性を開いていく様は、他のメンバーにも影響を与え、団体としても活動の原動力になっていると感じている。

2023年3月には1,300名を超える日本最大級の宇宙開発団体となった。大きくなった今でも、趣味の宇宙開発団体であることには変わりがない。各々がやってみたいことをプレゼンし、面白そうであれば共に活動を始める。

超小型人工衛星RSP-01も、まずは「面白そう」というところから生まれたプロジェクトである。役に立つことだけを考えたら、まず採用されないようなミッションを課した。**02**では、そのミッションの紹介から始めたい。

02

人工衛星 RSP-01
「Selfie-sh」

ミッション選定まで

RSP-01 のミッションは自撮り撮影である。衛星、地球、宇宙が同一のフレームに収まった写真を撮ることが主目的の衛星である。これまでは地球観測衛星、科学衛星、通信衛星などの人々の暮らしに直結もしくは自然科学の探求に合致するものが中心であった。その観点では「自撮り衛星」はエンタメに位置付けられる。ここでは、自撮りミッションが選定された背景について記す。

rsp. は 2 年以内に人工衛星を製作し、打ち上げることを目標に掲げていた。衛星を製作するためには、まずミッションを決める必要がある。ミッションとは「人工衛星の存在意義」である。ミッションなくして人工衛星を作ることはできない。

そこで団体立ち上げ初期は、ミッションプレゼン大会を行った。既存の枠にとらわれず、趣味だからこそ実現したいミッションをメンバーで選定した。

その結果、以下の 3 つに絞り込み、それぞれ並行して技術的観点で検討し、中間報告まで行った。

（1）360Sat

見たことのない映像の撮影体験を通し、宇宙開発の魅力を伝える。

- 宇宙空間で画像撮影とダウンリンク。
- フル HD 静止画撮影とダウンリンク。
- フル HD 動画、360 度画像撮影とダウンリンク。

（2）ToothSat

歯を搭載した衛星。独創的であり、前代未聞の衛星。下の歯を屋根に投げると丈夫な歯が生えるという言い伝えの拡大版である。

- 放出した歯を大気圏に突入させる。
- 放出した歯の画像を撮り、地上に送信する。

（3）KodomoSat

子供の笑顔を通じて、老若男女の多くの方に宇宙を身近に感じてもらう。衛星からクイズを発信し、自作アンテナで受信と解答をしてもらう。

- 衛星の CW ビーコン（モールス信号）による通信。
- 地球の写真撮影と撮影データのダウンロード。

しかし、実際に物を作り、手を動かしての検討には至っておらず、中間発表以降は技術力の向上に取り組んだ。センサを載せたペットボトルロケットの自由研究、ウソ発見器の製作、秋葉原見学ツアーなどを行い、より技術的検討を深めるための準備を整えていった。

そんな折、2015年秋にJAXAの革新的衛星技術実証プログラムの公募が始まった。概要は、「革新的な機器／ミッションかつ期日までに製作できる衛星は無料でイプシロンロケットに搭載する」というものである。ロケット搭載費が無料というのは、非常に魅力的である。そこで、これまで検討したミッションも含め、改めて革新的かつ実現可能性があるものを考えた。

ミッション考案にあたり、短い開発期間、採用された際の重責を鑑みた結果、自分達が本当にやりたいミッションでなければやりきることはできないという結論に至った。そして出した答えが、「自分達が一生懸命作った衛星が宇宙で活躍している姿を見たい」という想いであった。

しかし、想いだけでは提案できないため、世間のニーズを調査したところ、当時JAXAの金星探査機あかつきのスラスターが破損したというニュースがあった。そこで衛星自身を撮影できる機能があれば原因究明に役立つと考えた。また、これまで打ち上がった衛星の中で衛星自身を撮影するミッションを見つけることができなかった。自分達が作りたいと思った衛星と世間のニーズが合致したのである。

結果、選考にはもれたが、rsp.として外部に出した「最初のミッション」がこの自撮り衛星である。初号機と呼んでおり、記念となるrsp.最初のミッションは上記の流れで決まった。

以降、参考までにRSP-01プロジェクト立ち上げについて述べる。革新的衛星技術実証プログラムには落選したが、引き続き自撮り機構の開発を進めていた。しかし、新規開発には非常に多くの時間を費やす。そこで自撮りは一度立ち止まり、衛星のバス機能の技術獲得を目指すことになった。バス機能とは通信、電源、コマンド処理部であり、どんなミッションにも共通する技術である。当該技術の獲得を目的にスタートしたのがRSP-00である。バス機能の確立および地球の撮影をメインミッションとして2016年12月にプロジェクトが発足し、2018年9月に種子島から打ち上げられた。

一方、2年に一度打ち上げることを目標にしていたrsp.は、RSP-00と並行して2017年11月に再度自撮りをメインにしたRSP-01プロジェクトを立ち上げた。

RSP-01の概要

ここでは衛星の諸元およびプロジェクトの成功判断基準(以下：サクセスクライテリア)について記す(**表1**)。

サクセスクライテリアは、以下の通りである。

(1) ミニマムサクセス

- 宇宙ポスト1万通の搭載。
- 自撮りアームの動作実証ができること。
  テレメトリによる機構の動作確認、撮影画像によるアーム伸縮の確認。

- 自撮りアームが複数回稼働できること。
- デザイン性を持たせること。

（2）フルサクセス
- 自撮りアームで撮影を行い、人工衛星、地球、宇宙が同一フレームに収まった画像をダウンリンクできること。
- 画像サイズはフル HD であること（1,920px × 1,080px）。

（3）エクストラサクセス
- 「地球、オーロラ、宇宙」や「地球、月、宇宙」との自撮り写真を撮影し、ダウンリンクできること。
- 上記画像について、機械学習による最適な画像選択ができること。
- 地上局から送信された衛星へのメッセージに対して、機械学習を利用した文章生成を行い、その文章が地上局で受信できること（以下：衛星チャット）。
- リアクションホイールを用いた姿勢制御を行うこと。

表1　諸元

衛星名称	RSP-01（愛称：Selfie-sh セルフィッシュ）
メインミッション	伸縮アームを用いた衛星自撮り
サブミッション	機械学習による画像認識とチャット機能 リアクションホイールによる姿勢制御の実証
サイズ	1U（10cm × 10cm × 11.35cm）
質量	1.28kg
軌道	国際宇宙ステーション「きぼう」からの放出 軌道高度 380 ~ 420km 程度の円軌道 （放出時の国際宇宙ステーション高度による） 軌道傾斜角：51.6°
ミッション期間	1年（弾道係数／放出高度／太陽活動などに依存）
打ち上げ／ ISS から放出	2021 年 2 月 21 日／ 2021 年 3 月 14 日
プロジェクト運用	RSP-01 技術メンバー（約 150 名）
開発場所	rsp. 代表理事である宮本卓の工場を使用（以下：開発工場）

表2　RSP-01

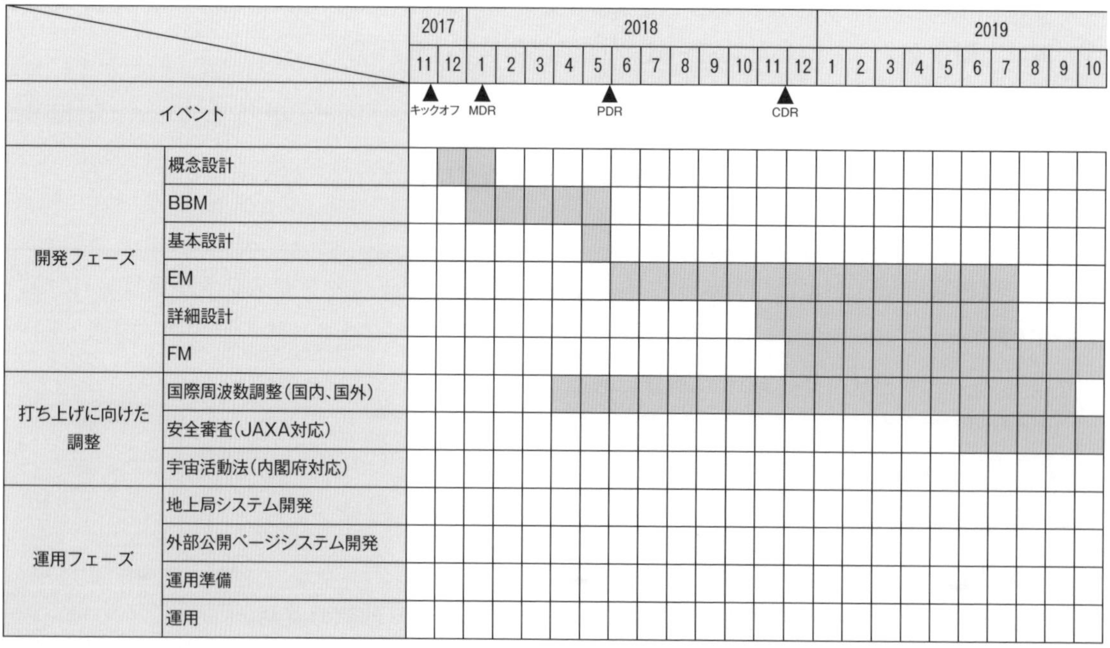

		2017		2018												2019									
		11	12	1	2	3	4	5	6	7	8	9	10	11	12	1	2	3	4	5	6	7	8	9	10
イベント		▲キックオフ		▲MDR				▲PDR						▲CDR											
開発フェーズ	概念設計																								
	BBM																								
	基本設計																								
	EM																								
	詳細設計																								
	FM																								
打ち上げに向けた調整	国際周波数調整（国内、国外）																								
	安全審査（JAXA対応）																								
	宇宙活動法（内閣府対応）																								
運用フェーズ	地上局システム開発																								
	外部公開ページシステム開発																								
	運用準備																								
	運用																								

全体スケジュール

RSP-01プロジェクトが立ち上がったのは2017年11月26日である。その時点を開発開始とし、開発終了を2020年10月20日JAXAへの引き渡しと定義した場合、2年11か月の期間で開発していたことになる。ただし、新型コロナにより2020年3月末より活動停止となり、実質的には2年6か月程度となる(**表2**)。当初、打ち上げは2019年秋頃を想定してスケジュールを組んでいたため開発初期フェーズは特にタイトになっている。また、開発後半に電力収支が仕様を満たしていないことが分かり、開発を3か月延長した。

加えて、開発と並行して関係各所へ申請を行う必要があった。具体的には国際周波数調整（使用する無線帯の申請)、安全審査(ISS(国際宇宙ステーション)に持ち込むための安全基準を満たしているか否か)、宇宙活動法(宇宙ゴミにならないか)の3つがある。打ち上げおよびISSから放出するためには各所への申請が必須となる。これらの申請にはトータルで2年5か月を要した。

引き渡し後は、運用フェーズに向けた準備に入る。衛星と無線を使ったやり取りをするための地上局システム開発、現在の運用状況や衛星の状況を伝える外部公開ページシステム開発、実運用を想定した手順書の整備および訓練を行ったうえで運用に入っていくことが望ましい。特に地上局システムは、運用開始の約1年前から開発を始めている。

プロジェクトの各項目について記す。

（1）概念設計

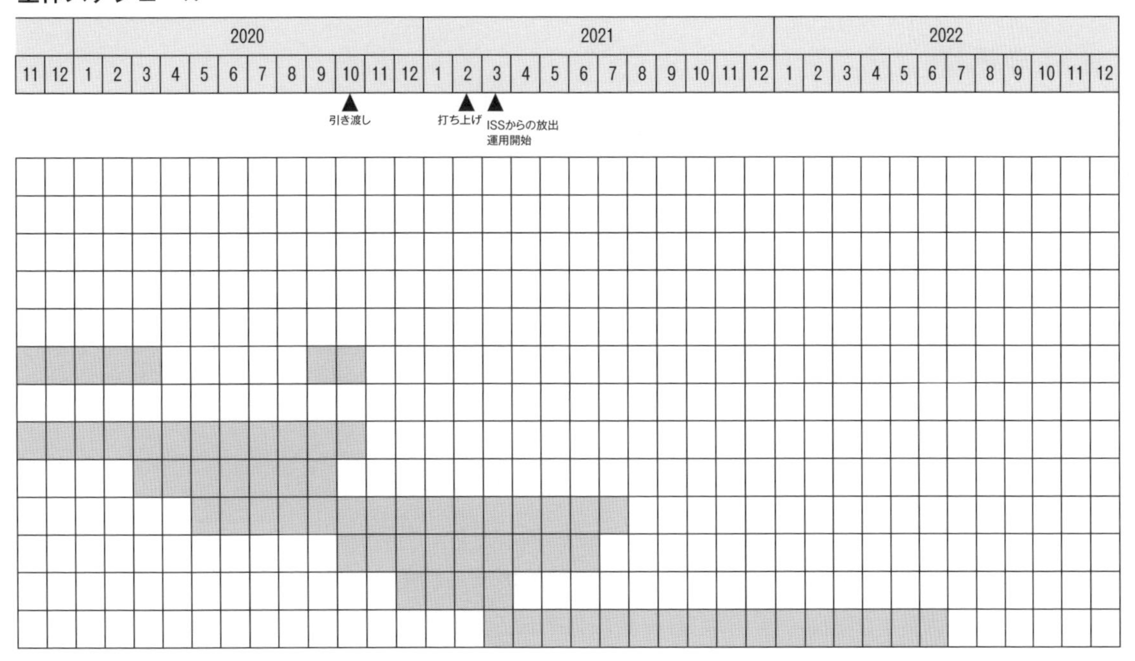

2017年11月26日のプロジェクト発足後から2018年1月14日のMDR(Mission Definition Review：ミッション定義審査会）までに実施した作業である。ミッションおよびサブミッションにフォーカスして概念設計を行った。自撮り撮影に関わる設計は、RSP-00立ち上げ前まで開発を進めていたこともあり、それまでの経験を活用した。リアクションホイールについては新規のものであったため、論文などによる情報収集から始めた。

（2）BBM(Bread Board Model)：ブレッドボードモデル

2018年1月14日のMDR通過後から開始し、2018年5月13日まで実施した。

詳細は**03**を参照。

（3）基本設計

BBMの試験結果を踏まえ、2018年5月27日のPDR(Preliminary Design Review：基本設計審査会)まで実施した。

各系BBMの結果を待たずに先行着手できる範囲で進めた。また、PDR当日までに読み合わせを行い、PDRに臨んだ。

（4）EM(Engineering Model)：エンジニアリングモデル

2018年5月27日のPDR通過後から開始し、2019年8月3日まで実施した。

アジャイル開発を行い、途中CDR(Critical Design Review：詳細設計審査会)を挟んだ。各系進捗が異なることからFM(Flight Model：フライトモデル)に入れる系は先行した。

詳細は**03**を参照。

（5）詳細設計

2018年11月25日のCDRに向けて詳細設計を全系実施した。CDR後はEM開発で見つかった課題の反映を行った。各系進捗は異なるが、全系としては2019年8月3日まで実施した。

（6）FM

2018年11月25日のCDR通過後から開始し、JAXA引き渡しの2020年10月20日まで実施した。途中、打ち上げスケジュールの変更、電源基板の設計変更、新型コロナによる活動停止や打ち上げ便の延期が重なり、結果として2年費やした。

詳細は**03**を参照。

（7）国際周波数調整(国内、国外)

RSP-01はアマチュア無線帯を使っているため、使用する目的や周波数帯の調整が必要となる。2018年4月に調整を開始し、使用する周波数帯の確定、使用する無線機の測定などを各機関と行い、2019年9月に完了した。

（8）安全審査(JAXA対応)

ISSからの放出にあたり、搭載する衛星が満たすべき基準がある。その基準をクリアしているか確認することを目的に安全審査が存在している。この安全審査はSpaceBD(株)（以下：SpaceBD社)を仲介し、必要な書類、解析、試験を実施し、JAXAに提出する。

実施時期は2019年6月3日～2020年10月20日の引き渡しまでであった。

（9）宇宙活動法(内閣府対応)

活動法の目的は宇宙ゴミを放出しないことの確認である。よって、安全審査とは異なる観点で審査されるため、安全審査で通過した仕様であっても活動法の観点で修正を求められることもある。

実施期間は2020年3～9月の許可証交付までであった。

（10）地上局システム開発

RSP-01がISSから放出された後、衛星に対しコマンドを送信もしくはデータを受信する必要がある。そのために必要なアンテナの制御、周波数帯の制御（ドップラーシフト)、GUIによるコマンド送信および受信データのデコード確認をシステム開発した。

開発期間は2020年5月～2021年3月までであり、その後は2021年7月まで改修作業として続けていた。

（11）外部公開ページシステム開発

アマチュア無線帯を使用しているため、RSP-01が出すデータは世界中でデコードすることが可能である。よって、データフォーマットの公開や興味を持っていただいた方々への衛星状況を提供するための外部向けページを作成した。

開発期間は2020年10月～2021年6月までであり､その後は追加情報を適宜更新している。

（12）運用準備

運用開始後、いつ、どこで、何人で、どのように、などの運用全体に関わる方針を策定した。また、実際の運用時間（1回、10分程度）を想定した訓練を事前に実施した。この結果、実運用にスムーズに入ることができた。

準備期間は2020年12月～2021年3月の放出までであった。

（13）運用

運用計画を立て、ミッション開始までの流れの共有を行った。問題が発生した場合は、その都度判断し、対策を検討した。例として、運用開始後送信強度が弱いという問題が発生したが、主系無線機から従系無線機に切り替える対策を行い、改善に導いた。

運用期間は2021年3月14日～2022年6月3日まで実施した。

体制と各系

開発体制は以下の通り、系毎にチームを分ける形にした。

（1）プロジェクトマネージャー系(PM系)

開発および運用に関わるリソース、コスト、スケジュール、意思決定などプロジェクト全体の管理を行う。加えて、打ち上げおよび運用に関する各種申請を行う。rsp.に特化したマネージメントとしては、新規メンバーの希望を汲み取ってタスクを割り振る、メンバーの仕事の波を鑑みて開発を止めないようフォローしていく、などがある。特にメンバーは無償(自腹あり)での開発であるため、モチベーションを大切にした。

（2）ミッション系(M系)

RSP-01のメインミッションは、内蔵したアームの先端に取り付けられたカメラを用いての地球をバックにした自撮り撮影である。衛星全体をフレームに収めるため魚眼レンズカメラを採用し、その結果、アーム長さを10cmと規定した。RSP-01は1Uサイズのため、アーム機構の小型化に注力し、真空状態での伸縮テストや振動試験を重ねることで宇宙空間での信頼性を担保している。

（3）C&DH(Command and Data Handling)系(C系)

衛星全体の監視制御を行うため、動作モードの制御や異常処置の実行、各系機器とのデータのやり取りを行うことがC系の役割である。メインコンピュータを搭載するC系基板と、各系機器とのインターフェースを担うマザーボードの開発を行った。他系とのインターフェースが多いため、設計・製造・試験と全フェーズを通して各系との調整に留意しながら開発を行った。

（4）電源系(P系)

地上から宇宙空間に放出されるまでは確実に電力の供給を遮断し、放出された後は電力を安定して生成、貯蔵、必要な機器に供給することがP系のミッションである。自撮り撮影やアーム、リアクションホイールの動作といった大きな電力を消費するミッションを達成するために、衛星に搭載される電源基板の設計から製作、太陽電池・二次電池の選定を行った。

（5）通信系（T系）

宇宙空間に放出された衛星と地球上の地上局との間で、安定した通信を担保することがT系のミッションであり、衛星に搭載される無線機の開発を担当する。メインミッションである自撮りアームのスペース確保のため、他衛星で実績のある無線機を外注して用いることはせず、当団体による小型無線機の内製を行った。

（6）姿勢制御系（A系）

宇宙空間における衛星の回転角度などの情報を地上局に提供すると共に、衛星自体の回転速度を能動的・受動的に制御することを担当する。本衛星は、キューブサットでは貴重なリアクションホイールを搭載しており、任意の回転速度になるようなフィードバック制御を実装した。

（7）熱・構造系（H系）

H系はミッションを達成するために必要な構成機器を、JAXAなどより要求されている安全基準に適合しつつ、デザインの要求にもできるだけ合致するような配置を、ほぼ全ての系と話し合いながら検討し、3DCADでの設計を行った。また、実際の筐体（きょうたい）製造も行った。

（8）サブミッション系（SM系）

① 画像認識

衛星で撮影した自撮り画像を全てダウンリンクすることは難しい。できるだけ良い画像（衛星、地球、宇宙のバランスが良く、ノイズなど画像の乱れが少ない画像）をダウンリンクするために、あらかじめ衛星側で画像の良し悪しを判定する機能を、機械学習を使って実装した。これにより、不必要なダウンリンクの運用作業が削減できる。

② チャット

rsp.メンバー以外の一般の方もRSP-01との会話を楽しむことができるチャット機能を実現する。衛星側に機械学習を用いたチャットボットを配置し、Twitterに投稿されたメッセージに対して応答メッセージを自動生成する。Twitterと衛星間のメッセージのやり取りは専用の地上システムで行う。

（9）デザイン系（D系）

衛星開発において、これまで必要のなかったデザインという要素を価値の根幹に持つ、革新的なRSP-01。その衛星のプロダクトデザイン、運用のためのインターフェース、そしてミッションロゴや、その他関連する全てのデザイン作業を遂行する。

（10）地上局システム系（G系）

宇宙空間に放出された衛星に対して、安全で効率的なミッション遂行を達成するために、地上局運用システムの開発を行った。地球を周回する衛星の動きに合わせたアンテナ自動追尾や通信周波数の自動制御、また衛星とのデータ送受信運用を容易に可能にするGUIアプリケーションの開発を行った。

（11）外部公開ページシステム系(W系)

RSP-01についての情報をまとめて掲載することで、開発コンセプトや運用状況の情報公開、参加型ミッションなどの窓口を担当する。掲載情報としては、宇宙空間で撮影された自撮り画像を掲載する「自撮り画像集」、寄せられた願い事を紹介する「宇宙ポスト」、Twitterで人工衛星とやり取りができる「チャット」、電波の受信報告を受け付ける「受信報告」、起動情報やHKデータ、3Dモデルによる衛星の姿勢を確認できる「追跡」がある。

費用

FMに使用した代表的な部材とその金額を**表3**に示す。なお、試験費用や人件費は含まれていない。

表3　費用

系統	カテゴリ	金額	代表的な部材
M系	電子パーツ	¥8,525	Raspberry Pi 互換カメラモジュール(魚眼レンズタイプ) Raspberry Pi Zero ミニギア付きモーター
	金属加工品	¥137,082	アームパーツ加工(特注)
C系	基板電子部品	¥124,851	PCB基板／ATMEGA1284P-AU／CD74HC4052PW CRYSTAL 16.0000MHZ 20PF T/H SN74HC138PWR／BD6211F-E2 MAX6371KA+T／TXS0108EPWRなど各種
P系	基板電子部品	¥126,417	PCB基板／MAX11610／MAX40200AUK+ MAX4069／MAX4372H MCP73831T-5ACI_OTなど各種
	バッテリ関連	¥14,640	18650 リチウムイオン電池 3500mAh パナソニック セル搭載 保護回路付き
	太陽パネル	¥540,549	AZUR SPACE GaAs Solar Cell
T系	基板電子部品	¥266,177	PCB基板／ADF7020-1BCPZ STM32L476RGT6など各種
	ケーブルコネクタ	¥12,830	MMCXケーブルコネクタなど各種
	外装	¥17,299	アルミニウム合金 A5052 板曲げ加工
A系	モータ関連	¥61,092	ホールセンサ内蔵ブラシレスモータ
	センサ関連	¥308	MPU9250
	磁気シールド	¥64,000	パーマロイ テープシート
H系	アルマイト加工	¥22,500	硬質アルマイト加工
	部材	¥255,514	アルミニウム合金 A5052 切削加工
総計		¥1,651,784	

（金額は2023年2月現在）

03

開発の流れ

開発の概要

ここではRSP-01の開発概要を示す。一般的な開発手法を採用しており、それをrsp.独自にカスタマイズしてRSP-01を製作した。開発の一例として参考にしていただければ幸いである。

また、RSP-01はRSP-00(2018年7月打ち上げ)をベースに開発をスタートした。最終的に大きく設計は変わるが、初期開発は効率的に進められた。

開発のフェージング

RSP-01のミッションは「自撮り撮影」である。人工衛星の開発手法にPPP(Phased Project Planning：段階的プロジェクト計画) を採用した。PPPは一般的に採用されている宇宙機の開発手法である。そのため、インターネットや論文などから情報を得やすい。衛星開発に関わったことがないメンバーが多数いる当団体にとっては情報があり、適用しやすい開発手法であったことが採用した理由の1つである。

RSP-01では、以下のフェーズで開発を進めた(**図1**)。

(1) MDR(Mission Definition Review)：ミッション定義審査会

概念設計書を作成する。作成した設計書に対して、何を目的とした衛星なのか、技術的に実現性はあるのか、を確認することが目的である。審査会は内部のメンバーにより実施した。審査員

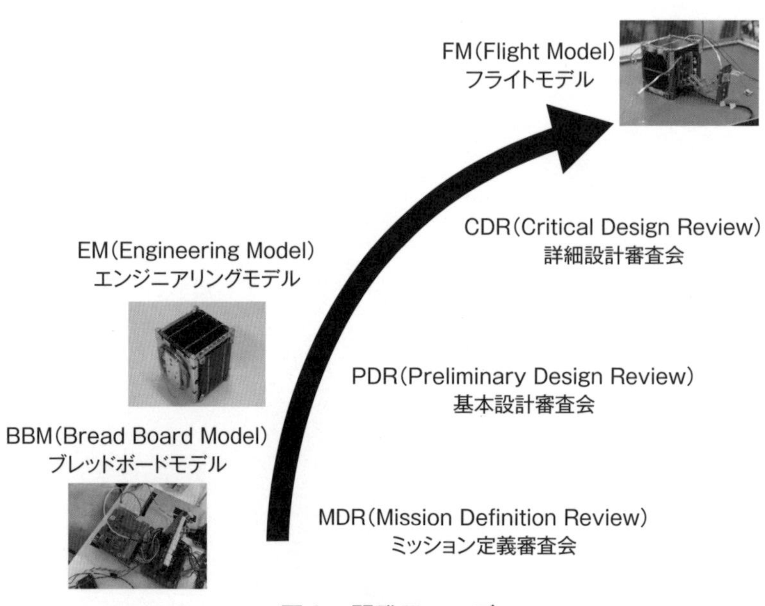

図1　開発フェーズ

に承認されれば、次フェーズへ移行となる。

（2）BBM(Bread Board Model)：ブレッドボードモデル

概念設計書をベースにブレッドボードで開発を行う。アーム機構の動作、電気的なインターフェースの確認を主眼において製造、試験を行った。

（3）PDR(Preliminary Design Review)：基本設計審査会

BBMの結果から基本設計書を作成する。作成した設計書に対して、（1）と同様に審査員から承認されれば、次フェーズへ移行となる。

（4）EM(Engineering Model)：エンジニアリングモデル

基本設計書をベースにEM開発を行う。EMでは基板／筐体製作、各種試験（振動／真空／放射線／熱サイクル）などBBMと比較しコストも時間も要するフェーズである。

（5）CDR(Critical Design Review)：詳細設計審査会

EMの結果から詳細設計書を作成する。作成した設計書に対して、（1）と同様に審査員から承認されれば、次フェーズへ移行となる。

（6）FM(Flight Model)：フライトモデル

詳細設計書をベースにFM開発を行う。FMは実際に宇宙に飛ばす機器である。開発フェーズの中で最もコストと時間を要する。また、宇宙に飛ばすために必要なJAXAによる安全審査があり、安全審査用の試験も必要となる。さらに内閣府の宇宙活動法に対する申請書の提出が求められる。

PPPには上記で挙げた以外のフェーズやモデルも定義されているが、コスト、期間、開発機関の特性などを加味して実施するのが良いと考える。

各フェーズの実施内容

1．MDR(Mission Definition Review)：ミッション定義審査会

（1）概要

MDRは、定義したミッションの実現方法を概念設計レベルで審査することが目的である。RSP-01では、プロジェクト立ち上がり後、約1.5か月後にMDRを迎えた。

非常に短い期間で実施した背景には、rsp.が「2年に1度打ち上げる」ことを目標に掲げていたことがある。開発を進めていく中で削除／追加された項目はあるが、当時定義していたミッションを以下に示す。

プロジェクト立ち上げ時のメンバーは10名程度であり、夜な夜なSkypeで話をしながら資料作成にいそしんだことが懐かしい。

ミッションは、下記の通りである。

① 自撮り撮影

筐体に伸縮可能なアーム機構を内蔵し、伸長したアーム機構の先端に取り付けたカメラにより自撮り撮影を行う。また、自撮り写真は衛星、地球、宇宙が同一フレームに収まった画像を撮影することをフルサクセスとする。

② 自撮り画像のダウンリンク

①で撮影した自撮り画像をフルHDサイズ(1,920px×1,080px)で地上へダウンリンクする。

③ 機械学習による自律動作の実証

- ①により撮影した画像の中から機械学習により最適な画像を選択する。
- 衛星に機械学習を基盤としたチャットボットを配置し、地上と衛星間のチャットを行う。

④ デザイン性を取り込んだ筐体

rsp.独自のデザインやカラーリングを筐体に盛り込むことで、自撮り写真のプレゼンスの向上を図る。

（2）審査会

【日　時】2018年1月14日(日)　10時～12時

【説明者】RSP-01技術メンバー

【審査員】RSP-00技術メンバー、理事メンバー

【内　容】MDRではRSP-00と比較し、新規要素の強い項目を中心に実施した。大きく分けるとアーム、姿勢制御、チャットである。審査会は特に大きな問題はなく、無事承認された。主要な説明内容を記す。

① 自撮り撮影について、審査会の実施時点で製作中の機構と、使用するカメラを示した。この時点でアームの長さ、質量、体積の検討はつめていない。

② 姿勢制御について、搭載部品と理論を示した。

③ チャットの実現方法、衛星と地上局間のメッセージのやり取り、および使用する媒体について示した。

2．BBM(Bread Board Model)：ブレッドボードモデル

（1）概要

MDRで明確になった要求を満たすように製造および試験を行うことが目的である。本フェー

ズでは、アーム機構の動作、他系とのインターフェース検討に重きを置いて開発を行った。また、開発と並行して必要な系が揃ったため、系間における要求をまとめた要求リストを作成し、各系要求リストを満たすように開発を行った。製造については各系の記述を参照いただきたい。

約 4.5 か月の期間で製作と試験を実施した。MDR までは月の２週目の週末に Skype、４週目の rsp. 全体定例会で顔を合わせていたが、本フェーズでは２週目の Skype が開発工場での作業になった(これは、まだまだ序の口)。

（2）開発体制

技術メンバーが増えたことでG系とW系を除く９系の体制で開発を進めた。人がいない系を希望したメンバーは、もれなくリーダーになった。

（3）BBM 試験

【日時】2018 年5月 13 日～ 20 日

【概要】電気的なインターフェースを中心に実施した。いくつかの系は BBM の試験対象から外している(**図2、3**)。

- T系：既製品の予定から内製無線機に舵をきった時期であった。
- P系：各系とのインターフェースは RSP-00 を踏襲し、大きな変更はなし。
- SM 系：電気的なインターフェースのためM系(Raspberry Pi)に包含される。
- H系、D系：ハードウェアのため試験対象外。

試験結果：試験規格と結果の一例を示す。

① P系＋C系接続確認

C系ボードに5V が供給されていることを確認（C系に接続された電源ケーブルの電圧をテス

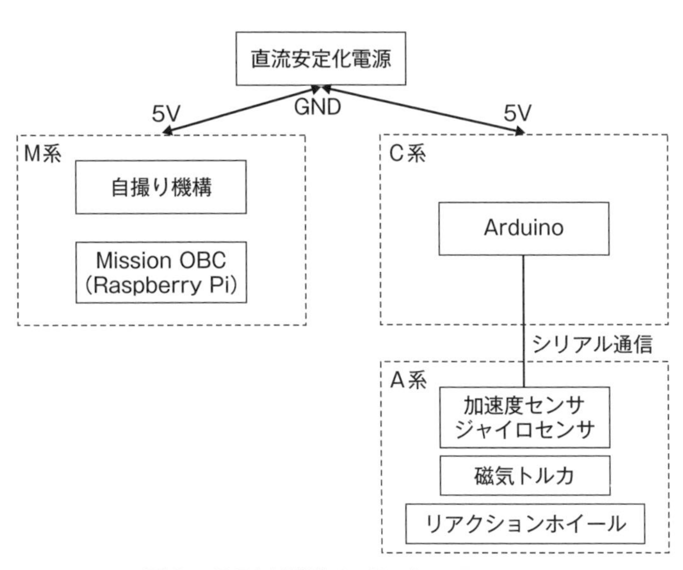

図2　BBM 試験のインターフェース

図3　BBM 試験風景

ターで確認)。

電源供給チェック　OK 5.1V/NG

② P系＋C系＋M系接続確認

C系にアーム展開コマンドを入力し、アームが展開するか確認。

入力コマンド・・・・・8

アーム展開チェック　OK/NG

3．PDR(Preliminary Design Review)：基本設計審査会

（1）概要

PDR は BBM の結果を受けて基本設計を行い、その設計結果を審査することが目的である。RSP-01 では、BBM 試験と並行して設計を行った。最後に、審査会時の説明を一部紹介する。

ミッションの変更点として、サブミッションにリアクションホイールの機能実証が加わった。MDR ではアーム伸縮による機体の回転をリアクションホイールで制御する予定であったが、精度が厳しいため機能実証の位置付けとした。

この審査会から RSP-01 メンバーの個性が存分に発揮された。各自の強みを設計に反映し、各系のコミュニケーションが活性化したことでチームとして、また1つレベルを上げることができた。

（2）審査会

【日　時】2018年5月27日(日)　10時～17時
【説明者】RSP-01技術メンバー
【審査員】RSP-00技術メンバー、理事メンバー
【内　容】PDRは終日を使って実施した。様々な意見や質問は出たが、結果、無事了承された。
MDRからの差分を紹介する。

- A系：磁気トルカの仕様(大きさ、巻き数、最大トルクなど)、リアクションホイールの仕様(大きさ、回転数、最大連続トルク)について根拠と合わせて説明した。
- C系：搭載機器との通信インターフェース、動作フロー、C系基板のハードウェアについて説明した。
- P系：ブロック図、回路設計、制御について説明した。
- M系：アーム機構はカメラ側と本体側をつなぐFPCケーブルの収納方法が課題であり、無線によるデータ通信により解決する方針とした。
- T系：機能ブロック図、無線仕様(通信速度、変調方式)、ハードウェア＆ソフトウェア仕様、搭載部品の選定結果について説明した。
- H系：構造系としてはアーム収納および展開時の慣性モーメント算出、熱系は熱サイクル解析結果を説明した。
- SM系：ソフトウェア開発がメインとなる。システム構成、開発環境、データフローについて説明した。

【サクセスクライテリア】

① ミニマムサクセス

- 自撮りアームの動作実証ができること。
撮影画像によるアーム伸縮の確認、テレメトリによる機構の動作確認。
- 自撮りアームが複数回稼働できること。
- デザイン性を持たせること。

② フルサクセス

- 自撮りアームで撮影を行い、人工衛星、地球、宇宙が同一フレームに収まった画像をダウンリンクできること。
- 画像サイズはフルHDであること(1,920px × 1,080px)。

③ エクストラサクセス

- 能動的に姿勢制御を行い、「地球、オーロラ、宇宙」や「地球、月、宇宙」が同一画像に写った自撮り写真を撮影し、ダウンリンクできること。
- 上記画像を元に、機械学習による最適な画像選択ができること。
- 地上局から衛星へ送信されたメッセージに対して、機械学習を利用した文章生成を行い、その文章が地上局で受信できること。

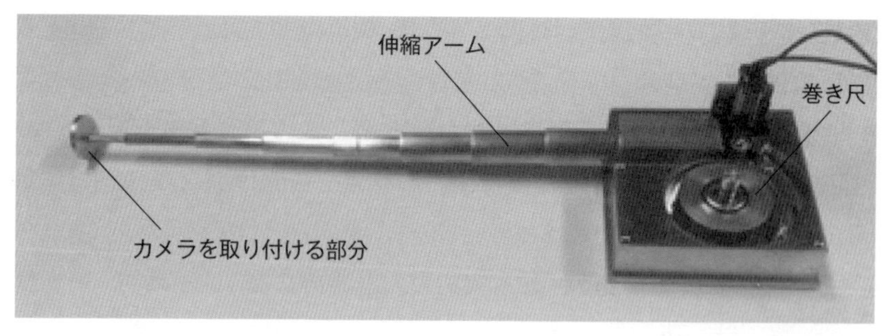

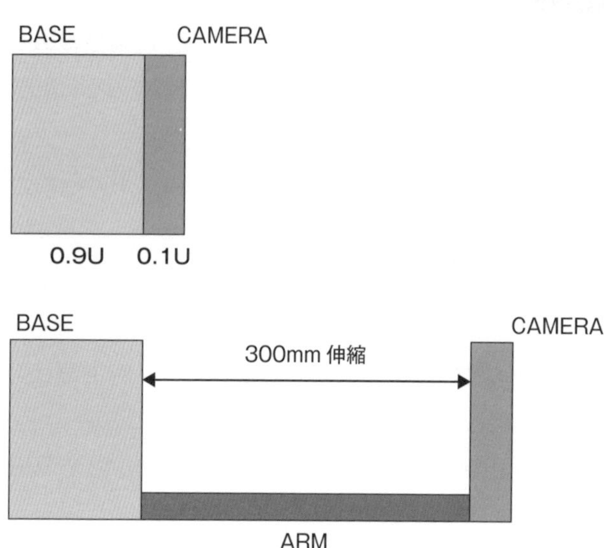

図4　0.9U+0.1U 分離型筐体のイメージ

【審査会説明内容の紹介：アーム機構】

PDR で説明したアーム機構を紹介する。1U が 0.9U+0.1U に分かれる構想である(**図4**)。これはカメラと本体をつなぐ PC ケーブルの伸縮問題を解決するための案である。本体 (0.9U) とアーム先端 (0.1U) を FPC ケーブルでつなぐのではなく、無線通信するという案である。この構想は革新的であったが、デッドスペースや本体とアーム部分の振動耐久性などの課題があり断念することになった。また、一度伸びきった FPC ケーブルを格納することが困難であることなど、何度も伸縮する機構を求めたことにより浮き彫りになった問題もあった。

最終的には蛇腹機構にし、その間に FPC ケーブルを這わせることで解決した。最終的な機構に至るまで様々な試行錯誤があった。

4．EM（Engineering Model）：エンジニアリングモデル

（1）概要

本フェーズは BBM と比較し、格段に時間とコストを要するフェーズである。RSP-01 では、本フェーズ後は FM に移行するため「設計→製造→試験→課題のフィードバック」のサイクルを何度も繰り返した。

各系開発規模が異なるため、EM が終わった系は FM 開発に移行した。結果として EM の開発期間は 2018 年 6 月頭～ 2019 年 7 月末となり、約 1 年を EM 開発にあてた。

中盤から週 1 のペースになり、後半は毎週土日に開発工場作業となった（本当の戦いはこれから。詳細は、**Column「愉しい開発現場」**にて）。

（2）開発

開発期間の制約から全機能を備えた 1U の EM を使って試験をすることが困難であったため、筐体組み立てと機能試験を並行して実施した。

筐体組み立ては、組み立て手順書に沿って基板や搭載品を順番に組み立てていく。その過程で見つかった改善点を洗い出し、手順書の質を高めていった。筐体組み立ての目的は振動試験に耐え、ネジの緩み、筐体の歪み、搭載物への負荷を最大限減らすことである。

機能試験は全系を電気的に接続し、設計通りの動作を確認することが目的である。内製無線機の開発状況に合わせて、一部の試験は実際の衛星とのインターフェースを模擬して行った。理想は EM モデルの 1U 衛星に対して無線で試験を行っていくことだが、限られた時間、コストの中で工夫した結果である。2 つに分けて開発を進めたことで開発期間を大きく短縮することができた。

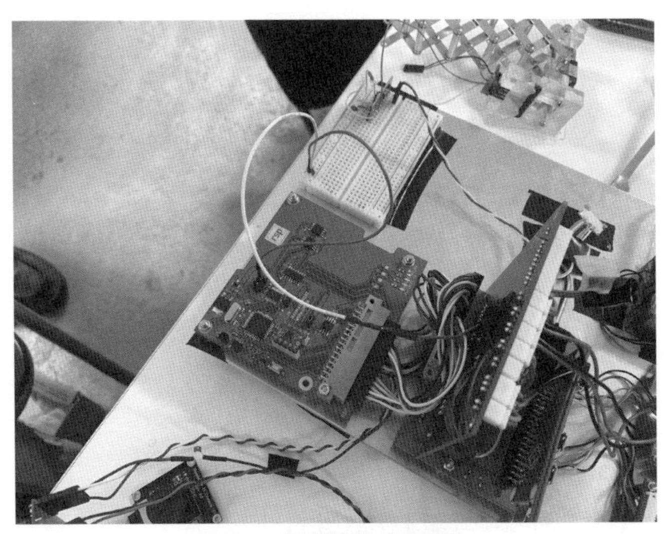

図5　機能試験の供試体

図6　EM 筐体

（3）EM 試験

【日　　時】2019 年 5 月 5 日～ 7 月 21 日

【概　　要】無線機に対し、有線でコマンドを送信するインターフェースにより試験を実施した（**図5、6**）。

【試験結果】**表 1** に試験規格と結果の一例を示す。

表1　EM試験手順書（抜粋）

No.	試験内容	規格値	結果	判定
1	Main OBCの通信テスト <コマンド> コマンド名：CMD_COMM_TEST <パラメータ> 通信テスト対象：Main OBC	コマンドレスポンスOKを確認できること	0×01	良
2	Mission OBCの通信テスト <コマンド> コマンド名：CMD_COMM_TEST <パラメータ> 通信テスト対象：Mission OBC	コマンドレスポンスOKを確認できること	0×01	良

5．CDR（Critical Design Review）：詳細設計審査会

（1）概要

CDRはEMの結果を反映した詳細設計に対して審査する位置付けである。しかしRSP-01では、ある程度設計が固まった時点で実施した。理由は、新規要素が多い開発であり、一度第三者の視点で確認してもらう必要があると考えたためである。

また、方向性をしっかり確認したうえで開発に集中したいという気持ちもあった。よって、CDRでは見るべき観点を明確に伝えたうえで実施した。

（2）審査会

【日　時】2018年11月25日（日）　10時～17時

【説明者】RSP-01技術メンバー

【審査員】RSP-00技術メンバー、理事メンバー

【内　容】CDRは終日使って実施した。本審査会で明確になったのは、電力収支問題である。各系が設計した安全側の消費電力では、太陽光による発電を考慮しても、いつかはバッテリの電力がなくなることが判明した。また、アンテナ展開の異常動作時についても議論が白熱した。RSP-00では、通信がとれていないことが背景である。PDRからの差分を紹介する。

- A系：具体的な運用状況を想定して、姿勢が安定するまでの時間をシミュレーションした。また、技術実証となるリアクションホイールのミッションを明確化した。
- C系：基板回路図の設計結果、データフォーマット、送受信コマンドを明確化した。
- P系：衛星の動作モードと日照日陰を加味した電力収支について説明した。
- M系：ハードウェアについては機構、サイズ、重量が具体化された。これまで様々な検討をしてきた結果であり、ミッションの実現可能性が見えたことは非常に大きかった。ソフトウェアはフローチャート、シーケンス図を説明した。
- T系：回路図の詳細化、他系との電気的インターフェースの確定、コマンドフォーマット、

アンテナの回線設計を説明した。

- H系：機器の配置図、アンテナ展開機構、振動試験結果、JAXA安全要求に対する設計結果を説明した。
- SM系：クラス図、シーケンス図、機械学習の教師データ作成の観点について説明した。

【審査会説明内容の紹介：アーム機構】

CDRで説明したアーム機構を紹介する（**図7**）。基本設計時と大きく変わっている。腕の長さを30cmとしていたが、魚眼レンズの採用により半分以下の長さになった。また、マジックハンド方式によりFPCケーブルの収納もシンプルに実現することができた。

図7　CDR時のアーム機構

【審査会説明内容の紹介：筐体設計】

RSP-01では、アーム機構、リアクションホイール、磁気トルカ、および内製無線機は3台を搭載している。配置にあたり各機器の要求(例えば、「磁気を発する機器とは離して欲しい」）やJAXA安全審査に関わる要求もある。そして大事なデザイン性。それらを全て満たしたうえで筐体に収めなければならないため、非常に多くの時間を費やした。**図8**に搭載機器の配置を示す。

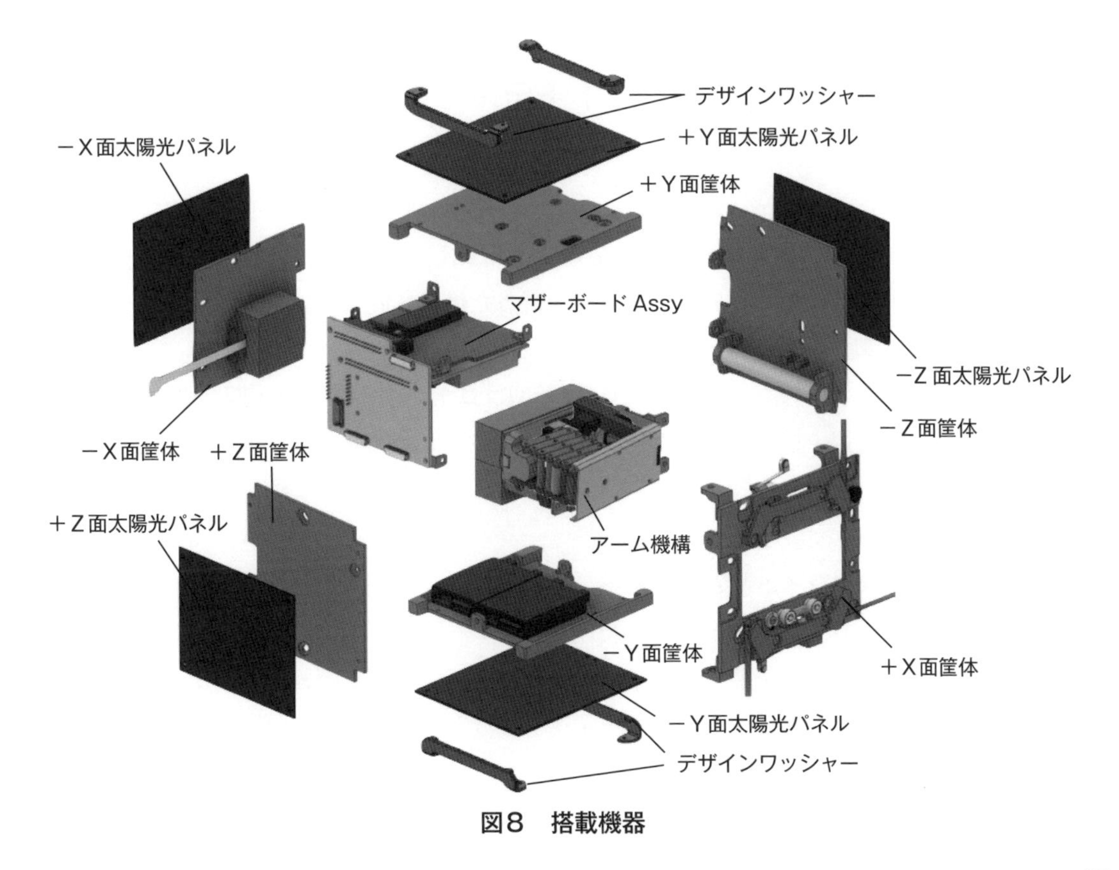

図8　搭載機器

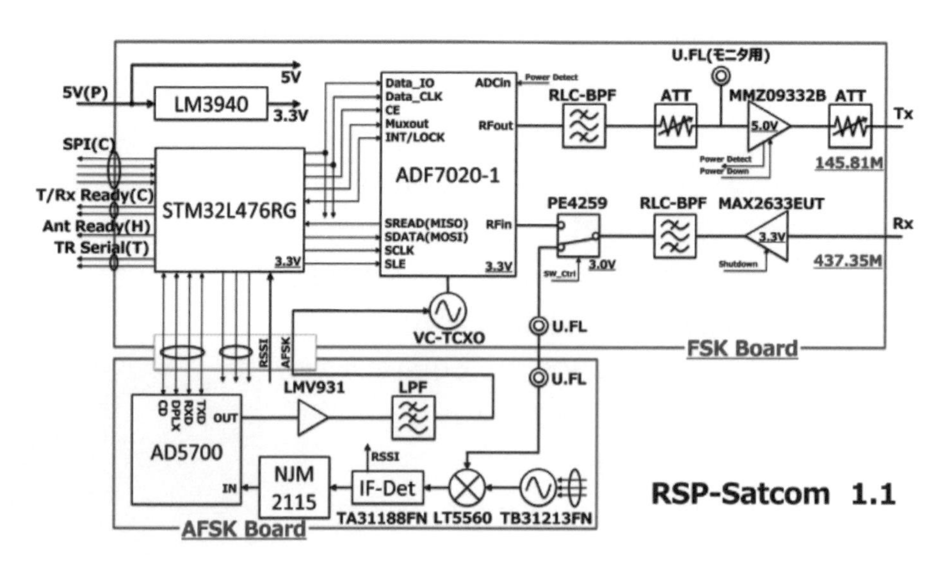

図9　無線機ブロック図

【審査会説明内容の紹介：内製無線機】

前述したように、RSP-01は多くの機器を搭載している。その実現に大きく貢献したのは内製無線機である。開発当初は既製品を考えていたが、内製化により2/3程度まで体積を小型化することができた。一から製作したRSP-Satcom無線機のCDR時のブロック図を紹介する(**図9**)。

6．FM(Flight Model)：フライトモデル

（1）概要

衛星開発の集大成となるフェーズである。1つ1つ丁寧に動作確認、手順確認していくことが求められる。RSP-01では同じ搭載機器を最低2つ用意し、フライト品とノンフライト品に分けた。ノンフライト品で手順に従い必要な確認を行った後に、同手順でフライト品に対し実施するという流れでFM製作に入った。

開発期間は2018年12月頭～2020年10月(新型コロナによる活動停止期間を含む)である。

本フェーズからは毎週土日はしかり、連休、お盆を使っての開発工場作業になった。

（2）開発

本フェーズではノンフライト品とフライト品を使ってFM製作を行った。

まず、搭載機器の中でノンフライト品を製作した。アーム機構のような一品ものを除いて、センサを全て載せた基板や機器を使って簡単な機能試験を行う。各基板、機器が正常に動作することを確認した後、フライト品に対して同じチェックを行う。問題なければフライト品として組み立て作業に移行となる。

組み立て作業は1回限りの勝負という気持ちで行った(実際は、一度ばらすことになるのだが)。

図10　FM組み立て

表2　FM試験手順書（抜粋）

No.	試験内容	規格値	結果	判定
1	Main OBCのリセット <コマンド> コマンド名：CMD_RESET_MAINOBC	（1）コマンドレスポンスOKを確認できること （2）Main OBCのリセット、および初期動作モードへの遷移を確認できること	画面上で確認	良
2	マニュアルアンテナ展開 <コマンド> コマンド名：CMD_EXPAND_ANTENNA <パラメータ> 電流を流す時間[秒]：10	（1）コマンドレスポンスOKを確認できること （2）ニクロム線に10秒間電流が流れることをテスターで確認できること	画面上で確認	良

組み立てを少し進めて、導通チェック、動作チェックを行う。それを繰り返しながら筐体を組み立てていった(**図10**)。

組み立て後はFM試験である。試験手順書に沿って全ケースパスすることを確認する。ここまで来ると自信を持って試験に臨め、妥当な結果が当然のように思えてくる。費やした時間に応じて、そう思えるのだと思う。

（3）FM試験

【日　　時】2019年12月頭～2020年9月末

【概　　要】実環境を想定した試験を行う。無線によるアップリンク／ダウンリンクにより試験を行う。

【試験結果】試験規格と結果の一例(**表2**)を示す。

愉(たの)しい開発現場

PDR後にEM開発が始まり、徐々に活動時間が増えていく。これまでは2週に一度、rsp.全体定例または開発工場に集まって開発をしていたが、少しずつギアを上げていった。

最初のマイルストーンは2018年秋頃に行ったEM筐体の振動試験である。BBMでは、ブレッドボードを使って各機器の距離を気にせず試験をしていたが、EMでは1Uに収めることを目標にした。必要な搭載機器を載せ、筐体を組み上げるための治具を自作し、それを使って水平垂直の精度を出したうえで試験した。この振動試験のコンフィグレーションを完成させるために、初めての土日作業が始まった。期間としては1か月程度であったと思うが、平日はCADを見ながら全系集まってSkype、週末は工場で作業というスタイルが一時的に始まった。結果、何とか最低限のコンフィグレーションで振動試験に臨むことができた。平日のSkypeはメンバーの「やりたい」を詰め込むために、CADを見ながら夜中の2、3時まで話し込むこともあった。途中誰かのイビキが聞こえることもしばしば(笑)。

振動試験後も、様々なマイルストーンがあった。ある時は、FM筐体を組み上げて月1の全体定例に持って行ってrsp.メンバーにお披露目することになり、誕生日を深夜の工場で迎えるメンバーもいた。この時、誕生日と知り、お祝いに買って来たケーキを夜中の3時に食べ、「3時のおやつ」という流行語も生まれた。

そして、全力開発が始まった2019年7月から2021年3月頃(新型コロナによる緊急事態宣言)まで、毎週土日は工場で作業する日々になった。土曜は朝10時～夜8時頃まで開発。少し早めに手が空いた人で夕飯の準備をし、8時頃から終電まで宴。翌日日曜も前日と同じ流れで進み、宴をして終電で帰宅。多くのメンバーがワインや日本酒を差し入れたり、夕飯をふるまうために来てくれたり、アイス、ジンギスカン、牡蠣(何人か、当たってしまったが)など色々持ち寄ってくれた。このようにして楽しくもあり過酷だった開発が続けられた。仕事とは異なるつながりを持つことができ、限られた時間を使って最後までこの全力開発を続けられたことは大きな財産だと思っている。

04

各系の開発

RSP-01の開発系はJAXAなどの宇宙開発組織にならい、ミッション系（M系）（およびサブミッション系(SM系)）／熱・構造系(H系)／姿勢制御系(A系)／C&DH系(C系)／電源系(P系)／通信系（T系)、さらにrsp.の特長であるデザイン系（D系）で構成されている。各系の概要は、**02**の「体制と各系」で述べているが、ここではさらにそれぞれの系の詳細について触れる。

ミッション系

ロケットはペイロード(≒人工衛星)を宇宙に運ぶのが仕事である。そして、人工衛星は何らかの目的があって製作され、その目的のことをミッションと呼ぶ。

RSP-01では、メインミッションを地球をバックにした衛星本体の自撮り撮影と定めた。

1. ミッション系の役割

（1）役割

M系としては、上述のミッション実現のために以下の役割を担った。

- 衛星全体を写すためのアームの展開(および格納)。
- アームの先端に取り付けたカメラによる撮影。
- アーム展開機構動作はMain OBC、撮影機能はMission OBCが担当するので、それぞれのソフトウェア連携。

表1　各フェーズの作業内容

フェーズ	作業内容
BBM	• アーム長さの検討 • アーム機構検討 • 制御基板の選定
EM	• 制御ICの選定 • 制御プログラムの設計 • 制御プログラム作成 • プログラム結合試験
FM	• アームおよび駆動系の設計 • アームおよび駆動系に使用する部材の製作 • アームおよび駆動系の組み立て • システム結合試験 • 真空環境での耐久試験

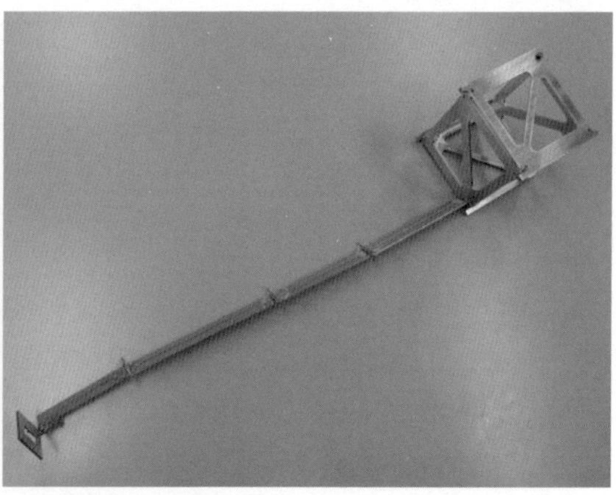

図1　アーム機構検討用モデル

（2）各フェーズの作業内容(**表1**)

RSP-01は、サイズ1Uの人工衛星である。そのサイズに自撮り機構を内包しなければならないが、そもそもこのサイズで稼働する構造物を搭載することは当時前例がなかった。開発開始当初は打ち上げ方法も決まっておらず、また宇宙開発団体として未成熟だったこともあり、**図1**のアーム機構検討用モデルのような、かなり制約を無視したものを含め、様々なアイデアが試行錯誤された。

2. ミッション系のシステム概要

M系は大別してアームの制御部と、自撮りの撮影機能部の2つで構成される。これらの上位にC系のMain OBCが存在し、M系システムと結合され機能する。

3. ミッション系ソフトウェア

M系のソフトウェアの機能は、C系のArduinoとRaspberry Pi Zeroに搭載される。**図2**にM系の構成を示す。Arduinoでは主にアームの展開制御と通信を行う。Raspberry Pi Zeroでは主にカメラ撮影と撮影データの管理を行う。

Arduinoにはアームを駆動するモータを制御するためのモータドライバと、アーム展開位置検出用のスライドボリュームが接続されている。Arduinoがアームの展開位置を確認しながらモータを制御することで安全なアームの展開・収納を行う。

また、ArduinoはRaspberry Pi Zeroにコマンドを発行する役目も持つ。例えば、地上から撮影コマンドを送信した場合、以下のフローで動作を行う。

① Arduinoがアームを展開。

② ArduinoがRaspberry Pi Zeroに撮影コマンドを発行。

③ Raspberry Pi ZeroがArduinoに撮影完了の応答。

④ Arduinoがアームを収納する。

このようにArduinoとRaspberry Pi Zeroが相互に通信しながら協調して撮影を実行する。

以降、アーム制御／カメラ制御／画像送信について設計を振り返って記載する。

3.1 アーム制御

モータを駆動する際に始動時の衝撃を抑え、停止時の位置決め精度を上げる必要がある。それを実現するためにPWMのデューティ比[注)]を少しずつ変化させるよう

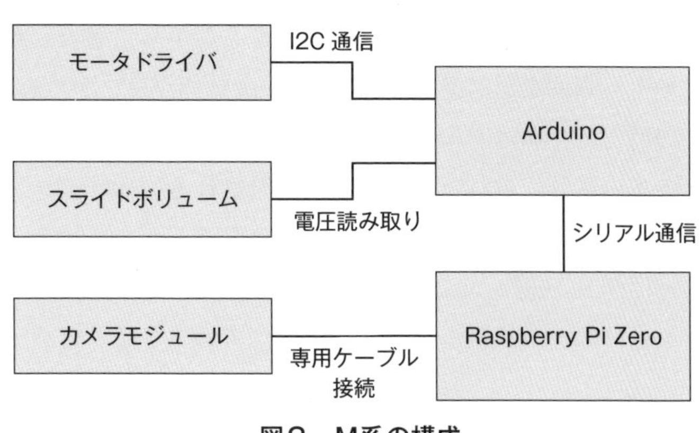

図2　M系の構成

にした。S字加減速などの制御方式もあるが、アームの展開はギア比が高く、移動速度が緩やかであるため線形にデューティ比を変化させる単純な制御とした。

アームの位置検出のためにスライドボリュームがアームの展開に合わせて動くように組み込まれており、読み取った電圧をAD変換した値からアームの展開位置を取得できる。スライドボリュームの分圧値は抵抗の誤差や温度差による変化の影響を受けにくい点がメリットである。スライドボリュームから得られる電圧値が想定の範囲内にない場合は、エラーとして展開を実行しないこととした。

スライドボリュームの精度を確認したところ、スライドボリュームとArduinoのADコンバータの精度では約13.5mmの可動範囲に対して誤差が約0.3mmとなった。今回の用途では十分な精度であった。

注）デューティ比：パルス幅を周期で割った値。例えば、PWM制御のHighとLowの周期が100msで、Highの時間が30msの場合、デューティ比は30%となる。

3.2 カメラ制御

カメラの撮影は、Raspberry Pi ZeroのハードウェアとOSをそのまま利用することができる。そのため、画像撮影にraspistillコマンドを利用することで開発の省力化を図った。raspistillコマンドの組み立てはPythonスクリプトで行い、地上から受け取ったコマンドやカメラの撮影設定（撮影サイズ、ISO感度、シャッター速度など）を引数に指定することで撮影を実行する。raspistillについては、公式ドキュメント（**07**文末の参考文献（1））を参照していただきたい。raspistillの引数には様々な撮影設定を指定することができる。この撮影設定は地上からコマンドで指定できる。設定値はファイルに保存され、撮影コマンドを組み立てる際に読み出されて引数に指定される。

3.3 画像送信

ArduinoとRaspberry Pi Zeroの間はシリアル通信で接続する。ASCIIでデータ送信を行い、メッセージフォーマットはJSON形式にした。Arduino側でのデコード処理コードと処理量が多くなるが、読みやすさと扱いやすさを重視して選択した。

地上へ画像を送信する際はRaspberry Pi Zeroから画像をシリアル通信でArduinoに送る。この時、データはBASE64エンコードされている。Arduinoでバイナリにデコードされ、パケット単位に分けられたものがT系に渡される。

ArduinoにとってJSON解釈、BASE64デコードの処理は軽い処理ではないが、地上との通信速度が9,600bpsと低速であるため十分処理が間に合う。もしArduinoでの処理効率を重視する場合は、シリアル通信でやり取りするコマンドをバイナリにしてもよい。

4. ミッション系ハードウェア

M系ハードウェアは、ソフトウェアによって制御されたモータの回転出力をアームの伸展動作に変換し、地球を背景に自撮り撮影ができるようカメラを衛星筐体の外に伸ばす役割を担っている。モータの出力は傘歯車を介してリードスクリューを回転させ、直動運動に変換する。アームはマジックハンドのような機構になっていて、前述の直動運動によって伸展動作が起きる(**図3**)。

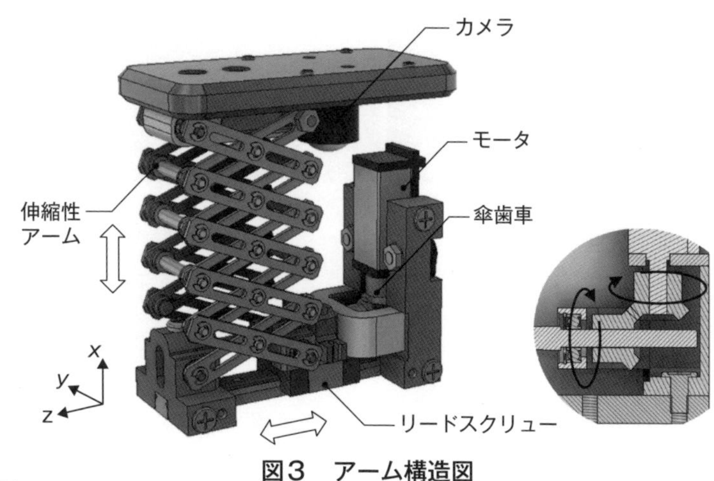

図3　アーム構造図

設計課題は数多くあったが、ここでは特に「宇宙で動くメカ」に起因して特に重要だった、機構の摺動性確保に絞って記述する。摺動性とは、部品同士が滑らかに動く様子を指す言葉で、摩擦が少ない、耐摩耗性があるといった特性を表す。前提となる物理法則などの詳細は「宇宙環境におけるトライボロジー」(参考文献(2))を読んでいただくこととして、以後は設計として実際に行ったことを記す。

4.1　材質

参考文献(2)にある通り、宇宙空間は真空で、このような環境では同じ種類の金属をこすり続けると凝着(金属同士がくっついて摩擦係数が増大すること)を起こすと言われている。このような事象が起きるとアームの伸展動作に支障をきたすため、対策として互いに接触摺動する部品同士の材質は異種金属になるようにした。歯車は精密部品のため、当然既製品を使うことになるが、加えてこのような理由から異なる材質を選べるような部品を探し採用した。

4.2　組み立て調整

機構の噛み合わせは寸法精度が重要で、例えば歯車の噛み合わせは適切に設定しないと、モータの負荷が大きくなり、部品がすぐに摩耗して動作不良につながってしまう。加えて参考文献(2)にある通り、宇宙では摺動性が重要課題なので、機構の噛み合わせは特段精度を確保する必要がある。しかし、内製部品で寸法精度を確保するのは難しいため、組み立て時に調整しながら最終寸法を追い込んだ。具合的には、部品をいったん仮組みした状態でモータに電圧を印加し、動作音や伸展に掛かる時間を見ながら、少しずつ部品を削っていった。

5. FM試験

試験で確認していないことは本番では絶対にうまくいかない。そのため、宇宙でやることは全

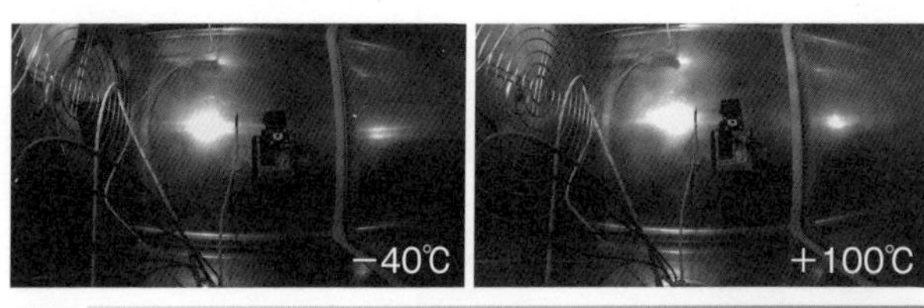

図4　− 40 ～ 125℃までの恒温槽でのカメラ撮影テスト(写真左上から低温→高温変化)

て事前に動かして確認する。環境もできるだけ模擬できるとよい。

FM 試験では、真空状態を再現するために真空チャンバーを用い、温度変化を再現するために恒温槽を用いて試験を実施した。

アーム展開、撮影、アーム収納、画像送信という自撮りシーケンスの実行を確認するのはもちろん、真空中環境下でのモータドライバの発熱が懸念であったため、真空チャンバーを用いて連続アーム展開試験を行った。連続 3,000 回のアーム展開・収納試験によってアームの展開・収納が安全に行えることを確認した。

真空の他に温度変化も重要な要素であるため、恒温槽を用いた試験も実施した。カメラ自体は 125℃付近で赤く変色したが(**図4**)、想定している温度範囲では正常に機能した。結果として、カメラ、アーム、スライドボリューム、モータドライバが温度変化によって動作に影響が出ないことを確認した。

サブミッション系（画像分類）

1．サブミッション系(画像分類)の役割

（1）役割

画像分類の役割は、撮影した自撮り画像の良し悪しを判定することである。これにより、運用者が画像のサムネイルをダウンロードして確認しなくても、画像の良し悪しを判断することができるため、運用効率を上げることができる。

（2）各フェーズの作業内容(**表2**)

2．サブミッション系(画像分類)のシステム概要

画像分類は、撮影された自撮り画像を読み込み、機械学習を用いて「良い」、「悪い」を判定し、データベースに保存する。この処理は、地上局からのコマンドで起動する(**図5**)。

分類結果を参照したい場合は、地上局から参照コマンドを使うことで、データベースの値を受信することができる(**図6**)。

表2　各フェーズの作業内容

フェーズ	作業内容
BBM	ミッション設計 • 機械学習を使って、自撮り画像を判定する
EM	基本設計 • Raspberry Pi で機械学習を動かすための環境設計 • サブミッションをこなすためのコマンド設計 • Main OBC、地上局との連携設計 ソフトウェア実装、単体試験
FM	詳細設計 • カメラとのインターフェース設計 • 学習用画像の設計 結合試験

3. 画像分類の実装

画像分類の機能は、M系で設計した通り、Raspberry Pi Zero W に搭載し、Python と機械学習用のフレームワーク TensorFlow(Keras) を用いて実装する。分類結果を保存する先には、簡易データベースである SQLite を用いる。また、Python の実行環境をツール毎に切り替えるために pyenv と virtualenv を用いた。

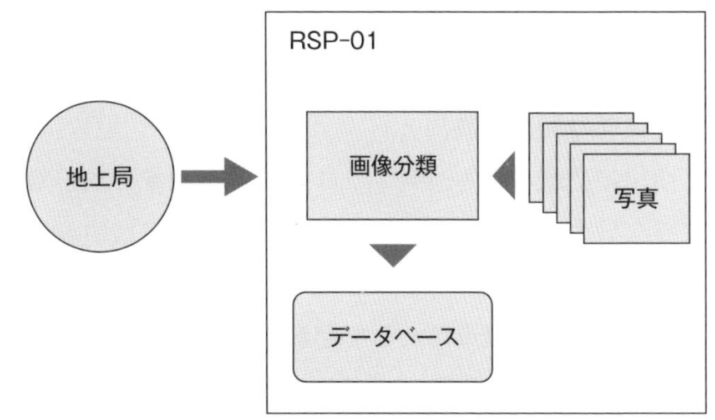

図5　画像の分類処理

画像分類では、下記の機能を提供する。

- 撮影された自撮り画像の良し悪しを、一括もしくは単体で分類する。
- 分類処理の状態を確認する。
- 分類処理を中断する。
- 分類結果を保存する。
- 地上局からのリクエストに応じ、分類結果を返す。

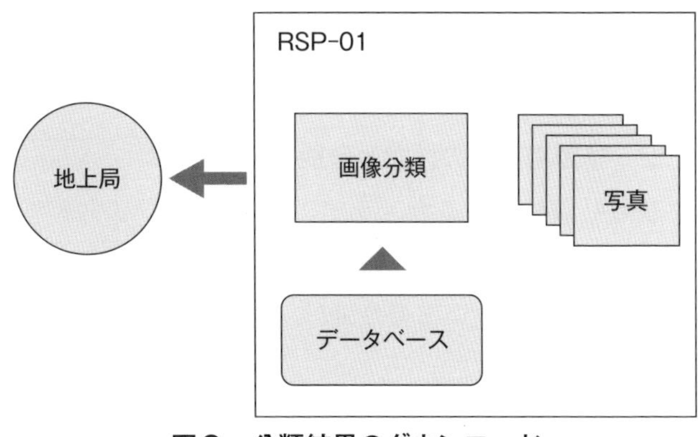

図6　分類結果のダウンロード

また、良い自撮り画像とは、「衛星、地球、宇宙が同一フレームに収まった画像」とし、それ以外を悪い自撮り画像とする(**図7**)。

本システムは自撮りで撮影された画像を使用するため、運用の流れは下記となる。

① 自撮りを行う。

② 画像分類を起動し、自撮りで撮影された画像の良し悪しを分類する。

③ 分類判定後、良いと分類された画像一覧を取得する。

④ 良いと分類された画像をダウンロードする。

運用に用いる地上局は、後述する全系共通のものを使用する。コマンドはM系と同様、Main OBC を経由したシリアル通信で受け取り、同じ経路を逆に辿ることで地上局にレスポンスを返す。

画像分類の実装はシンプルで、CNN を用いている。CNN とは、Convolutional Neural Network の略で、機械学習の画像分類の方法として基本的な手法で、検索すれば解説や TensorFlow を用いたサンプルがたくさん見つかるので、ここでは衛星で動かす際に注意した２点を解説していく。

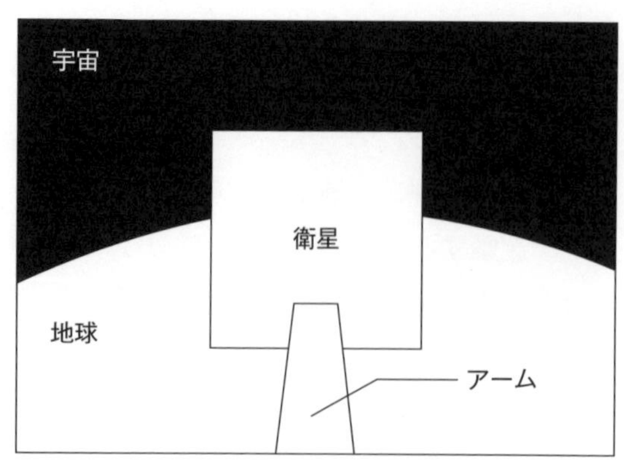

図7　良い自撮り画像

3.1　処理時間の検討

衛星に搭載されるバッテリは小さく、画像分類の処理時間はできるだけ短く、衛星に負荷が掛からないようにしたい。機械学習で用いる学習済みモデルのサイズは、入力となる画像のサイズに依存し、そして学習済みモデルのサイズが大きいほど、分類時の読み込み時間が長くなる。そこで画像の解像度を落として学習、分類させることによりサイズを小さくした。その代わり精度は下がるが、それはトレードオフとなる。

また、軽量版 TensorFlow である TensorFlow Lite も検証した結果、**表3**のようになったため、同じ学習済みモデルを TensorFlow Lite 用に変換し、どちらでも動かせるようにしている。分類結果が同じになることは確認済みなので、分類したい画像の枚数に応じて使い分ける。

3.2　学習用画像の検討と作成

本衛星に搭載するカメラで、しかも 1U のサイズの衛星の自撮り画像は存在しないため、どのような写真が撮影されるかを想定して、学習用の画像を作成する必要がある。

良いと分類したい自撮り画像は図７に示した通りであるが、具体的には下記を満たす画像を指す。

① 衛星、地球、宇宙が同時に写っている。

② 地球と宇宙の比率は６：４である。

③ 地球は写真の下部にあり、左右がシンメトリーになっている。

④ ボケやブレ、ノイズ、太陽光の強い影響がなく、画像が鮮明である。

⑤ 画像の一部が欠落していない。

表3　TensorFlow Lite 比較

	学習済みモデルの読み込み	分類処理
TensorFlow	10 分	10 秒／枚
TensorFlow Lite	1 分	20 秒／枚

悪いと分類したい自撮り画像は、上記以外の画像全てを指す。また、カメラは魚眼モードで撮影することを前提にしており、これらを加味して学習用画像を作成する必要がある。まず背景となる地球、および宇宙の画像は、YouTubeなどで公開されているISSから撮影した動画を用いる。動画は動画変換ツールFFmpegなどを用い、画像に変換し、地球と宇宙以外、具体的にはISSのアームや外壁が写り込んでいるものを除いておく。また地球の様子は、撮影場所や季節、時間帯によって地面や海、雲、太陽の位置、オーロラの有無などが変わるため、複数の種類を用意する。

次に、背景の地球が必ず写真下部中心に写るわけではないので、1枚の写真から、地球が左側に写る場合、地球しか写らない場合、地球がほとんど写らない場合など、様々なパターンの背景画像を生成する(**図8**)。

背景は魚眼の影響を受けるので、生成した画像に対し、サイト(https://github.com/Gil-Mor/iFish、参考文献(3))のコードを参考に魚眼のように歪ませた。

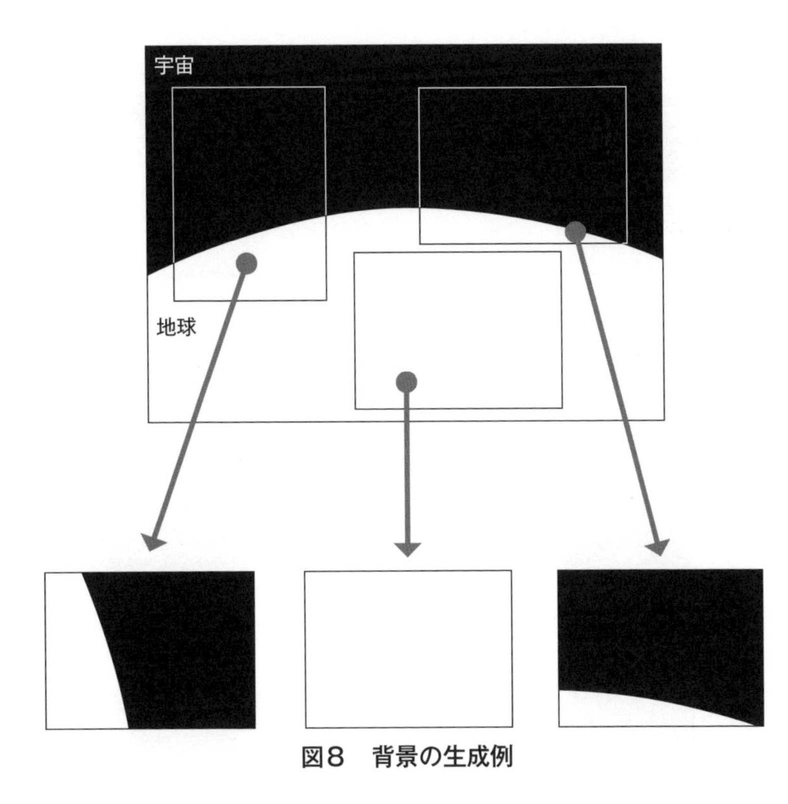

図8　背景の生成例

このようにして生成した背景に、次は衛星の画像をはめ込む。衛星の画像は、実機にカメラを搭載し撮影した写真から、衛星だけ切り抜きし(**図9**)、元画像や先程生成した背景と合成させる(**図10**)。

合成した画像に、今度は

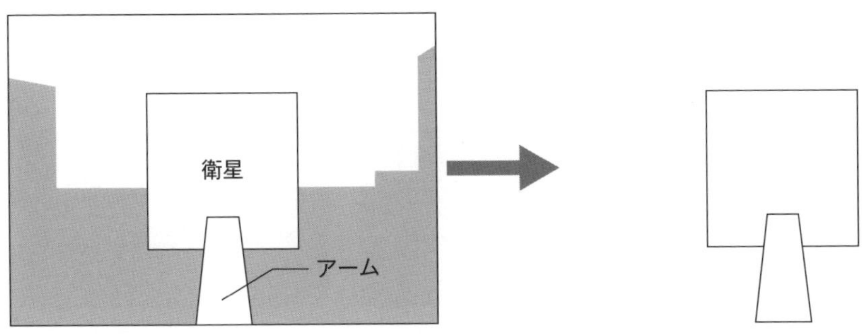

図9　衛星の切り抜き

ボケ、ノイズ、データ欠損、および太陽光の影響の組み合わせと強度をランダムで追加していく(**図11**)。ボケは画像変換ライブラリである Pillow の GaussianBlur(参考文献(4))を、ノイズは画像処理ライブラリである OpenCV(参考文献(5))を使用した。データ欠損は画像の上下を黒で上書きすることで表現する。また太陽光の影響は、衛星の輝度と背景の輝度をそれぞれ変える

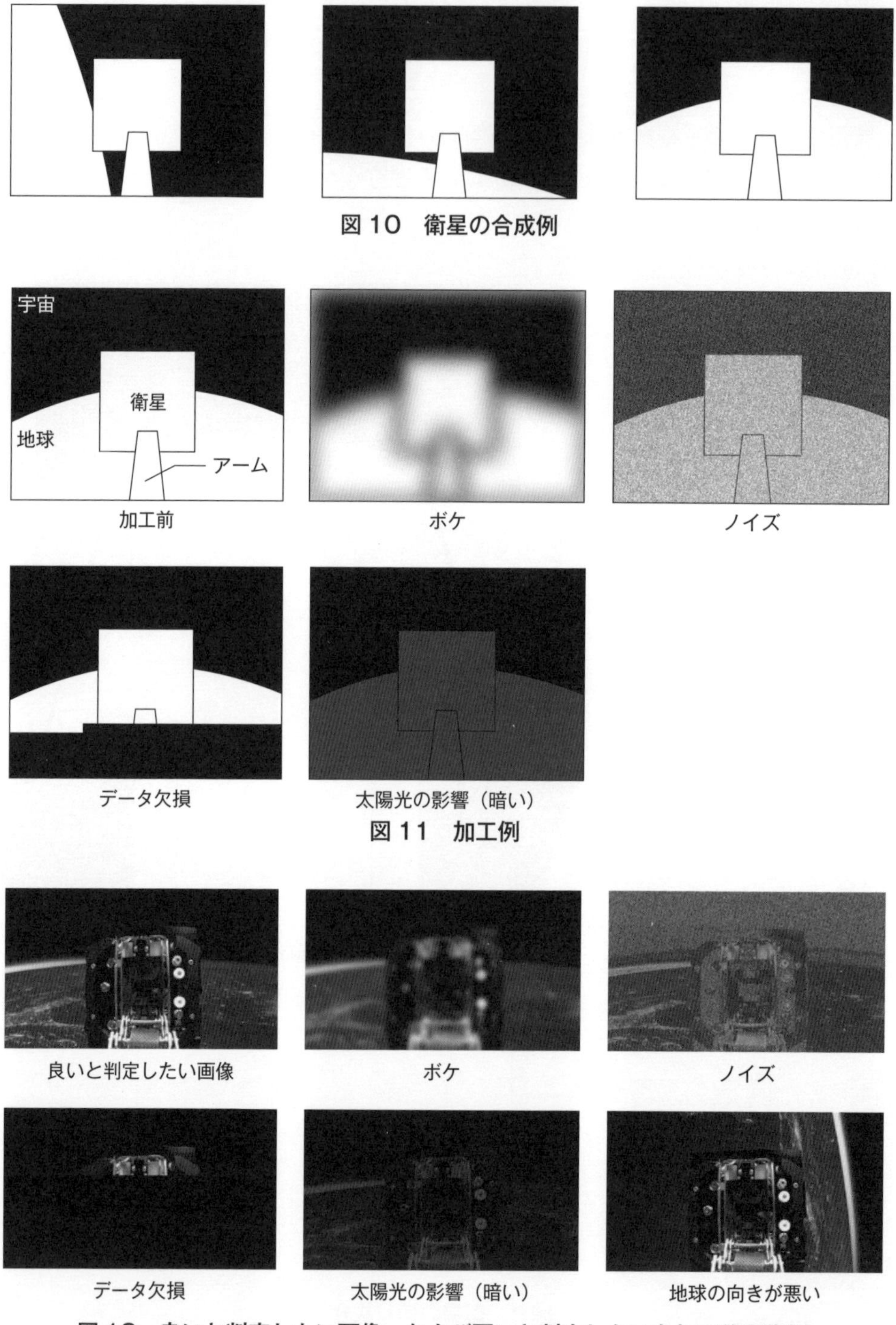

図10　衛星の合成例

図11　加工例

図12　良いと判定したい画像、および悪いと判定したい各加工後画像例

ことで表現する(**図12**)。

最後に、作成した画像をCNNで動かすためにラベル付けしていく。この時、良い画像の条件を完全に満たす画像のみを良いとラベル付けすると、ほとんどの画像が悪い画像と判定されてしまうため、それぞれの加工の強度が弱いものは、良いと分類されるようラベル付けをする。例えば、少しばかりノイズが混じったとしても、他が良ければ良い画像と分類させる。

これら2点に注意しながら学習済みモデルを作成し、衛星に搭載させれば画像分類の準備は完了する。学習に用いた教師画像は、実際に撮影された画像ではないので、必ず上手くいくという保証はないが、あとは結果を楽しみに待ちたいと思う。次回があるとすれば、撮影された画像を使って衛星の中で再学習を行うなどに挑戦していきたい。

サブミッション系（チャット）

1. サブミッション系(チャット)の役割

（1）役割

rsp.メンバー以外の方もRSP-01との会話を楽しむことができるチャット機能を実現する。Twitterを利用者とのインターフェースに用いて衛星とのチャットを実現する。

（2）各フェーズの作業内容(**表4**)

2. サブミッション系(チャット)のシステム概要

Twitterで投稿されたメッセージ(以下：要求メッセージ)は、地上システムを介して衛星に送信する。衛星には機械学習を用いたチャットボットが配置され、要求メッセージを元に応答メッセージを生成する。衛星から受信した応答メッセージは、地上システムを経由してTwitterに返信される(**図13**)。

表4　各フェーズの作業内容

フェーズ	作業内容
BBM	基本設計 ・アーキテクチャ検討 ・利用技術選定 ・機能・画面設計
EM	詳細設計 ・DB設計 ・コマンド設計 ・Main OBC、地上局との連携設計 ソフトウェア実装、単体試験
FM	結合試験

3. 機械学習

機械学習はWord2vecでクラス分類を行う手法を用いた。Word2vecは、文章中の単語を数値ベクトルに変換し、単語の意味を把握する自然言語処理の手法である。クラス分類を行うために、要求メッセージ相当の文字列を数百

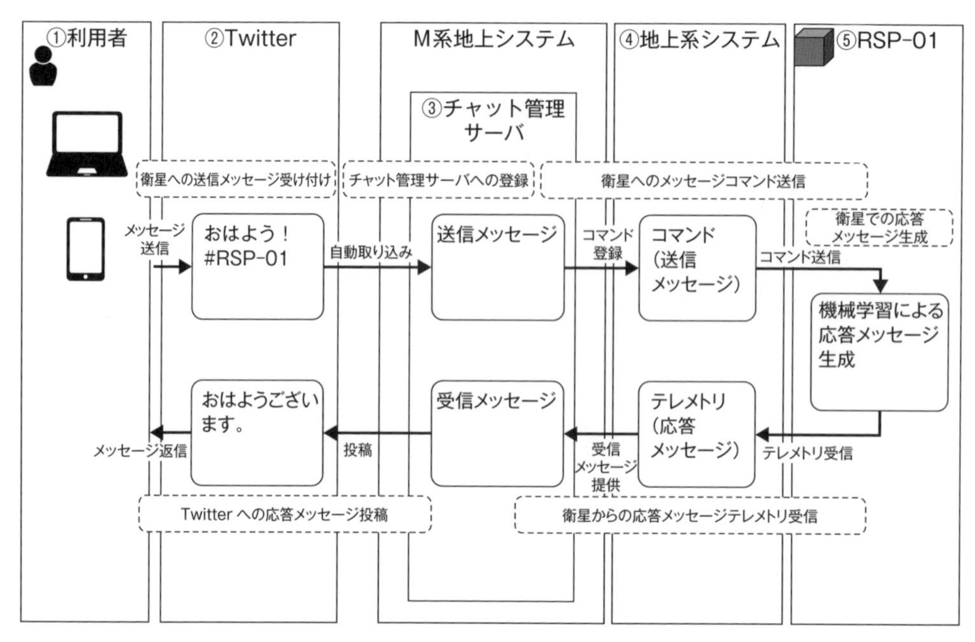

図 13　チャットシステム全体像

個用意し、それを「あいさつ」や「温度」などに分類し、その要求メッセージと分類を教師データとした。

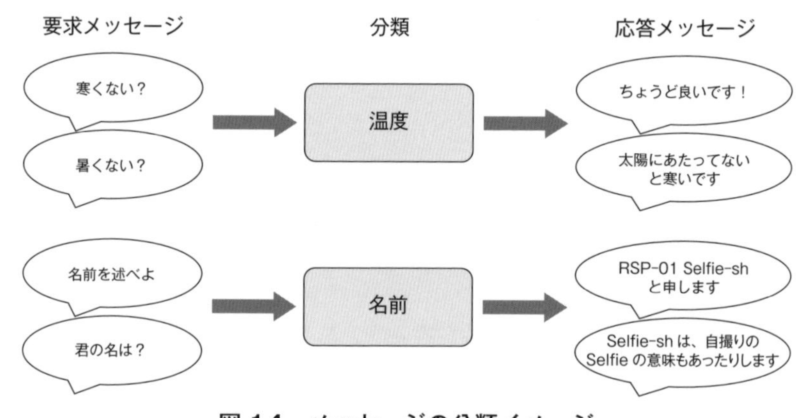

図 14　メッセージの分類イメージ

推論では、地上から受信した要求メッセージを分類する。分類毎に数種類の応答メッセージを用意しておき、ランダムに選択する。今回は、47 の分類を可能とし、約 330 種類の応答メッセージを用意した(**図 14**)。

学習モデルはファイルサイズが大きくなる可能性があり、打ち上げ後に地上からアップリンクで変更することは困難である。そのため、学習済みモデルは十分な検証を行ったものを衛星の打ち上げ前に作成し、搭載する必要がある。

4. 人工衛星側の機能

応答メッセージの生成は機械学習による推論を利用するため、処理時間を要する可能性があり、要求メッセージに対する応答メッセージを逐次的に返すことは難しい。そのため、要求メッセージは一時ファイルへの保存のみを行い、保存成功の旨のテレメトリを即座に返す方式とした。応答メッセージの生成は別プロセスでバックグラウンドにて行い、生成された応答メッセージは、

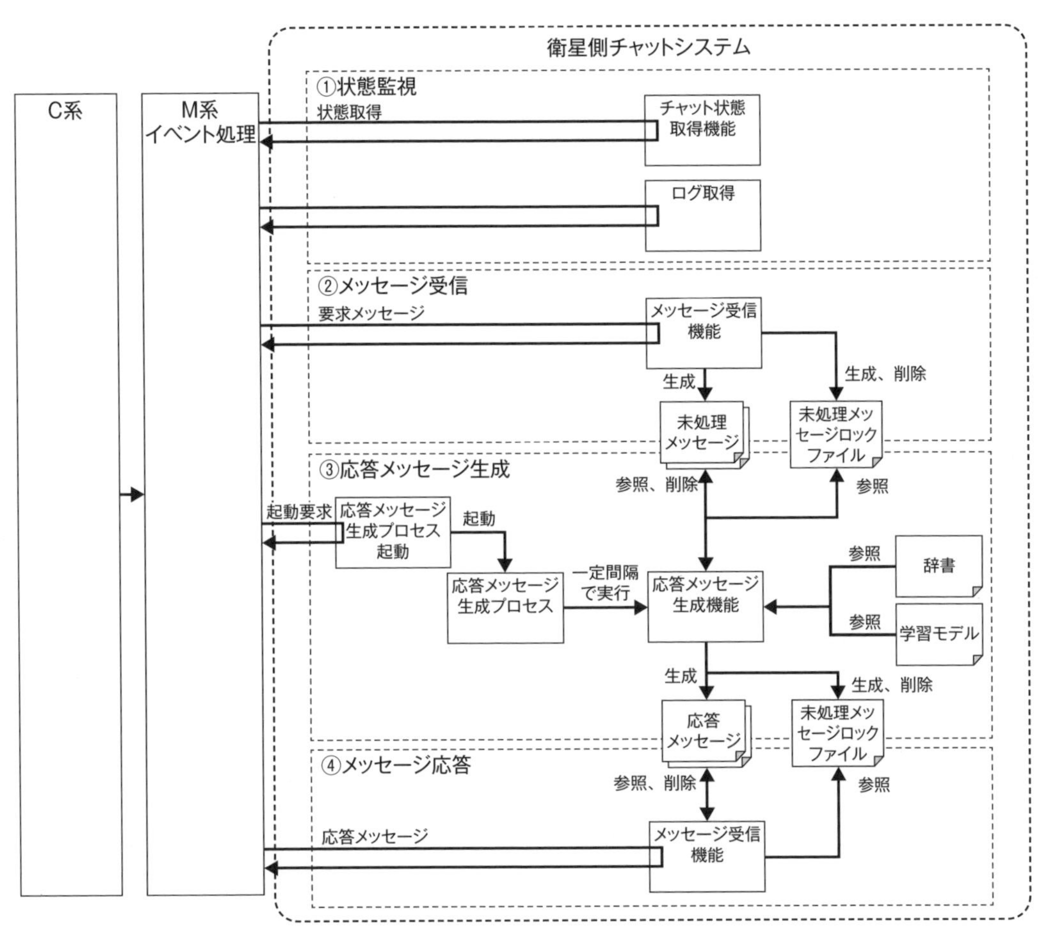

図 15　衛星側チャットシステムの概要図

別途受信される取得要求コマンドにより地上にダウンリンクする(**図 15**)。

衛星側チャットシステムの詳細説明は、以下の通りである。

4.1　状態監視

チャット機能の状態をC系に応答する。主に以下の状態情報を応答する。

- 応答メッセージ生成プロセスの起動状態。
- 未処理メッセージファイル数。
- 未送信の応答メッセージファイル数。
- ロックファイルの有無。

4.2　メッセージ受信

C系から引き渡された要求メッセージを未処理メッセージファイルとして一時保存する。応答メッセージの生成には時間を要するため、C系から受信した要求メッセージは未処理メッセージとして一時ファイルに保存のみを行い、応答を返す。

可能な限り一度に多くの要求メッセージを受信させるため、複数の要求メッセージをbzip2で圧縮する。さらにその圧縮ファイルを分割し、データを受信する。したがって、本機能のデータのヘッダ部には、データID、分割番号などが設定され、衛星側でのデータ結合とbzip2解凍を可能としている。

未処理メッセージファイルの保存時は、ロックファイルを作成し、他機能と排他的にファイル操作を行う。以降に記載される機能も同様にファイル操作時はロックファイルによる排他制御を行う。

4.3 応答メッセージ生成プロセス起動

C系からの要求により、応答メッセージ生成プロセスの起動を行う。

4.4 応答メッセージ生成プロセス

応答メッセージ生成機能を一定間隔で実行する。本機能はRaspberry Pi内で起動されるM系のメインプロセスとは別に起動する。

蓄積されている未処理メッセージ(要求メッセージ)を入力して分類推論を行う。推論された分類に該当する数種類の応答メッセージのうち、1つをランダムに選択し、応答メッセージを確定する。

その応答メッセージを一時ファイルに保存する。要求メッセージは複数個蓄積されている場合があるため、その全てを処理し、未処理メッセージは削除される。

4.5 メッセージ応答

C系からの要求により、生成済みの応答メッセージを返却する。可能な限り、一度に多くの応答メッセージを返却させるため、複数の応答メッセージについて、bzip2圧縮を行う。さらにその圧縮ファイルを分割し、データを返却する。したがって、本機能の実行パラメータとして、分割データの順次返却、分割番号指定などを設けた。

5. 地上側の機能

衛星とのデータ送受信を行う地上システムとは別に、チャット専用の地上側チャットシステムを設けた。

地上側チャットシステムにはチャット管理サーバが配置され、Twitterとのメッセージ送受信、メッセージ管理、地上系システムとのメッセージ連携が処理される(**図16**)。

RSP-01はアマチュア無線帯を利用するため、衛星へのデータ自動送信は、アマチュア無線の規約で制限されている。そのため、運用者の手を介して送信を行う必要がある。それに対応するために送信メッセージの登録機能を設けている。

地上側チャットシステムの詳細説明は、次の通りである。

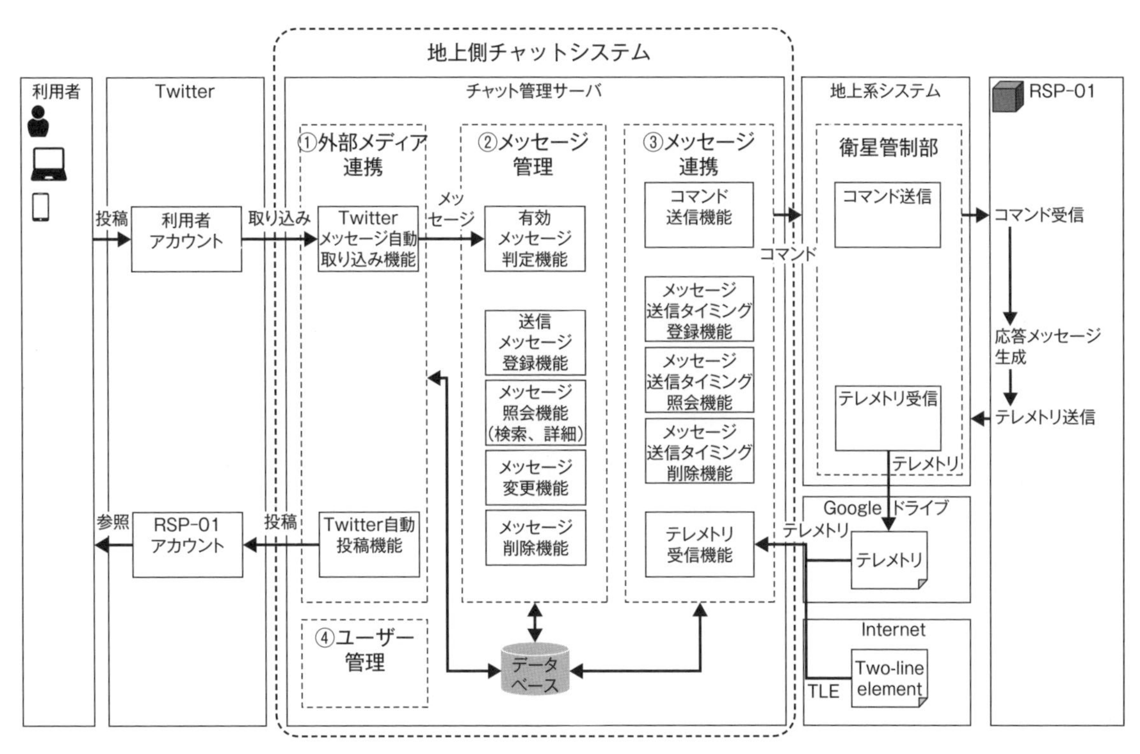

図 16　地上側チャットシステムの概要図

5.1　外部メディア連携

Twitter に投稿された要求メッセージを自動で取得する。また、応答メッセージの Twitter 投稿を行う。

5.2　メッセージ管理

要求メッセージの手動登録、照会、および応答メッセージへの情報付与（位置情報や時間情報など）を行う。また、衛星へ送信を行う要求メッセージの指定、および公序良俗に反するワードの混入判定機能も有する。

5.3　メッセージ連携

地上系システムとのコマンド、テレメトリデータの送受信を行う。

要求、応答メッセージは、複数個のメッセージを bzip2 圧縮し、さらにファイル分割した状態で衛星と送受信するため、ファイルの分割と結合、圧縮と解凍も本機能で実施する。

5.4　ユーザー管理

チャット管理サーバの利用者管理を行う。必要最低限のセキュリティを確保するため、システムへのログイン認証機能を持つ。

熱・構造系

1．熱・構造系の役割

（1）役割

RSP-01のH系では、主に以下の役割を担った。

- 宇宙空間への輸送時や、運用環境で想定される振動や環境に耐えられる構造部材の選定。
- JAXAなどから示される各種の規程に適合し、ミッションの遂行にあたり可能な限りリスクが生じないように考慮され、かつD系から示されたデザイン要求に、できるだけ合致した外装設計。
- P系、T系、M系、A系、SM系、各系の機能が完全に動作し、かつ規程のサイズ内に収めるための内装配置設計と各系間の調整。
- EM、FM筐体の組み立て。

趣味の団体であるRSP-01では、「○○ができれば面白そう」とか「○○があるとカッコイイ！」という各メンバーの熱い思い(ノリと勢い)から出てきたアイデアを、なるべくその意に添うように完成形にしなければならない。ちなみに、「費用対効果」とか「実現可能性」とかいうものはアイデアの選定の理由としてほぼ考慮されない。我々が筐体設計を始めた時には、各系から出される様々な要求に合致するような完成形が見えていたわけではなく、CAD上の図面や実物でトライ&エラーを繰り返し、ほぼ全ての系と密に連携を取りながら、段階を踏んで完成形にしていった。

ここでは、その過程を大まかに紹介していく。前述の通り、rsp.は素人技術者が寄せ集まってできた趣味の団体なので、他のしっかりした団体や企業の衛星設計と比較して泥臭く、ナンセンスな部分が多々あると思うが、読者の皆様の今後の衛星の熱構造設計に少しでも役立てて（もしくはクスっと笑って）いただければ幸いである。

（2）各フェーズの作業内容

開発フェーズ毎の作業内容としては概ね**表5**のようになる。以下、各作業内容についての詳細を説明していく。

表5　H系の開発フェーズ

フェーズ	作業内容
BBM	•衛星サイズと部品検討 •筐体の慣性モーメント計算
EM	• EM筐体設計(外装、アンテナ、内部設計) • EM筐体製造
FM	• FM筐体設計 • FM筐体製造

2．初期検討

2.1　衛星サイズと部品検討

まずは製作する衛星のサイズを決め（今

回は1Uなので、10cmの立方体)、部品が衛星内に収まるか、重量が規定内となるかについて確認する(**図17**)。部品の大まかなサイズと重量は各系に確認しておき、配線やネジなど予測しきれないものもあるため、1.2倍で計算しておく。この時点ですでに衛星からはみ出したり、異常に重量が大きかったりするものは最初に担当者と調整しておかないと内壁があるため、実際に搭載できるサイズは小さくなるので注意が必要。

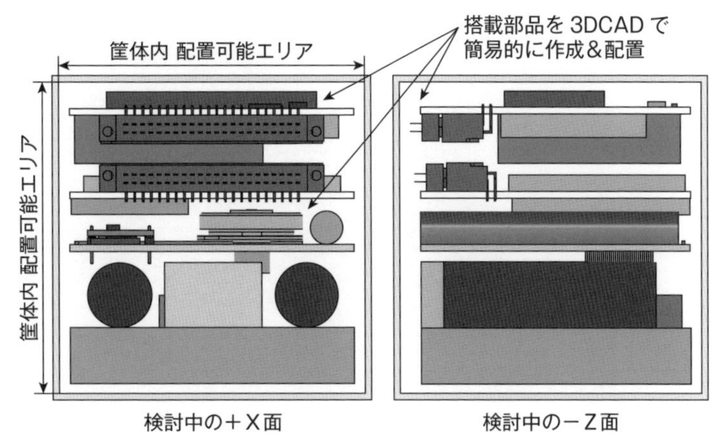

図17　衛星サイズと部品検討

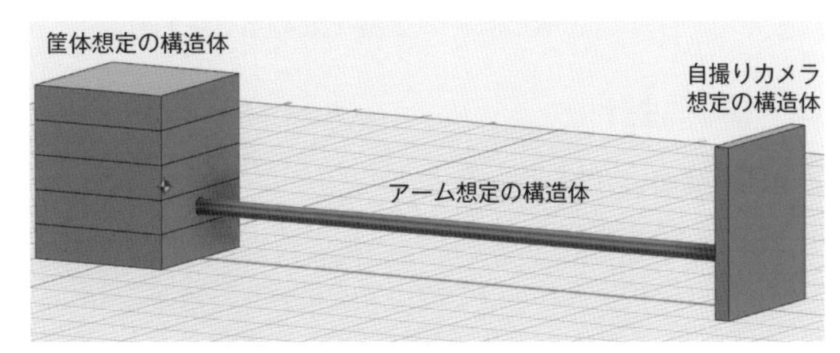

図18　筐体の慣性モーメント計算

2.2　筐体の慣性モーメント計算

今回、RSP-01特有の機構である「自撮りアーム」を展開しても、筐体の姿勢を磁気トルカ、リアクションホイールで制御可能な範囲に収めるため、慣性モーメントをカメラ搭載面である＋X面が最大となるように$I_{XX} > I_{YY}$、I_{ZZ}と設計要求されていた。そこで、簡易構造をFusion360上で構成し、筐体の慣性モーメントのシミュレーションを行った。これによってアームの展開長さが30cm以内であれば要件を満たすことが判明した。この結果に基づいて、M系にアーム長の要求を行った(式1、式2、式3、**図18**)。

$I_{XX} = 1.816E + 06 ; I_{XY} = 1.705E + 05 ; I_{XZ} = 0.00$　　(式1)

$I_{YX} = 1.705E + 05 ; I_{YY} = 7.881E + 06 ; I_{XZ} = 0.00$　　(式2)

$I_{ZX} = 0.00 ; I_{ZY} = 0.00 ; I_{ZZ} = 7.686E + 06$　　(式3)

3.　意匠設計

意匠はデザイナーの絵を3D内に投影して設計を進める。しかし、JAXA安全審査要求から来る筐体の形状要求があるため、全てを反映することは困難である。ある程度設計ができた段階で、3Dモデルをデザイナーに確認してもらう。投影基準ではあるものの直線のラインを合わせたり、形状に統一性を持たせたりするなど、なぜその形状にしたか、意思入れは最低限行っておく。そ

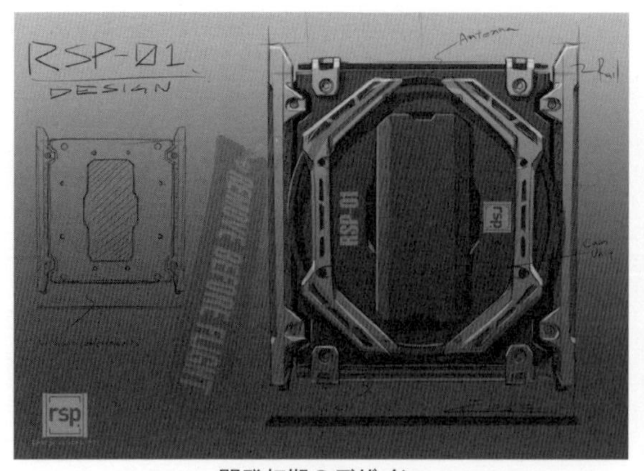

開発初期のデザイン

RSP-01 完成体

図 19　筐体の初期デザインと完成体

れを元にデザインと構造設計の議論を進める(図 19)。

4. 詳細設計

4.1　外装設計

4.1.1　レール設計

衛星はレールに入れられて放出するため、外装面にネジや突起物があるとレールに傷をつけたり、引っ掛かったりして放出できなくなる。そのため、筐体のシャープエッジの部分はR形状をつけて、筐体同士の締結部分にはザグリ加工を施し、ネジの頭が出ないようにする必要がある。

レール部については、JAXA の要求項目が「ペイロードアコモデーションハンドブック」(参考文献 (14)) にまとめられており、詳細はそちらを参考にしていただきたい (随時改訂がされており、RSP-01 はC版を適用)。

特に注意したいのが、放出機構 (J-SSOD-R) のレールへの接触面積である。衛星のレール部が、放出時に歪んだり、引っ掛かったりすることがないように、衛星側のレール面積の 75%以上は放出側のレールと接触していることが求められる (C改訂版時)。この面積は取り付けネジ用のザグリやディプロイメントスイッチ用の穴、シャープエッジ除去のためのRや面取りなどによりどんどん削られてしまうので、ある程度余裕を見て面積計算を行い、設計する必要がある (図 20)。

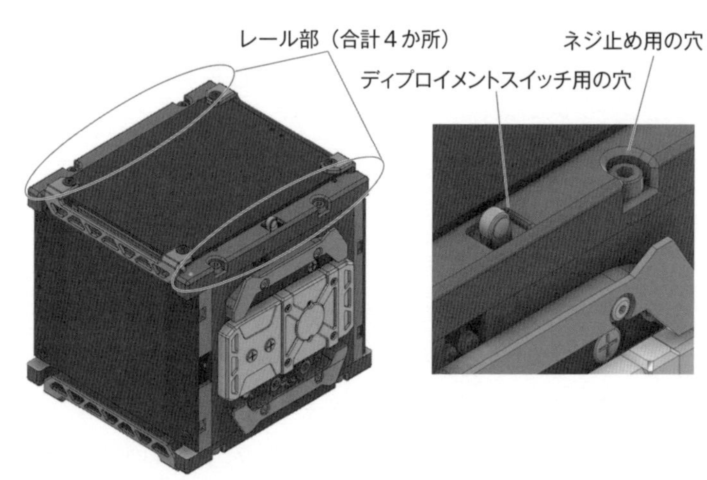

図 20　レール部

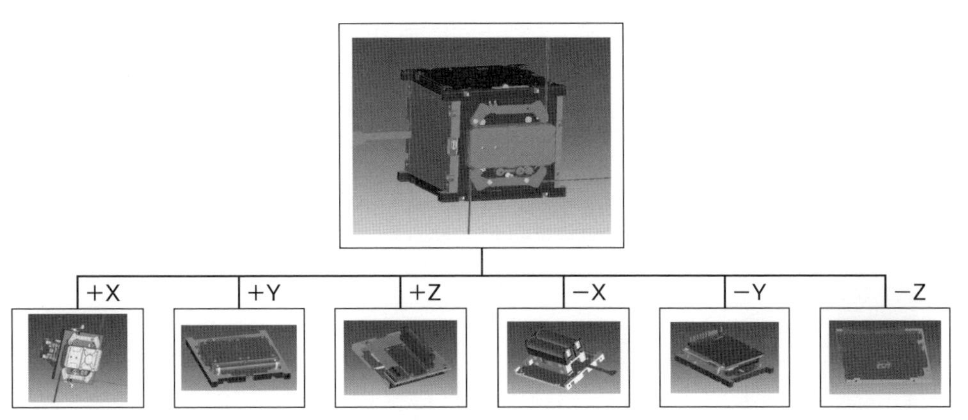

図 21　衛星筐体のアセンブリ構造

4.1.2　外装パネル

RSP-01 の外装は切削プレート 6 枚を貼り合わせるシンプルな設計にした（**図 21**）。理由は中の部品の大きさや位置が変更になった際に、筐体の干渉している部位を削ったり穴開けしたりと後からでも加工して対応できるようにするためである。趣味の団体であるという特性上、多くの人が設計に関わり、設計変更も多い。そのため、追加工などを容易に行えるよう、設計自由度を高めることを意識して筐体の設計を行った。

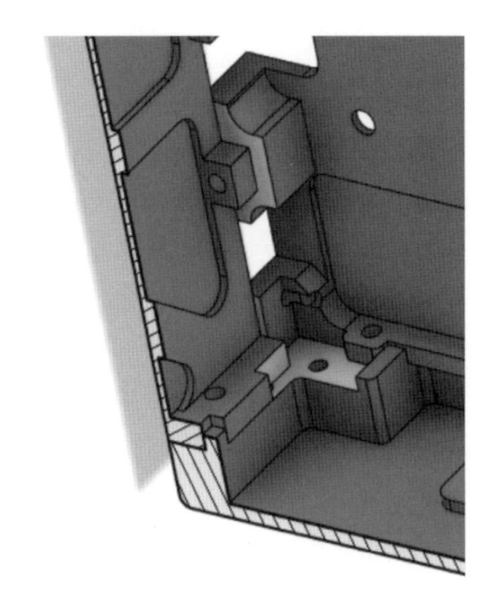

図 22　外装プレート モデリング

衛星は重量制限が 1U で 1.33kg のため、構造体は強度を保ちつつ、軽量化もしないといけない。強度が必要な六面体の辺の部分にあたるところは肉を増し、強度の必要がないところはくり抜いて軽量化を行った。JAXA からの要求で、外装面のあらゆるシャープエッジに R をつける必要がある点には特に注意を払った。また、組み立て時にズレが発生しないように、基準面を定めて、あて面を設けることにより組み立て時のズレを最小に抑えた（組み立て時には、直角出し用の治具も併用して組み立てを行った）（**図 22**）。

外装パネル同士の締結に使用するネジは構造上重要な部材として指定されており、構造解析や振動試験時に破断、大きな歪みや緩みがないようにしなければならない。JAXA より公開されている「構造設計標準」（参考文献（6））の〈構造部材間の結合ファスナーの選定〉によると、「公知の規格に基づいて製造され、強度が保証されており、かつ、材質が非磁性体であるファスナーを使用すること」と指定されている。

RSP-01 では、このような構造上重要な締結点（ファスナー）に、JIS B 1176 の規格に基づいていて、材質も非磁性体であるステンレスの六角穴付きネジを採用した。これは六角レンチで締め付けることから、高い締め付け力を有し、トルク管理が容易で、狭いスペースでも締め付ける

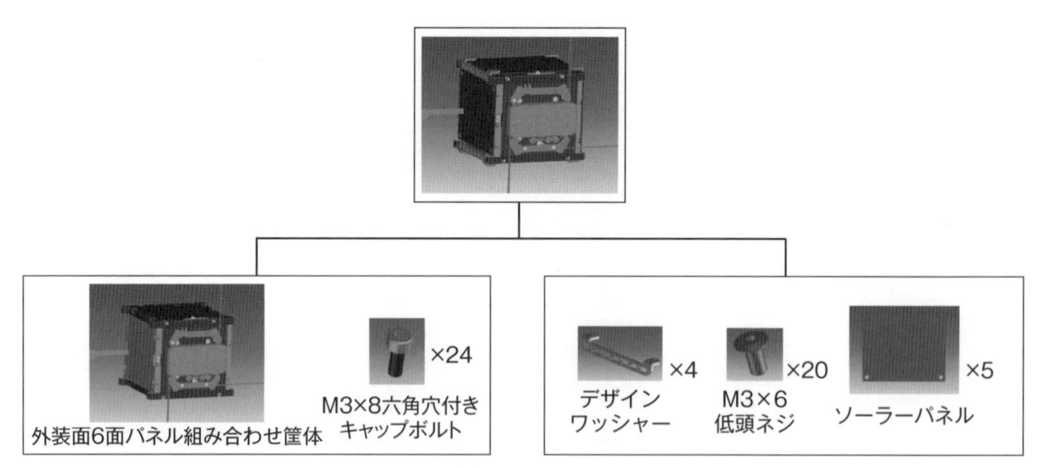

図 23　外装部品のアセンブリ構造

ことができるからである。

RSP-01 は筐体外装のデザイン性を特長の 1 つとしているため、外装プレートの骨組みを整えて筐体の組み立て性と内部部品の取り付けに問題がなくなったところで、外装のデザインワッシャーや太陽光パネル、カメラを出し入れするフロント面のカメラカバーなどにデザインを盛り込んだ(**図 23**)。

4.2　アンテナ部の設計

4.2.1　概要

RSP-01 には、地上と無線通信を行うために合計 3 本（受信用に 1 本、送信用に 2 本）のアンテナが搭載されている(**図 24**)。

通信機の要求仕様上、アンテナの長さは 1U サイズの制限 1 辺の長さより長くなってしまう。そのままでは 1U サイズに格納できないため、アンテナ部は宇宙空間に放出されるまではアンテナガイドに巻き付けて格納しておく構造にした。

それらを実現するために下記条件をアンテナ部分の構成要件とした。

- 復元性、屈曲性を有するアンテナであること。
- アンテナを巻き付けるためのアンテナガイドを備えること。
- アンテナを巻き付けた状態で保持するための機構が備わっていること。
- アンテナを巻き付け、保持した状態から展開させるための機構が備わっていること。

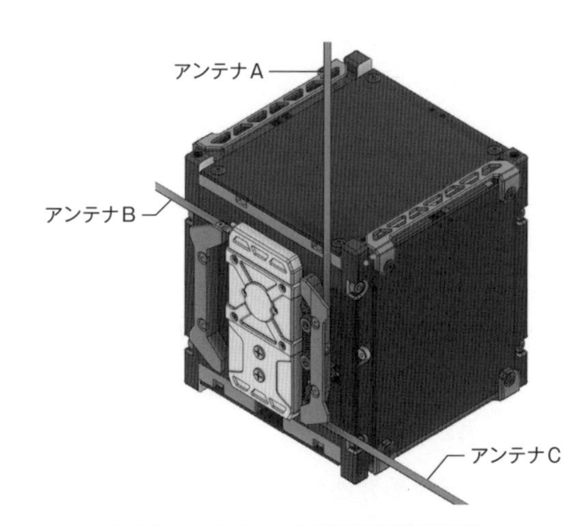

図 24　アンテナ構造(展開状態)

4.2.2 アンテナ本体

表6 各アンテナの長さ

名称	用途	長さ
アンテナA	145MHz 送信用	540mm
アンテナB	145Mhz 送信用	505mm
アンテナC	435Mhz 受信用	175mm

アンテナ本体の材料としては他衛星で使用され、通信実験で実証済みの弾性のある金属板（リン青銅）を選定し、十分な柔軟性を持たせるために厚さ0.2mmとした。

各アンテナの長さはT系からの要求により、**表6**のように決まった。

これらのアンテナ長さは筐体の構造などによって大きく左右されるため、EM筐体を用いたT系の試験やシミュレーションによって決定された。

4.2.3 アンテナガイド

アンテナを巻き付けて格納するために専用のアンテナガイドを設計した。

D系や他系の設計者と相談し、部品の干渉や「ペイロードアコモデーションハンドブック」上の制限(シャープエッジ、外径寸法)を満たしつつ、可能な限りデザイン面の要求(形状と色)を盛り込んだ設計とした。具体的には、下記の2点に特に苦労した。

① 自撮りアームが配置される中央の空間を確保するため、楕円に巻ける形状の設計。

• アンテナの弾性はCAD上では確認し難い。

• 実際に金属板を手で曲げて、曲げ半径をイメージしながらの設計。

② D系の要望の青色を達成するための材料と、その加工方法の選定。

PPS耐摩耗グレードの樹脂を選定。

耐候性、耐熱性、帯電防止性、入手性に優れる青色の材料という条件を満たす樹脂を、ブロックから削り出してアンテナガイドとした。宇宙空間では高エネルギー荷電粒子によって筐体外装が帯電状態になり、T系に影響を与えるため、アンテナ部は意図的に体積抵抗が調整された材料を採用した。

4.2.4 保持・展開機構

アンテナは、アンテナガイドに巻き付いた状態で打ち上げられ、宇宙空間に放出された後に展開する必要がある。

そのため打ち上げ時にはアンテナを保持し、任意のタイミングで展開できるような機構が必要になる。

RSP-01は、下記のような機構を備えている(**図25**)。

3本のアンテナがアンテナガイドに沿って巻き付けられ、最外周のアンテナの先端をナイロン線で引っ張り固定している。最外周のアンテナの先端には穴を開けて、ポリエチレン線（ダイニーマ：ϕ 0.342mm)で引っ張っている。途中、ナットを経由することで張力の向きを変えている。固定はネジ止めで圧着し、ポリエチレン線を溶断して展開できるようにニクロム線を設置した。

これでマイコンの信号によりニクロム線に電流が流れ、加熱・溶断され、アンテナの収納の保持力がなくなり、展開する仕組みとなっている。

保持・展開機構の設計、配置にあたっては、次の条件を考慮した。

① アンテナの展開を阻害しない。
② 内部配線が容易。
③ アンテナの終端に近く、ダイニーマ溶断機構までの間に物理的な障害がない。

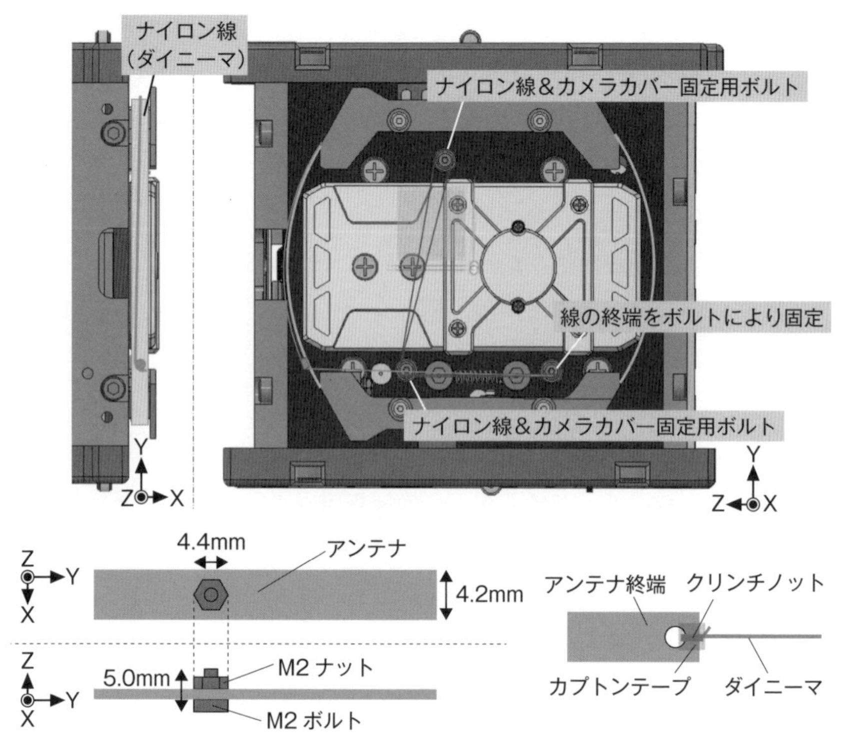

図25 アンテナと展開機構の構造

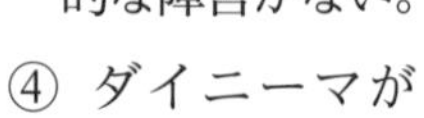
④ ダイニーマがアンテナの終端から溶断機構まで、鋭角に引き回される可能性が低い。

溶断機構のニクロム線には比較的高い熱負荷が瞬間的に掛かるため、ニクロム線の保持には絶縁・耐熱性を有するセラミックス六角穴付きネジを採用した。ネジ中央のガス抜き用穴を通じてニクロム線を固定することで、筐体との絶縁、衛星内部と外部との接続の2つの課題を解決できた。

4.2.5 アンテナの接続

衛星内部の無線機からアンテナまで接続する必要があるため本衛星では+X面にネジ切りを作り、MMCX規格のコネクタを設置し、リン青銅のアンテナと接続した(**図26**)。

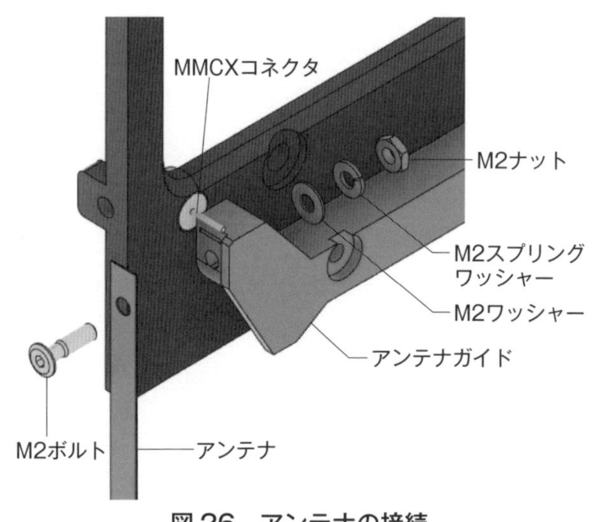

図26 アンテナの接続

4.2.6 その他

分解、組み立てを考慮して、部材はネジで組み立て可能な構造とした。

4.3 内部設計

4.3.1 基板取り付け

基板の締結については、基板を外装プレートに六角スペーサで取り付けるように設計した。基板は一般的に多少の反りがあるため、剛性のある外装プレートに取り付けることで反りを矯正させている。筐体に直接取り付けている無線機と基板が干渉しないように筐体と基板の取り付け部にスペーサを使用して隙間を空けた。また、垂直に交わる基板間の接続方式がストレートタイプのコネクタであるため、基板同士が正確に直角に結合することが重要となる。外装プレートに基板用のあて面を設け、直角精度を高める設計を反映した(**図 27**)。

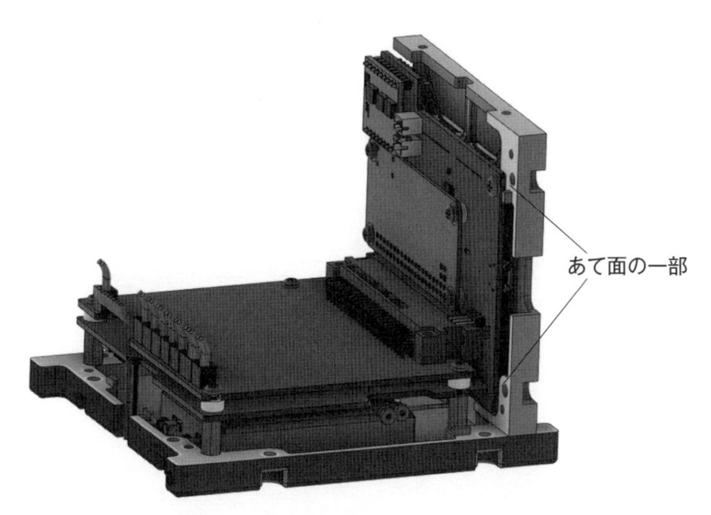

図 27　基板と筐体取り付け検討図

RSP-01 では、衛星内部の基板や部品を取り付けるのに十字穴付きネジを使用している。特に小さい部品や厚みの薄い部材では六角穴付きネジでは強く締め過ぎて、部品を壊す恐れがあるため、六角穴付きネジよりも締め付け力が弱い十字穴付きネジを採用した。

4.3.2　内部部品配置と組み立てしやすさの検討

① ネジについて

RSP-01 では 10 cm^3 の中にたくさんの部品が詰め込まれている。省スペースの中で部品を詰め込む際には部品同士の間隔が狭くなったり、隣り合う部品同士が接触したりすることもあるため注意が必要である。そういった場合に干渉を避けるため、ネジの頭が邪魔になることがある。ネジの頭を出っ張らせたくない場合は、部材にザグリ加工をする必要があるが、ザグリ加工ができない部品には、頭の低い低頭ネジを使用している。

部品を配置していく中で、外装プレートを順番に締結した時に、組み立てが不可能な状態になっていないことを確認しておく必要がある。確認しても実機を作ると組み立てが困難な場合も多々発生する (実際に発生した)。後述するが、3D プリンタなどで筐体を起こす前に確認することがベストである。

ネジ締め部については、ドライバやレンチが入るかどうかを確認しておく。見落としがちであるが、入らなければネジの位置や部品の配置替えを再検討しなければならない。組み立てをする人に何とかしてもらうという発想は控える。実際に、内部の部品を組み付けする際にトルクドライバが入らなかった。

② クランプについて

衛星内部にはたくさんの部品や基板が密集しているのと軽量化のため、磁気トルカを固定する

図 28　磁気トルカの固定クランプ

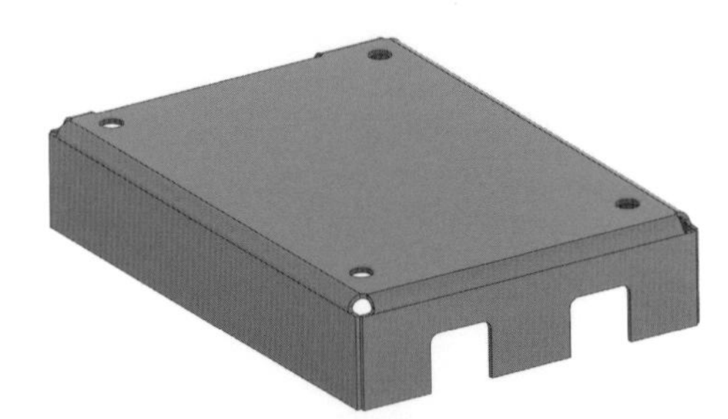

図 29　無線機カバー

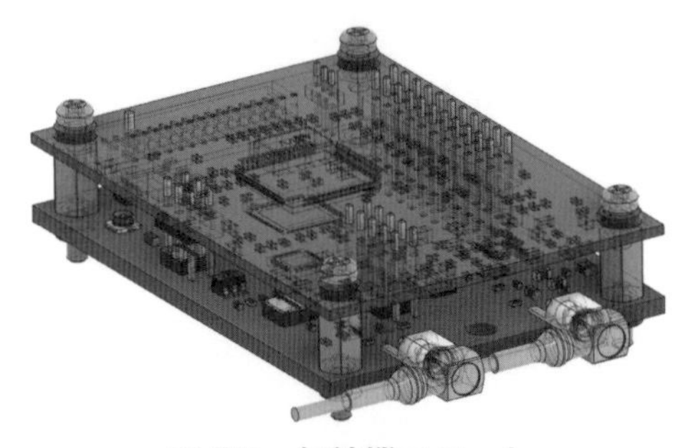

図 30　無線機ユニット

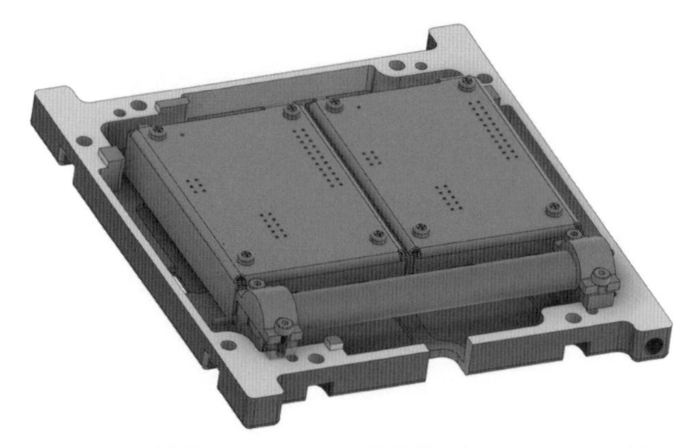

図 31　無線機ユニットと筐体外装プレートの取り付け

クランプは 3D プリンタで製作していた。しかし、振動試験の結果、3D プリンタで製作したクランプが折れてしまったため、急遽金属製のクランプに設計変更した。ほとんどスペースのない中でクランプを設計するのは大変だったが、ネジを小さいものにしたり、筐体の一部を削ってスペースを作ったり、内部の部品の位置を数 mm だけ移動したりするなど工夫することで金属製のクランプに変更することができた(**図 28**)。

③ 無線機カバーについて

無線機のカバーは板金の曲げ加工で製作しているため、切削加工のような寸法精度で加工はできない。板金の曲げ加工で部品を設計する際には、ある程度マージンをとって設計する必要がある。RSP-01 の筐体内では無線機の取り付け周辺は多少スペースを空けていたため、他の部品に干渉しないで取り付けることができた(**図 29 ～ 31**)。

〈太陽光パネルの検討〉

●空間的な空き
＋Y 面パネルのケーブルがＰ系基板と
＋Z 面背面の間を経由するが、結構幅が
狭いので心配（2mm くらい？）。
−X 面パネルのケーブルがどこを通すか
分からない。

●組み立て視点で
各ケーブルは長めに内から外に出してお
いて、最後に太陽光パネルを取り付ける
ので、おそらくいけるはず。

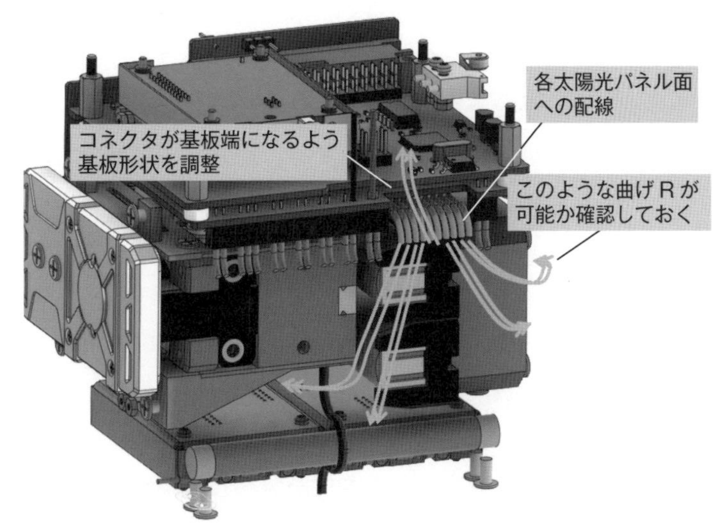
コネクタが基板端になるよう
基板形状を調整
各太陽光パネル面
への配線
このような曲げＲが
可能か確認しておく

図 32　内部配線検討図

4.3.3　内部配線

ケーブル類については、ケーブルが通れる隙間を用意しておくだけではなく、実際に配線ができるかどうか確認しておくことが重要である。コネクタから基板へ垂直に伸びるのか、平行に伸びるのか、また曲げはどの程度のＲまで可能なのか（こちらは実際の配線を用いて簡易的に確認しておく）など確認する。また、コネクタから平行に配線が伸びるタイプの場合、コネクタは基板の端に配置することが基本である（**図 32**）。コネクタ同士の勘合が困難になるうえ、配線が基板端で削られ断線する恐れがある。断線については、配線エリアに断線懸念のものがあるかどうか確認しておく（シャープエッジやネジ締結部など）。できればケーブルを固定するような構造をつけることが望ましい。

4.3.4　固着剤の選定

筐体組み立てに向けて、宇宙環境や打ち上げ時の振動などによってケーブル、ネジ、太陽光パネルなどが脱落、断線しないように適切に固着をする必要があった。固着剤の選定にあたって重視した要件を以下に示す。

① アウトガスの観点から無溶剤であること。
② 脱泡設備が十分になく、作業員の練度も高くないことから１液式であること。
③ ひずみや振動に対する追従性を重視するため、硬化後に弾性があること（ネジの緩み止め以外）。
④ 粘度が低過ぎると盛りづらく、高過ぎると作業性が悪いため、粘度が適度に高いこと。
⑤ 基本的に筐体内部での使用のため、十分であろうと思われる 120℃程度の耐熱性があること。
⑥ 入手が容易であること。

要件に基づき、次の固着剤を選定した。

ネジの緩み止め：入手性が良く、取り扱いの容易な嫌気硬化型1液式エポキシ接着剤。

ケーブル、はんだ付け部分の固着：入手性が良く、無溶剤で取り扱いの容易な湿気硬化型1液式変性シリコン系接着剤。

太陽光パネルの固着：薄く塗工でき、耐候性が良好で、取り扱いの容易な湿気硬化型1液式シリコーン系接着剤。

4.3.5 その他

設計開発が終盤に差し掛かると他系の部品も揃い、重量の実測が可能となる。今回は、ミッション部に大幅な改良がされるなど、当初の想定重量よりも大きくなってしまった。そのため外装プレートの薄肉化（3mm厚のプレートを2mm厚にする、など）を実施した。

なお、構造解析で要求される強度が保たれるか確認は行うが、基本的には外装が変わったら振動試験も再度実施する必要がある。

5. 筐体製造

RSP-01では人工衛星の筐体を切削加工で製作したが、いきなり切削加工をしたわけではない。

切削加工で筐体を製作するには、まず、指定のアルミ合金の材料を仕入れる。仕入れた材料によっては面の精度が粗く、平行がとれていない場合があるので、基準面となる面を出すためにフライス盤に取り付けて加工する。基準面を出した材料をマシニングに取り付けて加工するには、図面または3Dデータの形状から加工工程をプログラミングする作業と、加工する刃物の選定、取り付け治具の製作などといった手間の掛かる作業がたくさんある。そのため、せっかく手間を掛けて製作してもらったにもかかわらず、設計ミスで組み立てられないからといって何度も作らせるのは、加工屋さんに多大な迷惑を掛けることになる。なるべく設計ミスをなくした完璧な状態で加工屋さんに依頼する必要がある。とは言っても設計するのは人間なので、設計ミスのない図面やデータをいきなり用意するのは難しいため、3Dプリンタで形状を確認しながら修正して設計ミスを極力なくすのである。RSP-01では、筐体の形状確認のために熱溶解積層方式と光造形方式を使用した。

図33　3Dプリンタでの形状の確認

熱溶解積層方式は、プリンタヘッドのノズルから溶けた樹脂を押し出しながら一層ずつ重ねて積層する方法で、世の中に出回っている3Dプリンタのほとんどがこの造形方式である。主に使われる材料はABS、PLA、ポリ

図 34　加工した部品

カーボネート、ナイロンなどが挙げられる。本体価格も材料費も安価なタイプが多く、使いやすいが、一層ずつ積み重ねるため段差ができるので面精度が粗くなる。

光造形方式は、液状の光硬化性樹脂に対して紫外線をあて、樹脂を硬化させて積層する造形方式である。液状の光硬化性樹脂の材料として主にレジン液を使う。熱溶解積層方式よりも細かく設定できるため、面精度が良い。デメリットは熱溶解積層方式より、本体と材料の値段が高いことや、未硬化樹脂の洗浄が必要なこと、液状の光硬化性樹脂の廃棄の手間があることが挙げられる。

3D プリンタで筐体の形状を確認する際に注意が必要なのは、切削加工と 3D プリンタの造形方式で製造方法が違うため、切削加工ではできない形状が 3D プリンタではできてしまうことである。そのため、最終的に切削加工で製作する部品を 3D プリンタで造形して形状確認する際に、切削加工で加工できる形状を念頭において設計して確認しないといけない(**図 33**)。

衛星の筐体の外装面は絶縁の必要があるため、外装パネルの表面にアルマイト処理をした。アルマイト処理を掛ける際に部品を液に浸け込まないといけないので、フックを掛けることができるようにするためと、止まり穴だと液が溜まってしまうため、ネジ穴などは通し穴にしている。また、外装パネルの裏面は、基板や無線機などの電子部品のグランドをとる必要があり、6 面全て通電させないといけないため、アルマイト処理を掛けないように指示した(**図 34**)。

6．組み立て

6.1　内部組み立て

衛星の組み立ては CAD のモデルを元に組立手順書を作成して、それに従って行った（**図 35**）。この組立手順書は JAXA に提出する書類の 1 つなので、組立手順書を見た作業者が誰でも同じように組み立てられるように作成しないといけない。

しかし、設計は 3DCAD を使用して検討していたが、実際の組み立てでは CAD では見えない難点がいくつかあった。

① 筐体の判別(向きも)

筐体は各面 1 枚ずつアルミの切削部品で一見見分けやすいように見えるが、＋面と－面が似て

＋X面（ディプロイメントスイッチ、カメラ取り付け）

作業番号	作業	作業箇所	必要部品	作業内容	規定トルク[N·m]	参照図	備考	チェック
16	＋X面筐体にアーム機構を取り付ける	＋X面側	• ディプロイメントスイッチ×2 • M2×8ナベネジ×4 • M2ナット×4	• ＋X面にディプロイメントスイッチをネジとナットで2点固定	0.11		カプトンテープを最初に貼る	
17			• アーム機構×1 • フレーム×2 • M3×6低頭ネジ×6	• アーム機構をフレーム(×2)にそれぞれ3点ネジ固定する	0.4		アーム機構はカメラ含め組立状態であること	
18			• ＋X面筐体×1 • アーム機構×1 • M3×6低頭ネジ×4	• アーム機構を＋X面筐体に4点ネジ固定する	0.4		カメラ接続コネクタを先に付ける→カメラアームが伸びないためカメラを付けた状態で取り付けカバーはM3×12	

いたりした。したがって、面1つずつの見分けがつくような加工が必要と感じた。

② ネジの寸法違い

衛星自体が小さくネジも必然と小さくなる。そのため、ネジ径、長さを手順書に記載していても、1つ1つ測って使用していた。ネジはなるべく共通化し、組み立て手順毎に小袋に分ける必要がある。

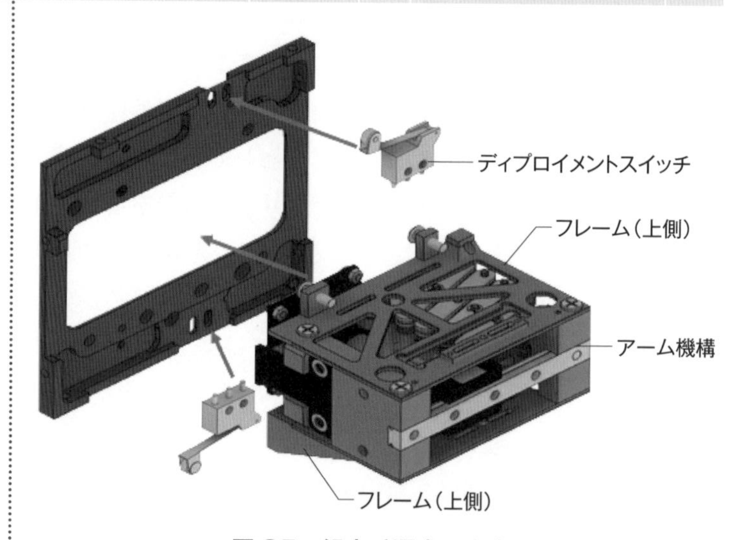

図35　組立手順書の内容
（例として、ディプロイメントスイッチとカメラの取り付け部分を掲載）

6.2　外装組み立て

最外装に配置される太陽電池パネルは、搭載する太陽電池セル用に内製した。

構成としては厚さ1.2mmの太陽電池セル搭載基板と、厚さ0.6mmの補強および絶縁基板の2枚構成である。厚さ1.2mmとした理由は、太陽電池パネルの軽量化および包絡域寸法規定を守るためである。

太陽電池セル搭載基板は、太陽電池セル貼り付け時の接着剤に含まれる気泡が真空下で膨張した際の通気口として、太陽電池セル貼り付け面にスルーホールを設けた。また、太陽電池セルの電極と基板間をはんだ付けするため、長穴スルーホールを設けている（**図36**）。

固着にあたって、特に気泡が固着部分に残り、真空下で破裂するリスクが高いと考え、注意して作業を行った。

接着剤にはシリコーン系を使用し、基板の面に塗布した後0.2mm程度に均一にならした（**図37**）。その上に太陽電池を貼り付け、固着する前に真空引きを行った。こうすることで、もともと接着剤に内在している気泡を少なくし、残った気泡が基板裏面の穴から抜けると共に、抜けなかった気泡も膨張するスペースを確保している。事前に太陽電池セルと同程度の強度を持ったガラスを使用し試験した(**図 38**)。

以上の問題や課題を解決して、無事衛星を作り上げることができた。

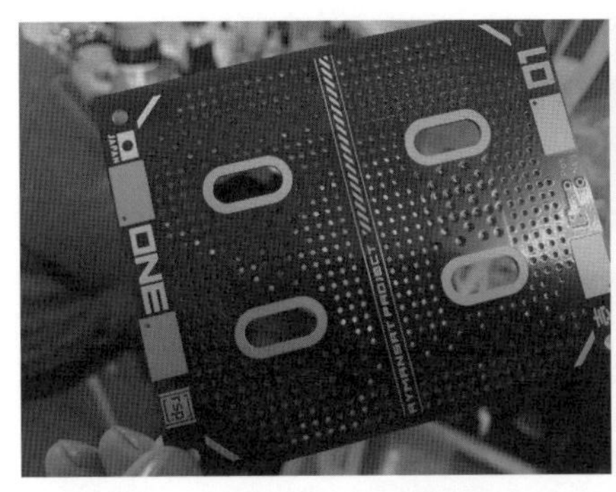

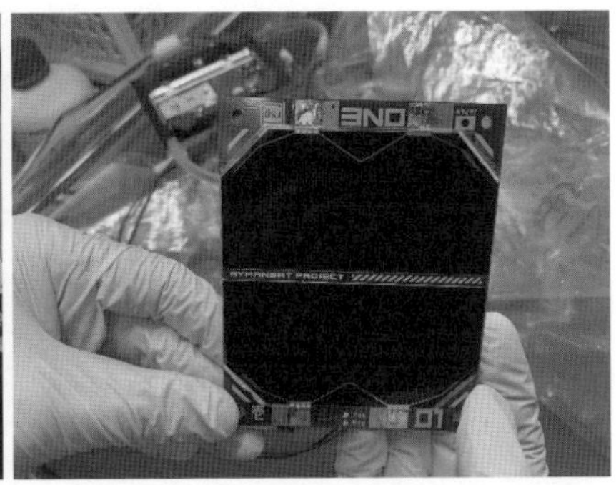

図 36　太陽電池セル搭載基板(左)と太陽電池セル貼り付け後(右)の様子

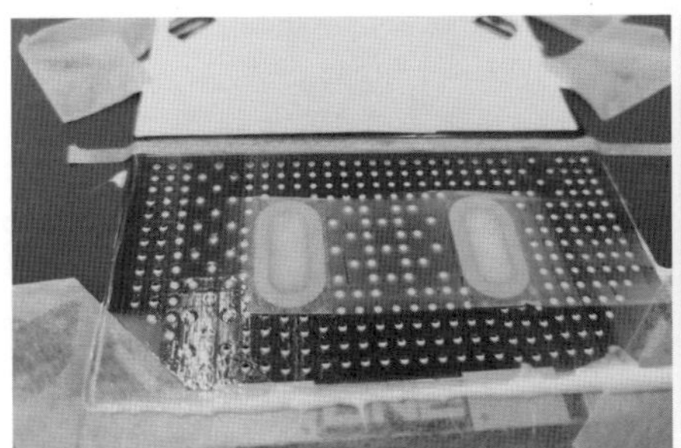

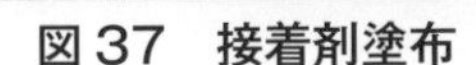

図 37　接着剤塗布

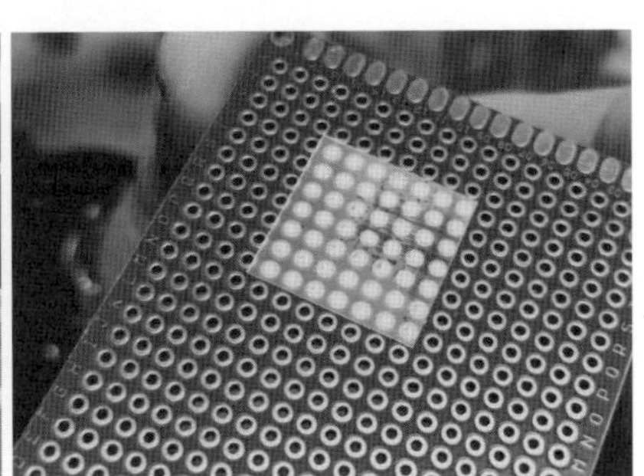

図 38　ガラスでの気泡膨張試験

デザイン系

1. デザイン系の役割

役割

RSP-01 の開発で発生する全てのデザイン作業を遂行する。衛星の外観を決めるプロダクトデザイン、衛星の運用のためのインターフェースデザイン、そしてミッションロゴやその他関連する全てのデザイン作業を行う。

人工衛星開発において、D系が存在しているのは RSP-01 が史上初ではなかろうか。それは、この衛星開発がこれまで必要のなかった外観デザインという要素を価値の根幹に持つ革新的なものだからである。

具体的にデザインを要する理由としては、以下の通り。

- rsp. らしい、ユニークかつチャレンジングなミッション「自撮り」を達成するうえで、被写体である衛星は個性的かつ美しい必要がある。
- 世界初のデザイン人工衛星開発という話題性の創造と広報的側面（興味を持つきっかけづくり）。

• プロダクトデザイナーであるD系リーダーの個人的な野望。

また、本開発の成果としては、以下の通りである。

• 世界初のデザイン人工衛星開発に成功。
• 宇宙空間における機体への影響を考慮した外観デザインノウハウの獲得。
• JAXA安全審査の規程に抵触しない、外観デザインノウハウの獲得。
• 宇宙開発においての新規価値創造。

ここでは、これらを達成するに至った要点を説明する。

2. デザイン検討

2.1 デザインコンセプトの策定

まずはどんなデザインにするか、コンセプト決めからスタート。車なら動物の体つきをモチーフにするなど定番があるが、人工衛星デザインにおいては前例がないため、rsp.らしいこと、機械の魅力が伝わる「Mechanical beauty」をコンセプトとした。

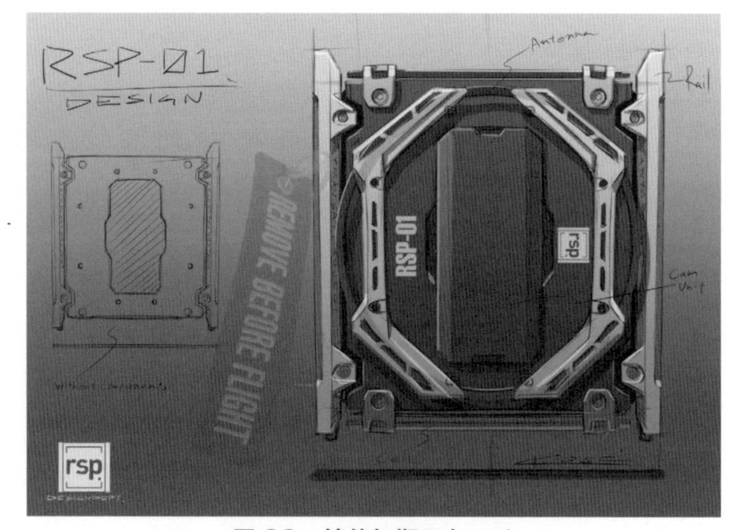

図39 筐体初期スケッチ

2.2 スケッチの作成

1Uの衛星の条件を理解し、コンセプトを表現したらどのような外観になるのかスケッチで検討。ミッション機能を表現するため、カメラ機構を中央に据え、リーマンサットカラーのブルーを使うカラーリングの方針も決定した(**図39、40**)。

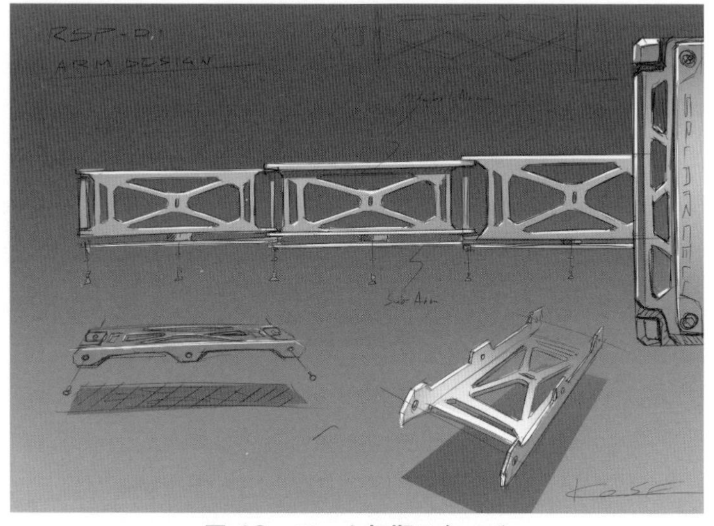

図40 アーム初期スケッチ

2.3 プロトタイプ作成

構造検証のためプロトタイプを作成。また、広報用途としてイベントや取材でも活躍、特徴的な外観デザインは大きな反響を呼び、参加者増加にもつながった。

この段階でアーム構造なども決定した（**図 41**）。

図 41　外観試作モデル

2.4　設計検討

検討が進むにつれ、宇宙環境ならではの問題や、JAXA 安全審査などで実現不可能な要素が明らかになった。

カラーリングはデザインでは基本的な要素だが、宇宙環境では制約が多く、塗料はアウトガスで NG、黒色は熱の視点で難しい。レール部分はブルーの予定だったが、ハードアルマイトと規定があり、グレーにした（**図 42**）。

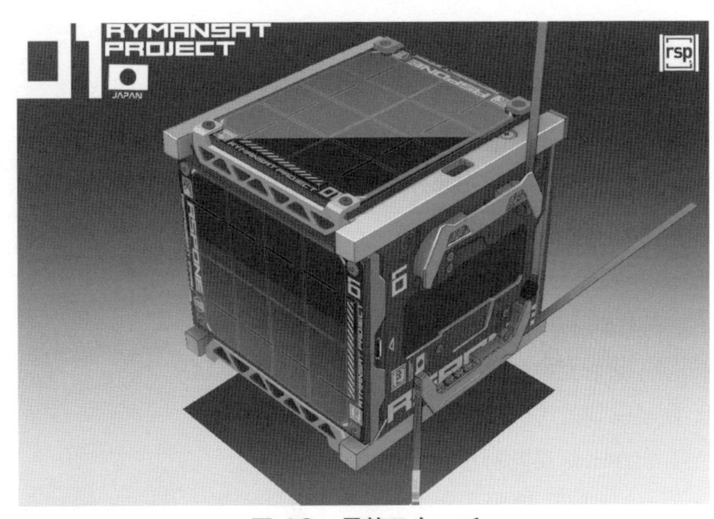

図 42　最終スケッチ

3．衛星デザイン手法

デザイン開発を通じてエンジニアと共に立証した、外観性向上に使える手法は、以下の通り。

- シルク印刷

筐体への印刷は難しいが、太陽光パネルに施すシルク印刷で、ロゴやエンブレムなどを印刷。

- アルマイト

筐体およびコンポーネントは、アルマイトで着色が可能。黒色は熱の観点で避けた方がベター。

- レーザー加工

アルマイト層をレーザー照射によって部分的に剥がすことにより、部品へのグラフィック印刷が可能。

- ブラックポリイミドテープ

カプトンテープの茶色がつきものだが、今回は差別化するために外観上一切露出しないよう作成。絶縁素材としてブラックポリイミドテープを使用し、引き締まった外観となった。

4. デザイン解説

最終的にでき上がったRSP-01は、過去に見ない美しい外観となった。

ポイントを最後に紹介しよう。

4.1 カラーリング

リーマンサットのアイデンティティであるブルー。被写体となった時、鮮やかに彩る。

図43 フライトモデル外観1

4.2 カメラユニット

自撮りのごとく、スマホを腕で伸ばすような構造とデザイン。カバー自体もカメラのレンズや支持体をイメージしたメカニカルなデザイン。

4.3 フレーム

衛星筐体は各辺をトラス構造としたかったが叶わなかったため、ワッシャーを拡大することでトラスフレーム状の部品を追加し、メカニカルに演出。

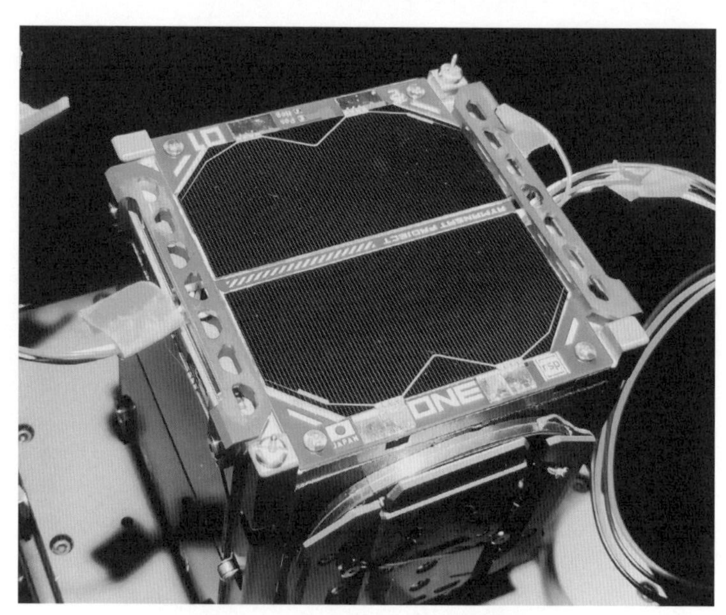

図44 フライトモデル外観2

4.4 グラフィック

衛星の名前やrsp.のロゴなどをあしらい、機体のアイデンティティを表現(**図43、44**)。

姿勢制御系

---

1. 姿勢制御系の役割

(1) 役割

A系は、主に以下の２点の役割を担う。

- ISS放出時や外乱トルクから発生する衛星の回転を制御する。
- リアクションホイールによるフィードバック制御の実証実験を行う。

（２）各フェーズの作業内容（**表７**）

表７　各フェーズの作業内容

フェーズ	作業内容
BBM	他系への要求・要件定義 機能設計（基本） 外乱トルクの概算 搭載機器の選定・理論値の計算
EM	機能設計（詳細） 搭載機器の設計および製造 製造搭載機器の評価試験 EM結合試験
FM	搭載機器のFMバージョンの評価試験 FM結合試験

２．姿勢制御系のシステム概要

本衛星の姿勢制御は、以下の４つの搭載機器により行う。

- ヒステリシスダンパ
- 磁気トルカ
- リアクションホイール
- ９軸センサ（３軸磁気、３軸角速度、３軸角加速度、温度）

以下で、各搭載機器の概要を記載する。各搭載機器の詳細や設計については、**３.**に記載する。

ヒステリシスダンパは、1Uの衛星でよく使用される姿勢制御機器である。ヒステリシスダンパは、ヒステリシス損失により衛星の回転エネルギーを熱エネルギーに変換することで衛星の角速度を減衰させることが可能である。本衛星は衛星座標のY軸、Z軸にヒステリシスダンパをそれぞれ搭載することにより、X軸（カメラ軸）以外の角速度を減衰させることが可能である。本衛星では、沿磁力線制御を主とした姿勢制御を行う。沿磁力線制御では衛星の向きは地磁気の方向に依存する。単純な沿磁力線制御の場合は衛星の指向制御に永久磁石を用いるが、本衛星では磁気トルカを使用した。意図としては、以下の２点が挙げられる。

- 衛星の指向を任意に反転させるため。
- 磁気センサへの影響を避けるため。

永久磁石を搭載した場合、衛星は常に磁力線に沿うことになり、自撮りを行う際は北半球しか撮影することができない。対して、磁気トルカは電流の流す向きによってN極とS極の向きを任意に変更することができるため、カメラの向きを能動的に反転することができる。

また、磁気トルカの磁気は地磁気に比べて非常に磁力が強いため、磁気センサから地磁気の値を判断することができない。そのため、磁気トルカをOFFにすることで磁気センサから地磁気の値を取得することができるようになる。

上記のように、ヒステリシスダンパと磁気トルカによって衛星をカメラ軸周りの回転で安定させる。これらは衛星の運用時に安定した姿勢を実現させる。これらとは別に、リアクションホイールを用いてX軸周りの衛星本体の角速度を制御する。ただし、本衛星におけるリアクションホイールは機器自体の試験が主である。そのため、リアクションホイールによる制御は、短時間のみ連続稼働を行うことを前提としている。

9軸センサは複数のセンサが1チップに収められており、加速度や角加速度、磁気ベクトル、温度を計測できる。計測したデータは、リアクションホイールのフィードバックの入力に活用するほか、衛星の回転の程度や、姿勢制御用搭載機器の稼働状況を推測し、運用方針を決定する際の判断材料にできる。

表8　搭載機器表

搭載機器	用途
ヒステリシスダンパ	衛星の角速度を減衰させてカメラブレを防止する
磁気トルカ	衛星の指向性を制御して自撮り撮影を効率化する
リアクションホイール	リアクションホイールの実証実験 ※自撮り撮影のための姿勢制御はしない
9軸センサ	角速度、磁気をモニタリングする リアクションホイールの制御に使用する

前述の記載をまとめると、各搭載機器の用途は**表8**のようになる。

3. 姿勢制御の搭載機器設計

以下では、各搭載機器の設計について記載する。

3.1 ヒステリシスダンパ

時間変化する外部磁場に強磁性体が作用して磁化する時、その磁化の強さは線形ではなく過去の磁化状態に依存する。外部磁場を0から$+H_m$まで増加、その後$+H_m$から$-H_m$の範囲で変化させたとする。その時、強磁性体の磁化は**図45**のように外部磁場を増加させた時と減少させた時で異なる変動を示す。この変動により発生したループをヒステリシスループと呼ぶ。このループが囲んだ部分が熱エネルギーとして変換される。これをヒステリシス損失と呼ぶ。

沿磁力線制御の場合は外部磁場が地磁気であり、衛星が回転することによりヒステリシスダンパが受ける磁場は周期的に変動するため、丁度$+H_m$と$-H_m$を周期的に行き来することになる。それにより衛星の回転のエネルギーは熱エネルギーに変換されて衛星の回転が減衰していく。また、衛星の回転速度が高いほど単位時間のヒステリシス損失は増加する。ヒステリシスループの大きさおよび形状は、ヒステリシスダンパの形状や材質に依存するほか、外部磁場にも非線形的に依存するため、搭載するヒステリシスダンパのヒステリシス損失を測定するためには地磁気レベルの磁場を与える必要がある。これを可能にするには磁気シールドなどを用いてPCなどから発生する磁気ノイズを非常に小さくしなければならず、少なくとも趣味の範囲でそれを測定するのは現実的ではない。そのため、本衛星ではシミュレーションにより地磁気下におけるヒステリシス損失を導出して、それを

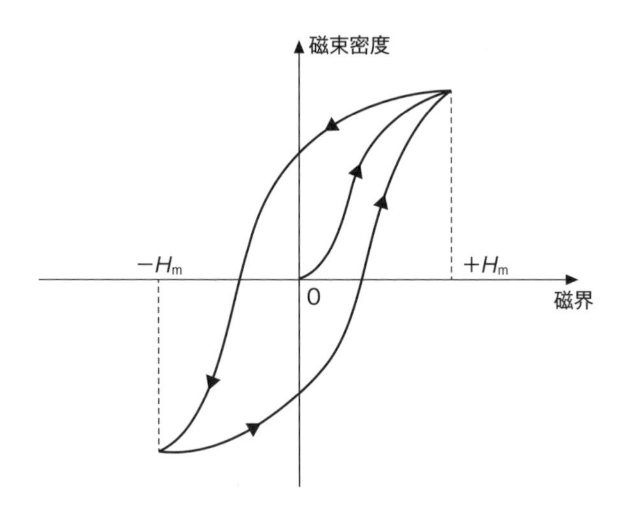

図45　ヒステリシスループ

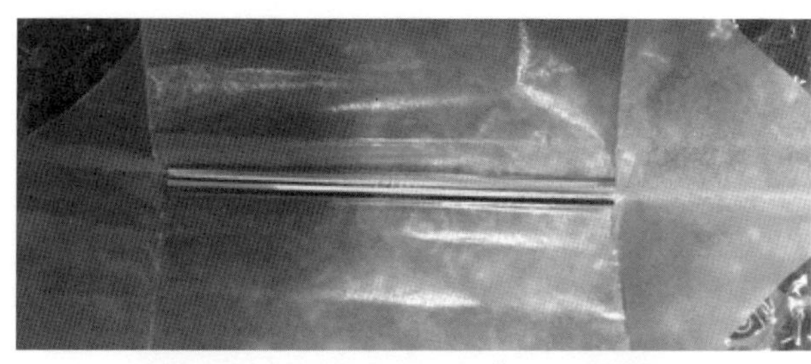
図46　ヒステリシスダンパの外観

表9　ヒステリシスダンパの詳細

パラメータ	値
形状	1×1×70mm
材質	パーマロイ
衛星内配置場所	X軸、Z軸に各1本配置
1回転あたりのヒステリシス損失	1.4×10^{-7}N・m

トルクに換算した。

本衛星に搭載したヒステリシスダンパの外観と詳細を**図46**および**表9**に示す。材質はパーマロイを使用した。パーマロイはニッケルと鉄の合金の強磁性体であり、「高透磁率」、「低保磁力」という理由からヒステリシスダンパの素材として使用されることが多い。

3.2　磁気トルカ

磁気トルカは、原理自体は方位磁石と同じで、地磁気内で特定の方向に指向することが可能な機器である。ただし、コイルに流す電流の向きを変えることで、発生させる磁場を変化させ、どのような姿勢をとるかを設定することができる。RSP-01では、トルカに流す電流のON/OFFができるように設計している。また、電源がONの際には、順方向／逆方向を選択可能であり、制御機器としてHブリッジ回路を組み込むことで実現している。以上の設計は、ミッションや電力残量に応じて、トルカのON/OFFを選択できるほか、衛星が地球側を向くか、宇宙側を向くかを選択できるメリットがある。

磁気トルカの構成は、透磁率が高い芯に、銅線を巻いたシンプルなものであるが、衛星搭載にあたり、いくつかの注意点が存在する。まず、打ち上げ時の振動への対策が必要である。振動による繰り返し応力により、

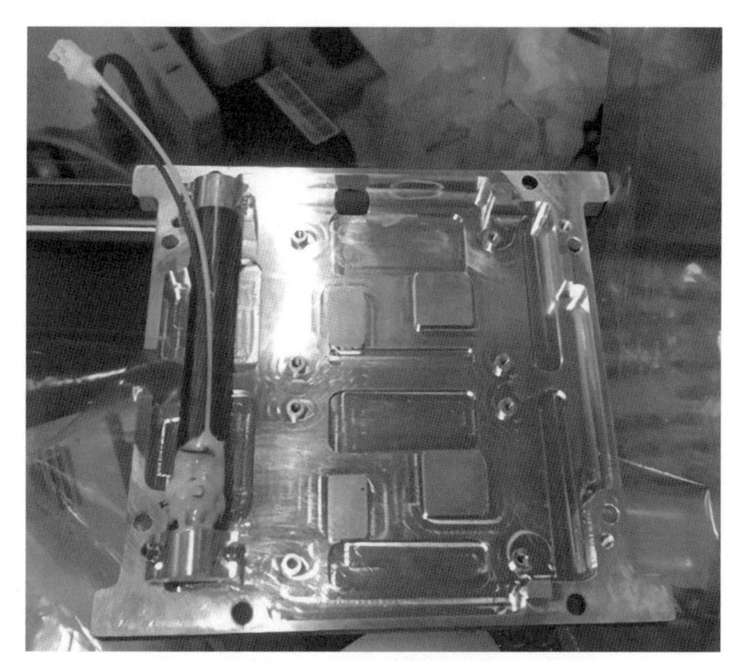
図47　磁気トルカを筐体に搭載した様子

表10　磁気トルカ設計情報

パラメータ	値
搭載軸	X軸
銅線巻数	500
銅線径	0.15mm
芯の寸法	ϕ 10×80mm
芯の材質	パーマロイ

銅線が断線しないように、磁気トルカの固定器具や周辺機器へ、銅線自体を固定・接着する対策を行った。さらに、万が一、断線しても短絡しないようにカプトンテープを巻いて絶縁処理をする工夫もしている。また、他系と調整を行い、超小型衛星としてのコンフィグレーションに反しない寸法、重量に収める必要がある。寸法と重量のみに着目すると、芯材が小さく、使用する銅線長を短くする設計が考えられるが、制御に必要な磁場を得るために、コイルが要する電流値が大きくなり過ぎると消費電力が増大するため、注意して設計する必要がある。**図47**は設計の結果、実際に筐体へ搭載した磁気トルカの様子である。

また、一定の電力でより大きな制御力を得るためには、比透磁率が高い材料を芯材に選択することが重要となる。なおかつ、使用範囲内の磁場を発生させた際に、磁気飽和せず、電源OFF時に残留磁場を発生させない材料が理想的である。以上の条件を満たす材料として、RSP-01では、パーマロイを選定している。前述のヒステリシスダンパと材質は同じである。その他の設計情報は、**表10**の通りである。

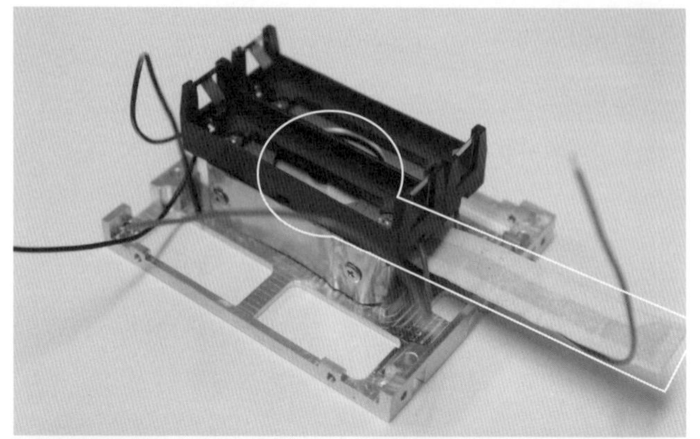

図48　リアクションホイール搭載図

表11　リアクションホイールの緒元

項目	内容
重量	32g
最大連続トルク	7.6×10^{-3}N・m
最大連続トルク時の回転数	3,860rpm
ロータ慣性モーメント	13.9gcm^2

表12　磁気トルカのコマンド引数

引数名	説明
稼働モード	0：順方向(＋X面がN極) 1：逆方向(＋X面がS極) 2：停止 上記以外：エラーと判定して、磁気トルカを停止
待機時間	送信した稼働モードをいつ適用するかを指定する ※一定時間後に動作を停止したい場合には、稼働モードに2を、待機時間に正数を指定する

3.3　リアクションホイール

3.3.1　ハードウェア設計

リアクションホイールはロータの回転により、その反作用で人工衛星の機体の姿勢および角速度を制御するトルクを発生させるためのアクチュエータである。本来は3軸にリアクションホイールを搭載して、それぞれを制御することで衛星の角速度や姿勢を制御するが、本衛星はリアクションホイールの動作試験という意図で搭載しているため、X軸の1軸のみ搭載している。搭載したリアクションホイールは**図48**、また詳細は**表11**の通りである。

前述のロータ慣性モーメントおよび最大連続トルク時の回転数から、リアクションホイールが保持できる最大連続角運動量は単純計算で 5.6×10^{-3} N・m・s と推定できる。本衛星のX軸の慣性モーメントは、3.2×10^{-3} kg・m^2 と推定されているため本衛星のX軸の回転速度は最大でも約1.7 rpmまでしか吸収することができない。ただし、搭載するセンサの感度は上記の変動を十分に感知することが可能であるため、リアクションホイールによる影響を検証すること自体は可能である。

また、リアクションホイール内のモータには磁石が搭載されている。その磁石により想定外の磁気モーメントが発生しないように周辺を磁気シールドで囲った。

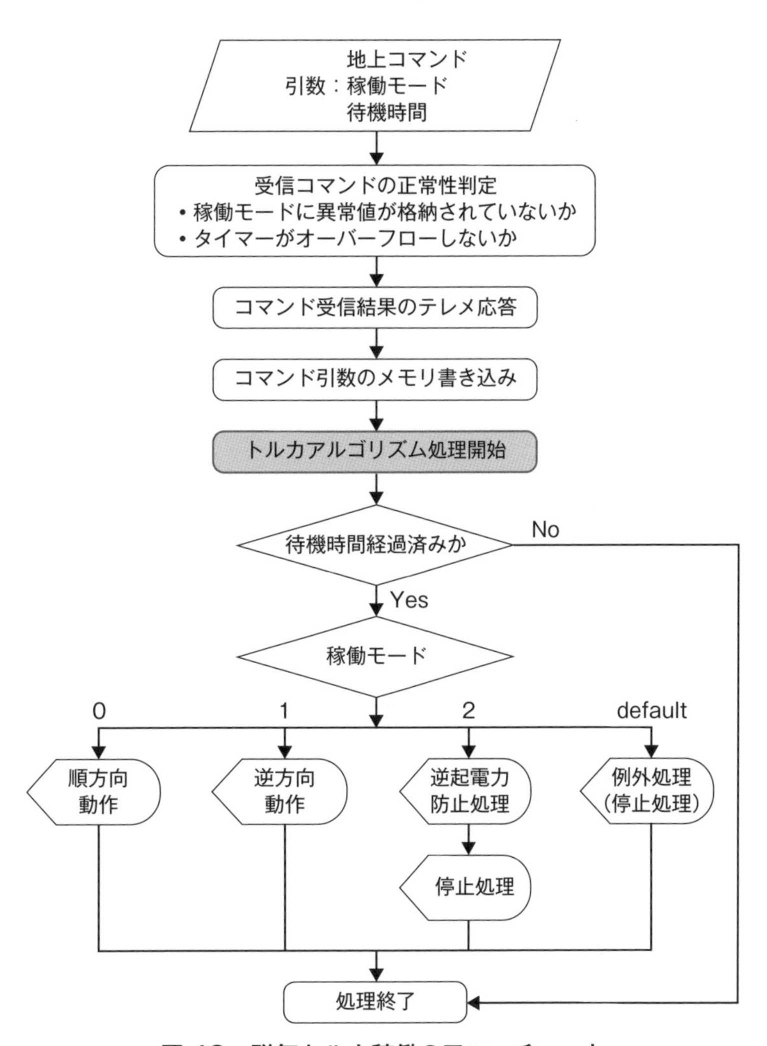

図49　磁気トルカ稼働のフローチャート

表13　リアクションホイールの地上コマンド引数

引数名	説明
稼働モード	モータ回転かフィードバックか指定する
目標値	モータ回転：モータの回転数 フィードバック：目標角速度
稼働制限時間	稼働開始から終了までの制限時間
モータ回転上限	モータ回転数の制限値。フィードバック制御によりモータが最大回転数で稼働し続けるような事態を予防する
有効フラグ	0：稼働開始 1：強制停止。上記の引数は無視する

3.3.2　ソフトウェア設計

①　磁気トルカ

磁気トルカは、地上からのコマンドを起点とする設計とした。予期せぬシステムの再起動が発生した場合には、磁気トルカは初期化され、停止する。

コマンドの引数には、**表 12** の 2 つを指定する必要があり、稼働モード、待機時間で稼働可能かをコマンド受信時点で判定し、テレメトリデータで応答する。具体的な処理手順は、**図 49** の通りである。RSP-01 では、A系単独でマイコンを持たない設計であるため、トルカアルゴリズムの処理開始から処理終了までの手順は、Main OBC のループ処理で都度実行する。

② リアクションホイール

リアクションホイールとしては、主に以下の 3 つの機能で設計した。

- モータ回転：リアクションホイールのモータを指定した角速度で回転させる。
- フィードバック：指定した角速度で衛星が回転するようにフィードバック制御を行う。
- モータ回転またはフィードバックの実施結果のログを取得する。

リアクションホイール稼働における地上コマンドの引数は、**表 13** の

表 14　ステータス一覧

状況ステータス	ステータス番号
初期状態	0
稼働中	1
制限時間超過により停止	2
電流異常により停止	3
センサ値異常により停止	4
フィードバック演算失敗により停止	5
モータ異常により停止	6
省電力モード	7

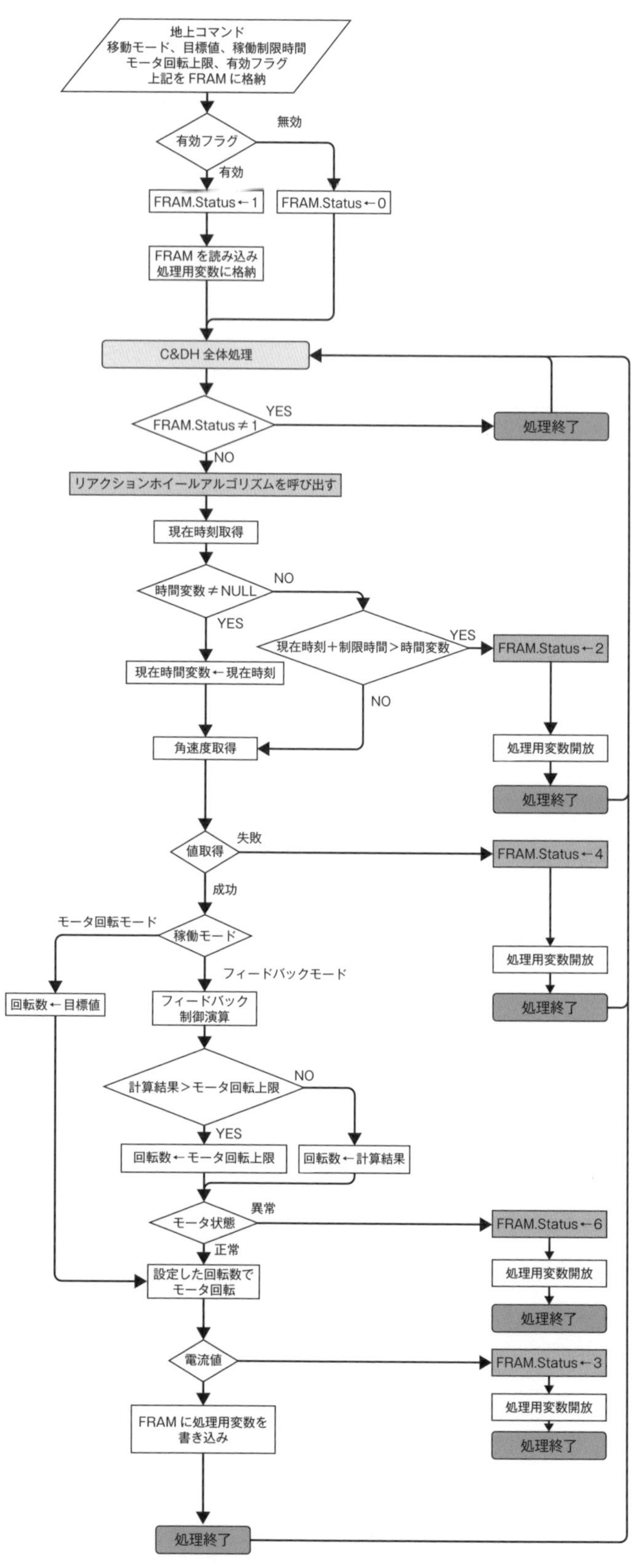

図 50　リアクションホイールフローチャート

通りである。

また、地上コマンドから与えられた稼働制限時間や回転数の上限値に従い、異常発生時速やかにリアクションホイールを停止するようにした。これにより異常発生時のリスクをヘッジした。定義したリアクションホイールの状況ステータスは、**表 14** の通り。リアクションホイールのアルゴリズム実施時、表 14 のステータスを確認して処理を続行するか処理を終了するかを判定する。また、ログ取得コマンドにより現状のステータスを取得することができる。

リアクションホイールのフローチャートは、**図 50** の通り。

フィードバック制御には無限インパルス応答(IRR)フィルタを用いた。具体的な式は、式 4 の通りである。x は現在の角速度と目標角速度の偏差、y は IRR により計算された値。n はフィードバックの計算をしている回数であり、直近は n、直近過去は n − 1 となる。

$a_0 \sim a_2$ および $b_0 \sim b_2$ は係数であり、これらはフィードバック制御する装置に依存してしまうためシミュレーションや動作検証により決定する。本衛星は、動作検証によりパラメータを決定した。

$$y[n] = a_0 x[n] + a_1 x[n-1] + a_2 x[n-2] - b_0 x[n] - b_1 x[n-1] - b_2 x[n-2] \quad \text{(式 4)}$$

3.4 9軸センサ

1 チップで、9 軸（3 軸磁気、3 軸角速度、3 軸角加速度、温度）の測定に対応している MPU-9250 を搭載した。RSP-01 では、3 軸ジャイロ、3 軸磁気、温度を使用している。姿勢制御には、3 軸ジャイロと、補正情報として温度を使用する設計になっている。地上にダウンリンクするハウスキーピングデータにはジャイロ、磁気、温度を含めており、筐体内の状態を地上で監視できるようにしている。各物理量は、レジスタに書き込まれたデータを読み取ることで、値を取得できる。Main OBC との情報のやり取りは、I2C または SPI が使用できるので、Main OBC と通信する機器の数に応じて、通信方式を選択すればよい。センサの主要な性能値を**表 15** に示す。

他の超小型人工衛星の運用結果によれば、3 か月で約 5 rpm 加速することが報告されている。RSP-01 の運用期間を 9 か月とすると、15 rpm（≒ 90 deg/s）まで加速するが、ジャイロセンサの測定可能範囲には収まっている。また、リアクションホイールの最小制御入力幅に対する、筐体の角速度の変化量を求めると、約 0.023 deg/s となることから、ジャイロセンサは分解能の観点でも筐体の角速度変化を捉えられる。磁気センサに関しても、IGRF モデルを参照すれば、地磁場は 22μT から 66μT 程度であることを考える

表 15　9軸センサ(MPU-9250)の性能値

パラメータ	値
加速度センサ	
測定可能範囲	± 500 deg/s
分解能	16 bit(0.015 deg/s)
磁気センサ	
測定可能範囲	± 4,800μT
分解能	16 bit(0.15μT)

と、測定範囲内に収まっている。また、分解能についても３桁の測定値が得られれば、制御に直接使用するのではなく、磁気の大きさの傾向を追うには十分であると判断した。以上の観点から、MPU-9250はRSP-01の運用に十分な性能を有すると判断し、搭載するセンサに決定した。

表16　初期パラメータ

パラメータ	値
角速度(X、Y、Z)[rpm]	(3.0、3.0、3.0)
コイル磁気モーメント[Am^2]	0.78
地磁気[Tesla] 方向は絶対座標X軸	$4.0E^{-5}$
ヒステリシスダンパ[N・m]	1.4×10^{-7}
外乱トルク	0
慣性モーメント(アーム格納時) [$kg \cdot m^2$] アーム軸はX	$\begin{pmatrix} 3.2e\text{-}3, & \text{-}6.1e\text{-}5, & \text{-}7.6e\text{-}5 \\ \text{-}6.1e\text{-}5, & 2.6e\text{-}3, & \text{-}2.5e\text{-}5 \\ 7.6e\text{-}5, & \text{-}2.5e\text{-}5, & 2.9e\text{-}3 \end{pmatrix}$
慣性モーメント(アーム展開時) [$kg \cdot m^2$] アーム軸はX	$\begin{pmatrix} 3.25e\text{-}3, & \text{-}9.0e\text{-}5, & \text{-}7.2e\text{-}5 \\ \text{-}9.0e\text{-}5, & 4.5e\text{-}3, & \text{-}4.0e\text{-}5 \\ 7.2e\text{-}5, & \text{-}4.0e\text{-}5, & 4.8e\text{-}3 \end{pmatrix}$

4．評価・動作検証

地球上では宇宙空間を再現することができないため、オイラーの運動方程式(式５)により角速度の減衰シミュレーションを行う評価をした。計算時に使用した初期パラメータは、**表16**となる。

$$I\dot{\omega} + \omega \times I\omega = MCB - K\omega + T \qquad (式5)$$

ここで、Iは衛星全体の慣性テンソル、ωは角速度、Mはトルク・コイルにより発生する磁界ベクトル、Cは地磁気を慣性座標系から衛星座標系に変換させるための方向余弦行列、Bは地磁気ベクトル、Kはヒステリシス損失による減衰、Tは外乱トルクを示している。ヒステリシス損失はヒステリシスループによって減衰の値が決定するため角速度を乗算している。**図51～53**に、実運用に沿ったパターンのシミュレーションを記載する。

各パターンにおいて、それぞれ２つ図を載せている。左図は各軸における角速度の時間経過を示している。横軸は時間(second)、縦軸は角速度(deg/s)である。右図はアーム軸が３次元のどこを向いているのかを視覚的に表現した図である。X軸は地磁気方向と定義している。アーム軸が地磁気方向に向いている場合はXの値が１付近となり、Y、Zの値が０付近となる。逆に地磁気方向に対してアーム軸が90度傾いている場合はXの値が０付近となり、Y、Z軸が１付近となるように表現している。カラースケールは、400,000seconds(約４日半) 毎にグレー→黒色と色が濃くなるように描画している。

4.1　ヒステリシスダンパのみで制御

磁気トルカを稼働せず、ヒステリシスダンパの減衰のみで角速度の変化を表現した結果が図51である。左図を見る限り、ヒステリシスダンパの減衰はそこまで大きくないため、ゆっくりと角速度が減衰していく様子が見てとれる。右図を見る限り、開始から11日前後（カラースケール：３番目に濃いグレー）で地磁気に沿うようにアーム軸が立ち上がり、最終的には黒に収束する様子が見てとれる。ただし、減衰までの時間は初期値の角速度に依存するため、ISSの放出時に発生する角速度が想定より小さい場合はもっと早くアーム軸に沿うことが予想される。また、磁気トルカの軸にはヒステリシスダンパと同様の材質で、かつそれより大きなものを採用しているため、厳密には磁気トルカの軸による減衰も予想される。それにより同初期状態でもシミュレーションより早く減衰する可能性がある。

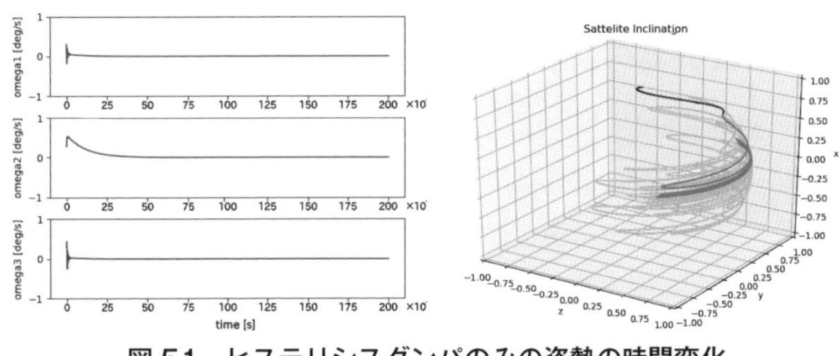

図 51　ヒステリシスダンパのみの姿勢の時間変化

4.2　磁気トルカ稼働

磁気トルカによる磁気モーメントのトルクとヒステリシスダンパによる角速度の変化を表現した結果が図 52 である。本初期条件の場合だと、地磁気方向に近づいては離れるという挙動であり、安定していない。ただし、この挙動は初期条件の角速度によって変化する。初期条件によっては、X 軸の回転が Y 軸、Z 軸より大きい場合は地磁気によってアーム軸が安定するという結果もあるため、実運用における衛星の状態に合わせて磁気トルカの稼働を判断する。

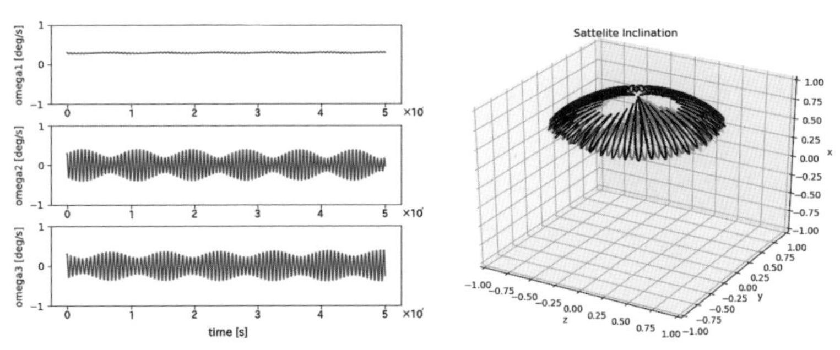

図 52　磁気トルカを用いた姿勢の時間変化

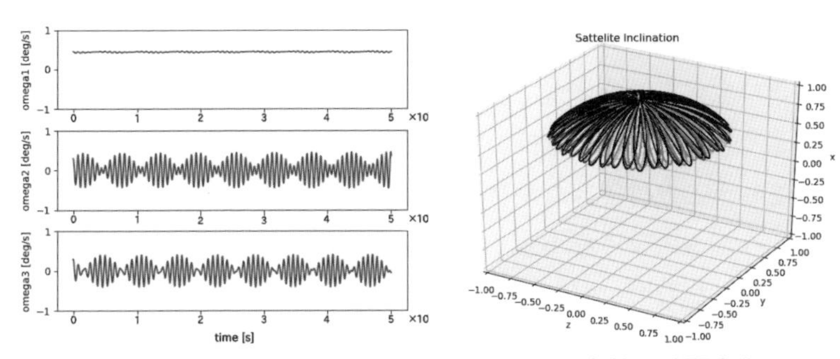

図 53　磁気トルカ稼働＆アーム展開での姿勢の時間変化

4.3　磁気トルカ稼働＆アーム展開

磁気トルカ稼働に加えて、自撮り撮影する際のアーム展開時の角速度の変化を表現した結果が図 53 である。アーム展開時に考慮したのは以下の 2 点である。

- アーム展開による慣性モーメントの変化。
- アーム展開のため回転するモータにより発生する角速度。こちらは計算により 1.2rpm と推定。

(2)と同様にして地磁気に近づいては離れるという挙動を繰り返している。ただし、こちらも初期条件によって挙動が変化するため、実運用時の状況により姿勢を再度検証する必要がある。

5．搭載機器の評価試験

5.1　磁気トルカ

RSP-01での性能評価は、電流を投入した際に磁気トルカの芯材表面で±10Gaussの磁束密度が得られることを基準とした。基準値は衛星の飛翔高度や、慣性モーメントの分布、制御方式などの条件で、要求値が変わることが想定されるため、注意が必要である。

また、3次元姿勢変化の地上模擬は、ジンバルや磁場を制御する機器が必要となるため困難を伴う。ゆえに、1軸磁気トルカを搭載した場合に発生する歳差運動や、収束時間の評価は、実験だけでなくシミュレーションを構築するといった、複数手法の合わせ技で性能評価を詰めていく取り組みが必要不可欠であった。

5.2　リアクションホイール

リアクションホイールの評価試験には非常に苦労した。要因としては、大きく分けて以下の3点である。

① 地上で宇宙空間を再現することが困難。

② キューブサットの大きさでも使用できる試験機器がない。

③ 搭載しているリアクションホイールの出力が小さいため、地上で衛星の回転をダイナミックに変化させることができない。

地上では重力、空気抵抗、電子機器の磁気があり、とてもではないが宇宙空間を再現した評価試験を行うことはできなかった。周辺の磁気をキャンセルする磁気シールド室も存在するが、キューブサットのような小さく安価な衛星のために使用するにはオーバースペックであった。しかし、できないなりに評価試験を行う必要があったため、以下のような手段を講じた。

- 衛星下部に発泡スチロールを付けて水に浮かせる。
- 衛星上部に紐を付けて中吊りにする。
- ハンドスピナーのようなベアリングの付いたものに衛星を載せる。

発泡スチロールに浮かせて動作確認した場合、発泡スチロールの浮力による上下の運動により本来のリアクションホイールの影響が埋もれてしまった。また、中吊りにした場合、紐自体のねじれによる反力が影響して、これもリアクションホイール自体を評価することができなかった。紐の上部にねじれを解消する機器も付けたが、改善は見られなかった。その中でも多少なりとも評価できたのは、ベアリングの付いた機器に衛星を載せるものであった。こちらは摩擦が少なく、リアクションホイールが衛星の目標角速度に向けて回転している挙動は確認することができた。ただし、想定通りの角速度まで達したか、などの正確な評価まではできなかった。

また、この評価方法の1番の難点として、安定した機器に衛星を載せてしまっているため、リアクションホイールの回転のエネルギーは1軸のみにしか効かないという点である。物理的には1軸のみを回転させたとしても、そのエネルギーは回転軸以外の軸にも分散する。具体的には、

X軸に与えた回転のエネルギーはY軸、Z軸の回転にも影響するということである。例として、コマなどが分かりやすい。コマを回転させた場合、時間が経つに従い、回転させた軸以外も回転のエネルギーが分散してグラグラした動きをすることが容易に想像できる。本評価試験では、その状況を再現することができない。しかし、素人が趣味の範囲でできる評価試験の範囲はここまでであった。宇宙空間で想定通りのフィードバック制御が達成できるかについては、半分神頼みになった。

C&DH系

1．C&DH系の役割

（1）役割

C&DH(Command and Data Handling)系の役割は、衛星全体の監視と制御を行うことである。具体的には、各系機器のステータス・電圧・電流・温度等の状態を表すHK(House Keeping) データの収集・監視を行い、必要に応じて動作モードの制御や異常処置を実行する。また、通信系から受信した地上からのコマンドを処理して各機器の制御を行うと共に、各機器から収集したデータを処理してテレメトリとして通信系に送信する。

（2）各フェーズの作業内容(**表17**)

表17　各フェーズの作業内容

フェーズ	作業内容
BBM	要求・要件定義
	機能設計(基本)
	システム設計
	デバイス選定・調達・動作確認
	BBM 試験
EM	Main OBC 用 Arduino Nano の放射線試験
	機能設計(詳細)
	C系基板の設計・製造
	マザーボードの設計・製造
	ソフトウェアの設計・製造
	Main OBC 用 ATmega1284P の放射線試験
	C系基板の改修(Main OBC 用マイコンの変更など)
	マザーボードの改修(アクセスポートの追加など)
	ソフトウェアの改修
	EM 単体試験
	EM 結合試験
FM	Main OBC の恒温槽試験(温度異常処置の閾値の決定のため)
	C系基板の改修(FRAM 廃止など)
	マザーボードの改修
	ソフトウェアの改修
	FM 単体試験
	FM 結合試験(ノミナルケース)
	FM 結合試験(異常ケース)

2．C系のシステム概要

C系の機能（**3.** を参照）を満たすためのC系サブシステムの概要をここで述べる。C系サブシステテ

表 18　C系基板の搭載機器と使用目的

名称	型式	数量	使用目的
Main OBC	ATmega1284P-AU	1	Main OBC
LDO レギュレータ	BA033CC0T	1	以下の機器への 3.3V 供給 ロジックレベル変換モジュール CMOS デコーダ 温度センサ 9軸センサ
WDT	MAX6371KA+T	1	Main OBC 停止時のリセット
温度センサ	LM19	2	温度データの取得
ロジックレベル変換モジュール	TXS0108E	1	以下のロジックレベル変換 Main OBC/Mission OBC 間 Main OBC/CMOS デコーダ間
CMOS デコーダ	74HC138	1	SPI 機器の CS ピン拡張
デバッグ用 LED	−	3	デバッグ時の導通確認
マルチプレクサ	CD74HC4052PW	1	アクセスポートのピン拡張

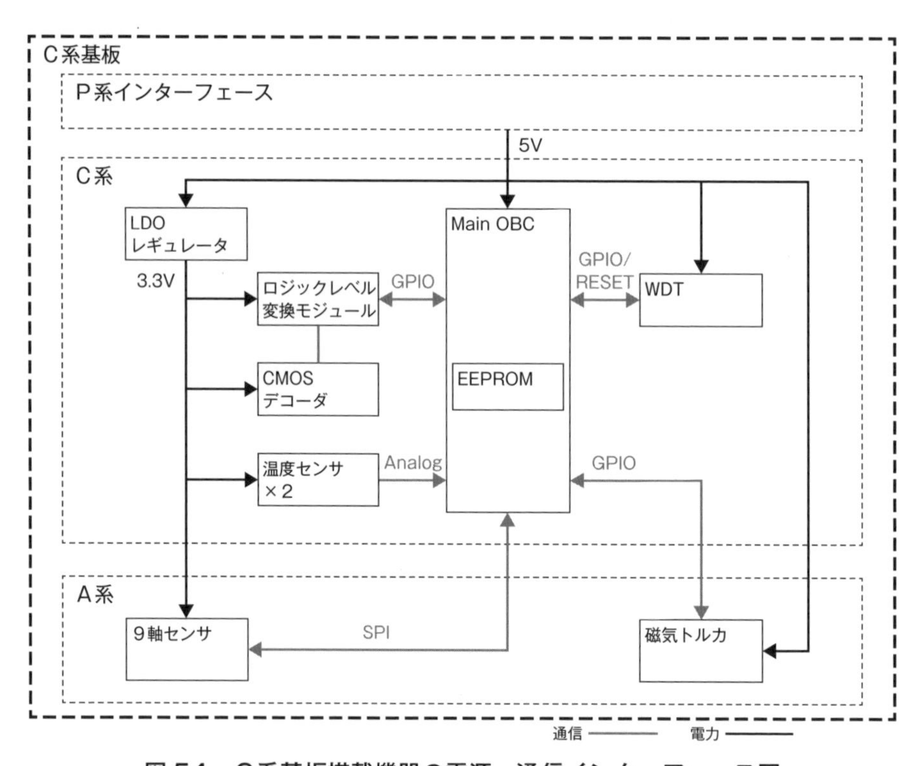

図 54　C系基板搭載機器の電源・通信インターフェース図

表 19　マザーボードの搭載機器と使用目的

名称	型式	数量	使用目的
USB シリアル変換 IC	FT232RL	1	アクセスポートの信号変換
マルチプレクサ	74HC4052	1	アクセスポートのピン拡張
LDO レギュレータ	BD733L2FP3-C	1	マルチプレクサへの 3.3V 供給

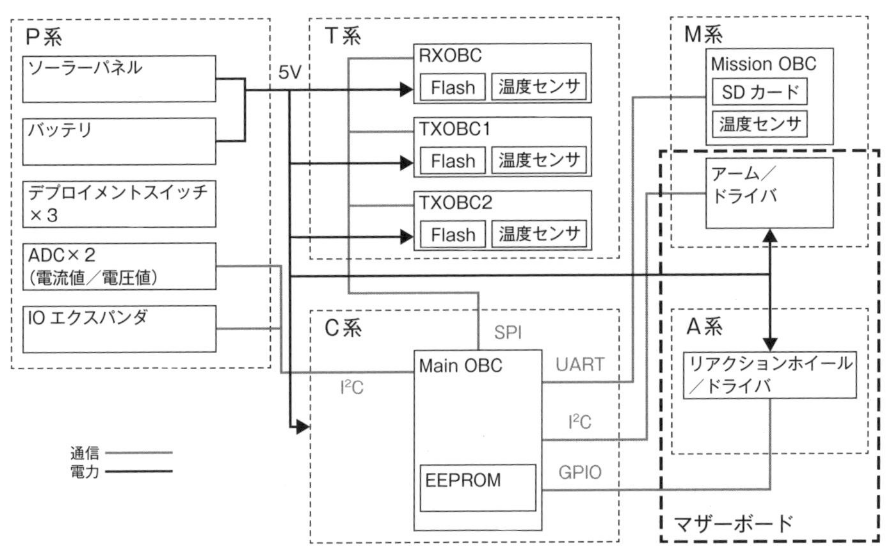

図 55　マザーボード関連機器の電源・通信インターフェース図

ムは、C系機器が搭載されているC系基板と、各系機器との物理的・電気的インターフェースを持つためのマザーボードの計２枚の基板で構成されている。

C系基板の搭載機器と使用目的を**表 18** に、電源・通信インターフェース図を**図 54** に、回路図を **Appendix CDH 1** に示す。また、マザーボードの搭載機器と使用目的を**表 19** に、電源・通信インターフェース図を**図 55** に、回路図を **Appendix CDH 2** に示す。なお、衛星筐体内の機器配置の制約により、C系基板、およびマザーボードには他系の機器を搭載しているが、ここではC系機器に関してのみ記載する（他系機器に関しては、各系の解説を参照）。

3. C系の機能

C系に対する要求事項を踏まえ、ミッションを達成するために必要なC系の機能として以下を定義した。各機能の詳細をここで述べる。

① 動作モード制御機能
② コマンド処理機能
③ テレメトリ処理機能
④ HK データ収集／保存機能
⑤ 異常処置機能

3.1 動作モード制御機能

衛星の動作モードとしては、アンテナ展開を行う初期動作、コマンド・テレメトリ処理や異常検知を行う定常動作、バッテリ電圧が低下した場合に各機器を遮断する省電力動作の３つが存在する（**図 56**）。各動作モードのフローチャートを **Appendix CDH 3** に示す。

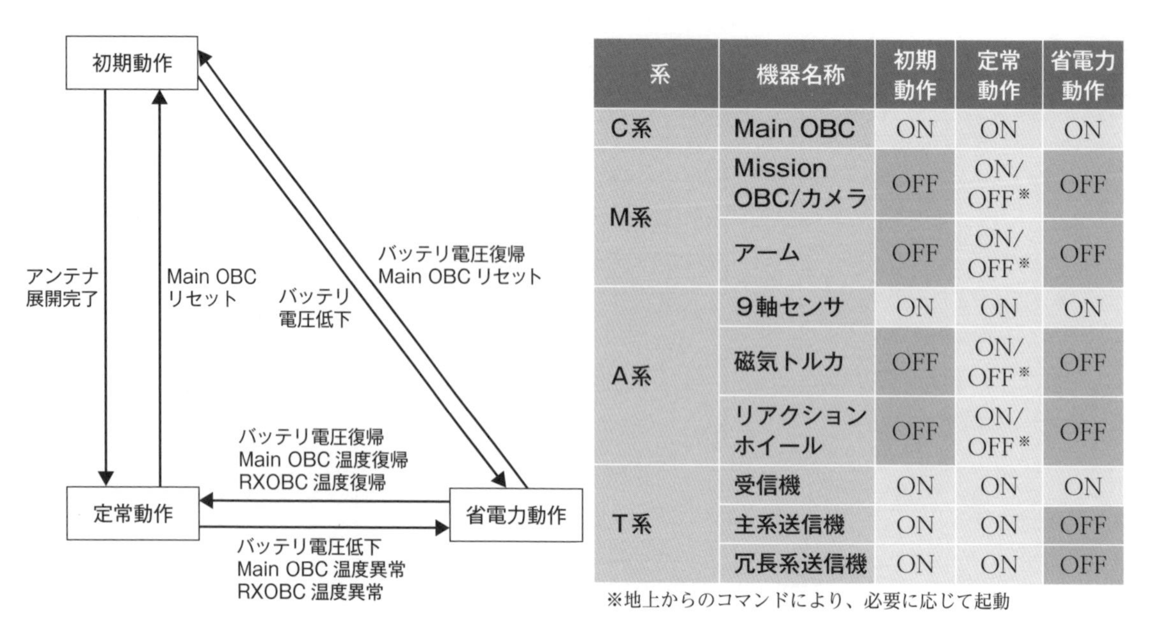

系	機器名称	初期動作	定常動作	省電力動作
C系	Main OBC	ON	ON	ON
M系	Mission OBC/カメラ	OFF	ON/OFF※	OFF
	アーム	OFF	ON/OFF※	OFF
A系	9軸センサ	ON	ON	ON
	磁気トルカ	OFF	ON/OFF※	OFF
	リアクションホイール	OFF	ON/OFF※	OFF
T系	受信機	ON	ON	ON
	主系送信機	ON	ON	OFF
	冗長系送信機	ON	ON	OFF

※地上からのコマンドにより、必要に応じて起動

図 56　動作モードの遷移図と各機器の起動状態

3.2　コマンド処理機能

T系から受信した地上からのコマンドを処理し、各機器の制御を行う。また、Main OBC のコマンド受領・転送成否を地上で確認するため、コマンドレスポンスをT系に送信する。コマンド、およびコマンドレスポンスの詳細を次に示す。

3.2.1　コマンド

コマンドフォーマットを**表 20** に、コマンドリストを **Appendix CDH4** に示す。

表 20　コマンドフォーマット

転送データ(可変長)		CRC (1 byte)
コマンドコード (1 byte)	コマンドパラメータ (可変長)	

表 21　コマンドレスポンスフォーマット

転送データ(3 bytes)			CRC (1 byte)
コマンドレスポンスコード 0 × E0 (1 byte)	対応コマンドコード (1 byte)	コマンドレスポンス (1 byte)	

表 22　コマンドレスポンスの内容

コマンドレスポンス	内容
0 × 00	OK
0 × 01	コマンドパラメータエラー
0 × 02	コマンドコードエラー
0 × 04	CRC エラー
0 × 08	Mission OBC への転送エラー（Mission OBC 遮断中）
0 × 40	Mission OBC への転送エラー（Mission OBC への送信失敗）
0 × 80	Mission OBC への転送エラー（Mission OBC からの受信失敗）

3.2.2 コマンドレスポンス

地上からのコマンドに対する応答として、GMSKでダウンリンクされる。コマンドレスポンスフォーマットを**表21**に、コマンドレスポンスの内容を**表22**に示す。

3.3 テレメトリ処理機能

各機器から収集したデータを処理し、テレメトリとしてT系に送信する。テレメトリには、HKデータ（次項参照）、地上からのコマンドに対する各機器の処理結果、撮影画像、チャットメッセージ、チャットログなどが含まれる。また、HKデータの一部をビーコンとしてT系に送信する。テレメトリ、およびビーコンの詳細を次に示す。

3.3.1 テレメトリ

地上からのコマンドに対する応答として、GMSKでダウンリンクされる。テレメトリフォーマットを**表23**に、テレメトリリストを**Appendix CDH5**に示す。

3.3.2 ビーコン

必要最低限のHKデータを2分割し、2分毎にCWでダウンリンクされる。ビーコンフォーマットを**表24**に、ビーコンデータリストを**Appendix CDH6**に示す。なお、ビーコンデータは16進数の文字列データである。

3.4 HKデータ収集／保存機能

各機器から収集されたHKデータは、定常動作モードでは冗長系T系OBCのFlashメモリに、省電力動作モードではMain OBCのEEPROMに保存され、HKデータ取得コマンドによって地上にダウンリンクされる。詳細を**表25**に示す。また、HKデータリストを**Appendix CDH7**に示す。

表23 テレメトリフォーマット

転送データ（可変長）		CRC（1 byte）
対応コマンドコード（1 byte）	テレメトリデータ（可変長）	

表24 ビーコンフォーマット

分割番号1（1 byte）	1個目のビーコンデータ（18 bytes）
分割番号2（1 byte）	2個目のビーコンデータ（20 bytes）

表25 HKデータ保存機能の詳細

動作モード	保存先	保存間隔	最大保存可能時間
定常動作モード	冗長系T系OBCのFlashメモリ	1分	250分
省電力動作モード	Main OBCのEEPROM	5分	125分

3.5 異常処置機能

C系に関わる異常とその検知方法、および処置について、単一故障を前提に設計した。衛星の可視時間が1パスあたり最大10分程度と短いため、各機器に電流値異常や温度異常などが発生した場合は自動処置を実行し、衛星システム全体、および当該機器の安全化を行う。C系の機能として軌道上で自動実行される異常処置を **Appendix CDH8-1** に示す。

センサ故障時の対策として、電流値異常、および温度異常に関しては異常処置の有効／無効フラグを設け、初期設定では有効とし、センサ故障と判断される場合は地上からのコマンドによって無効とする方針とした。したがって、異常処置の有効／無効フラグが有効の場合は異常検知・自動処置が実行されるが、無効の場合は異常検知・自動処置は実行されない。

また、一部の異常に関しては自動処置ではなく、運用者による地上からのコマンドで処置を行う。運用者による異常処置を **Appendix CDH8-2** に示す。

4. C系基板における工夫

C系基板(**図57**)の製造にあたり、製造時に注意した点や工夫した点について説明する。

4.1 C系基板の製造

4.1.1 基板製造不良による手戻りの防止

EMフェーズにおいて海外基板業者による基板製造不良が発生したことがあった。当初基板の製造不良は疑っていなかったため、ソフトウェアのバグ、ハードウェアの接続ミスなどの切り分け作業に多くの時間を費やしてしまった。そのため、FMフェーズでは信頼のおける国内の基板業者を採用した。国内の基板業者を採用するメリットとして信頼性の他にも輸送期間が短い分外国の基板業者に比べて短納期なことが挙げられる。

FMフェーズでは開発スケジュール的にもクリティカルなフェーズとなっている。国内業者を採用することで仮に基板改版が発生したとしても週末に基板業者にデータを提出し、次週の作業時に新しい基板が使えるようにした。

近年では、海外で安く基板を製造できるようになってきている。コスト、品質、スケジュールなどを勘案し最適な業者を選択することが望ましい。なお、格安の基板業者に発注をする場合には最低限導通テストを行ってもらえるメーカーを選択するのが望ましいと思われる。

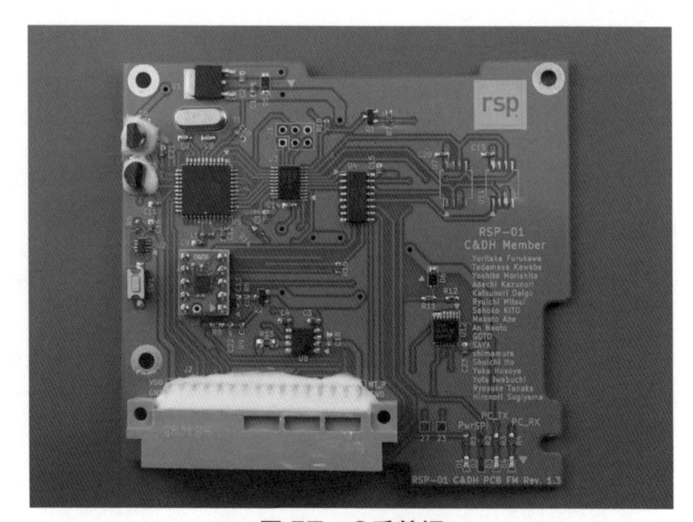

図57　C系基板

4.1.2　省電力化

FMフェーズにおいて、太陽電池パネルによる発電量と衛星の消費電力が釣り合っていないことが判明した。そこでC系でもハードウェア・ソフトウェア的に消費電力の削減を行った。ハードウェアとしてはC系基板に搭載されているLEDを減らしたり、LEDに流す電流を減らしたりすることで基板単体での消費電力削減を行った。

4.1.3　記念品として

FMのC系基板にはC系開発メンバーの名前を空きスペースに記載した。また、希望者には実費で基板の配布を行った。本物の衛星は宇宙に行ってしまい手元に残らないが、本物と同じロットの基板を手元に残すことでRSP-01の開発の記憶はいつまでも色褪せないものとなるであろう。

4.1.4　Main OBC用マイコンの変更

EMフェーズまではMain OBCとしてArduino Nanoを採用していた。互換品であれば比較的安価に入手できること、メンバーの出入りが激しいrsp.でも簡単に開発環境が揃えられるためである。

しかし、FMフェーズに入りプログラムの実装が進むにつれ、フラッシュメモリの容量が不足することが判明した。Arduino Nanoに搭載されているATmega328Pはフラッシュメモリ容量が32kBであるが、128kBの容量を持つATmega1284Pに変更した。

Main OBCの変更に際してはArduino Nanoとピン配置の互換性を持つデバッグ基板を作成し、C系基板上のArduino Nanoと載せ替え動作確認を行った(**図58**)。

図58　ATmega1284Pデバッグ基板

さらに、ISS放出軌道で1年間の放射線被ばく量に相当する放射線を照射するトータルドーズ試験を行った。放

図59　放射線試験供試体

射線照射中に一定時間毎にインクリメントした数値をPCに送信するプログラムを作成し、PC側でロギングすることで放射線照射中、照射完了後のマイコンの健全性を確認した(**図59**)。

4.2 FRAM廃止

RSP-01の不揮発性の記憶領域として当初FRAMを使用していた。このFRAMは、外部との通信にSPIインターフェースを持っており、C系の設計ではそれをそのままMain OBCのSPIバスに接続していた。したがって、同じSPIバス上のデバイスは計6個（送信機2台、受信機1台、姿勢センサ1個、FRAM 2台）であった。FRAMは高価だったため、1個はFlashに置き換えて試験していた。

問題が現れたのは、FMフェーズに移行して初めてこの6個のデバイス全てを接続した時であった。接続デバイスが少数の場合は、EMフェーズと同様問題なく通信できるが、3台の通信機全てを接続した途端にMain OBCからのコマンドにデバイスが反応しなくなる事象が発生した。

この通信不良は、接続デバイスの個数を減らせば解決できることが分かった。通信機と姿勢センサは欠かせないため、外すデバイスはFRAM 2台にすることに決定した。FRAMが担っていた不揮発性の記憶領域として、代わりに通信機のFlashの空き領域とMain OBC上のEEPROMを使用することで、衛星としての機能削減は回避された。

問題の発覚がこのタイミングになったのは、デバイス数を多くした通信テストをこれまで行っていなかったためであった。EMフェーズでは通信機が開発途中で、テスト可能なデバイス数が限られていたため、全デバイスの接続は諦めていたのだ。例えば、通信機搭載のチップを利用するなどしてダミー品を作っていれば、EMフェーズでも同じ現象が見られていた可能性はある。

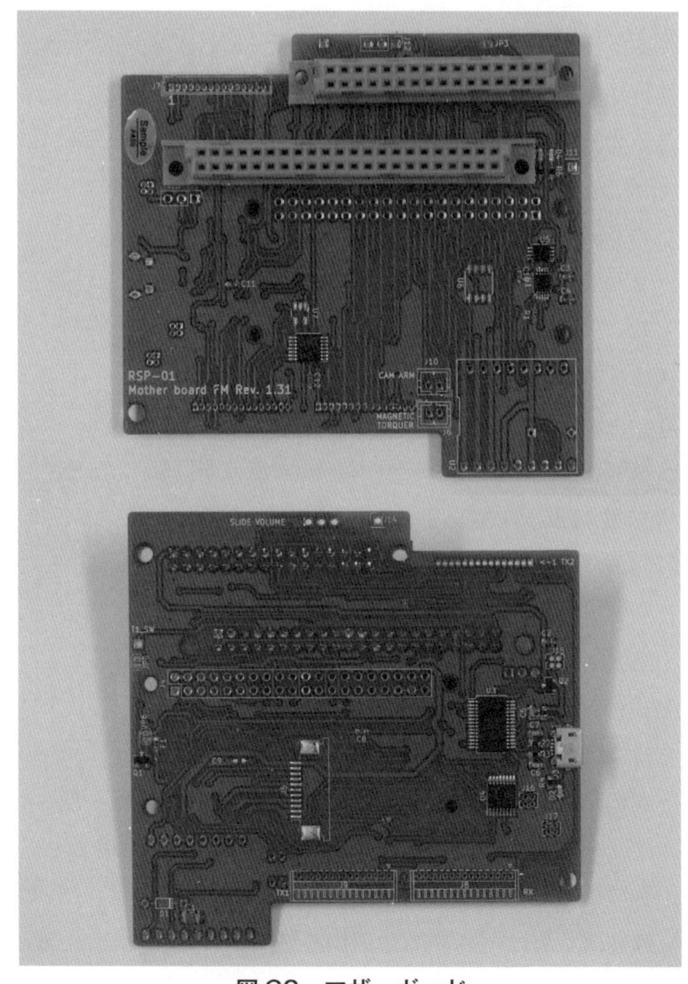

図60　マザーボード

5．マザーボードにおける工夫

マザーボード(**図60**)の製造にあたり、製造時に注意した点や工夫した点について説明する。

5.1　マザーボードの製造

5.1.1　基板設計環境の構築

基板設計のツールとしては、フリーのCADソフトウェアであるKiCADを使用して、2層基板に部品を実装できるように設計した。ツールの選定理由はP系・T系と環境を揃えること、回路図から基板レイアウトまで一貫して作成できること、ERC・DRCなどの検証機能が充実していることである。2層基板を選択した理由としては、当初選定していたMain OBCのArduino Nanoの動作速度が16MHzと低速であり、製造コストや納期で有利な点を重視したためである。

5.1.2　基板作成

実際の衛星基板では、10cm四方の筐体に必要部品を収めることと、近接する他の基板や機構部品への干渉を避けるために部品配置の制約があったため、部品選定に若干の気を使った。一般的に趣味の電子工作では取り扱いの容易な挿入実装部品を使用することが多いが、上記制約のために表面実装部品を多用することになった。BBMでは想定していなかった変更箇所であり、RSP-01開発当初は製造技術に長けたメンバーが不在だったため（後に実際の宇宙機の製造に携わっていた強力なメンバーが加入することになるが)、表面実装部品のはんだ付けは挿入実装部品に比べて難易度が高く、製造起因の動作不具合を起こすことがしばしばあった。

5.1.3　部品調達

前述の実装上の都合で表面実装部品の比率を増やしたため、秋葉原や日本橋の電子部品店では入手できない製品が多くなった。そのためDigi-KeyやMouserといった個人利用可能なディストリビューターを通じて調達することになった（詳細は、**Column「部品の調達先について」**を参照)。

5.1.4　部品の取り外しを考慮したソケット実装

開発初期段階では、使用部品をブレッドボードに刺して評価実験などを行う機会が多くなると想定して、Arduino Nanoや9軸センサといった比較的単価の高い部品は取り外しできるように基板上にソケットを実装し、その上に実装する構成とした。

5.2　アクセスポートの追加

外部から衛星へのアクセス性を向上させるため、マザーボードにMicro USBのアクセスポートを設けた。EMフェーズではこのアクセスポートを用いて、①Main OBCのモニタリング、

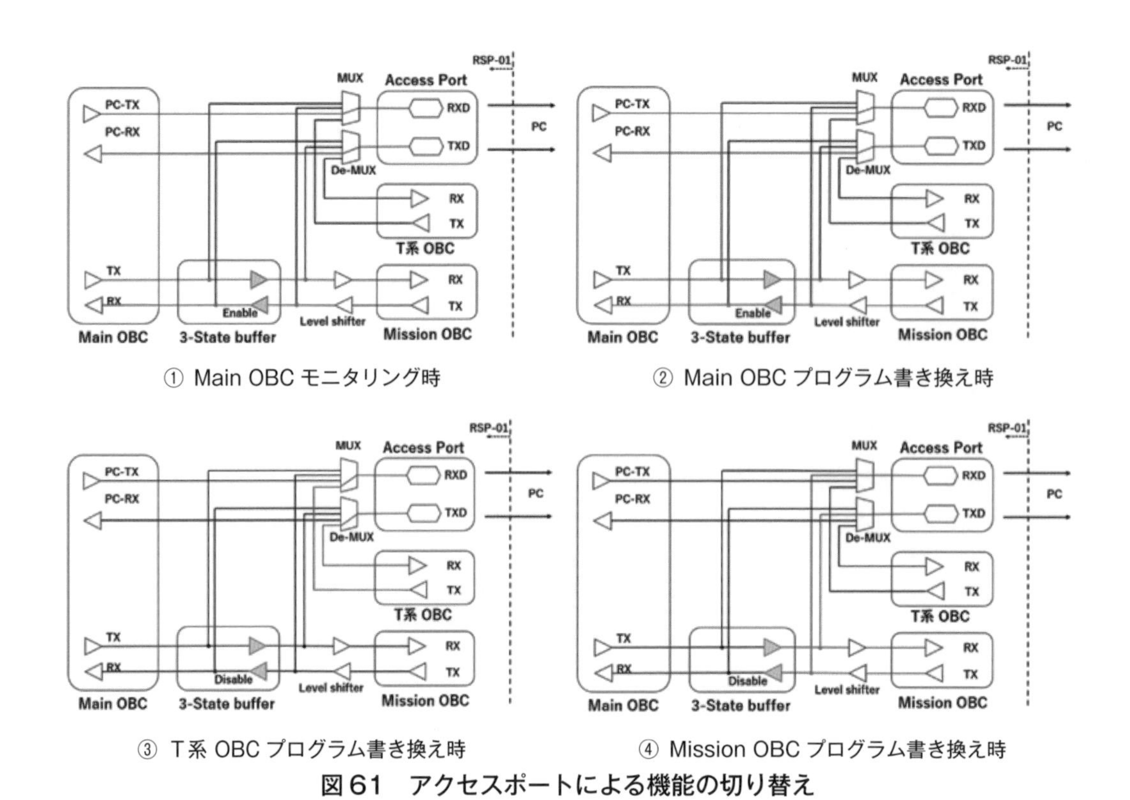

図61　アクセスポートによる機能の切り替え

② Main OBC プログラムの書き換え、③T系 OBC のプログラム書き換え、および④ Mission OBC のプログラム書き換えを行った（**図61**）。これらの機能の切り替えは、図中のマルチプレクサや3ステートバッファを用いて行う。

なお、FM フェーズの省電力化検討における IC 変更の影響で3ステートバッファを取り外したため、フライト品ではT系 OBC のプログラム書き換え、Mission OBC のプログラム書き換えは直接外部に配線を引き出すことで行った。

部品の調達先について

一昔前の電子工作の部品探しと言えば、東京の秋葉原や大阪の日本橋の専門店を回るイメージが非常に強かった。秋葉原と言えば、世界に名だたる電気街であり、高架下に並ぶ店には世界中の電子部品が並べられ、希少な部品を求めて海外からも旅行客が後を絶たない。下町の工場で衛星を手作りしたなら、衛星の部品は秋葉原で集めたに違いない！そんな連想をされた方もかなり多いのではないだろうか？

だが、そのような情景は今や完全に過去のものとなってしまった。世間の流行に合わせて街の様子は様変わりし、「電気街」から「オタクカルチャーの街」へと変化してから、かなりの時間が過ぎた。ピーク時に比べると秋葉原や日本橋で電子部品を扱う店はかなり減ってしまった。

加えて、近年発売される半導体部品は表面実装品が主流となったため、「趣味」で扱うには難易度が高くなり、新しめの半導体部品が個人を対象とした電子部品の店にあまり出回らなくなったという問題もある。実際、RSP-01 の開発で使用した部品の中で秋葉原の店先で調達したものは非常に少ない。

では、衛星製作に必要な部品をどこから調達したかというと、インターネット経由の海外業者である。ここ 10 年余りで海外からの電子部品調達の敷居が大きく下がった。Digi-Key（https://www.digikey.jp/）や Mouser（https://www.mouser.jp/）といったアメリカの電子部品商社の通信販売や、半導体メーカーの直販サービスを利用すれば、膨大な在庫の中から秋葉原の店頭では入手できないマイナーな規格の製品を買うことができる。在庫がある商品であれば、航空便で商品が発送されるため納期もあまり気にならない。

また、最近では深圳に代表される中国の電子部品メーカーが、Amazon のマーケットプレイスや AliExpress といった通信販売を利用して、モータドライバやカメラといったモジュール製品の販売をしているケースもよく見られる。RSP-01 の開発でも、これらのモジュール製品にはお世話になった。最終的には自分達で基板を設計したので使わなくなった物も多いが、モジュール製品を利用することで、開発初期のハードウェアが未完成な状態からソフトウェア開発を進めることができ、非常に有用であった。

余談になるが、インターネットでの部品調達というと、ヤフオク！やメルカリといった個人売買サービスが思い浮かんだ方もいるかもしれない。だが、これらの個人売買では基本的に部品が正規品である保証がない。外見は似ているが、特性が正規品と異なるダウングレード品や、中身が異なる偽造品が紛れている可能性もある。利用については自己責任でお願いしたい。

最後に、電子部品の調達という面では利便性の落ちてしまった秋葉原だが、衛星開発を進めるうえでは助けられたところも多いにあったので紹介したい。それは消耗品の調達である。工場で開発をする時に、ちょっとした電線やコネクタが足りなくなり開発が止まってしまう経験がしばしばあった。そんな時、電車に少し乗れば必要な物を買える街が東京都内にあることが開発の大きな支えとなった。インターネットを利用した通販も便利であるが、実際にその場で物を買える店舗のありがたみは得難いものがある。願わくは、昨今のメーカーブームに乗って、電子部品を扱う店が再び秋葉原に増えますように…。

電源系

人工衛星の中で電力の発生、保存、必要な機器へ供給するのがＰ系である。電気がないと人工衛星は何もできないので、Ｐ系は必要な機器に安定して電気を供給することが重要である。

1．電源系の役割

（1）役割

Ｐ系として、具体的には主に以下の機能を有する。

- 太陽電池により、衛星に必要な電力を発電する。
- 太陽電池で生成した電力を二次電池に充電する。
- 二次電池から衛星に必要な電力を供給する。
- 衛星の構成機器に電力を分配する。
- 各機器の電源状態を監視し、電力供給を制御する。

（2）各フェーズの作業内容(**表 26**)

2．電源系のシステム概要

Ｐ系のシステム概要を**図 62** に示す。太陽電池で発生した電力で、二次電池を充電する。次に、二次電池からレギュレータを通して必要な電圧に変換し、各機器に電力を供給する。

Ｐ系の実物の基板を設計する前に、まずは人工衛星全体でどれくらいの電力が必要か(需要)、どれくらいの電力を発生し得るか(供給)を見積もり、これらのバランスがとれるようにする必要がある。これが電力収支の計算である。

表 26　各フェーズでの作業内容

フェーズ	作業内容
BBM	• 電力収支の計算 • 構成機器の検討 • 使用部品の選定 • 主要部品の動作確認
EM	• 基板設計 • 電源基板単体の動作試験 • 人工衛星全体での結合試験
FM	• 基板設計 • 電源基板単体の動作試験 • 人工衛星全体での結合試験

3．電力収支の計算

発生する電力(供給)と消費する電力(需要)のバランスをとることが重要である。どちらから計算してもよいが、人工衛星の検討初期段階では、人工衛星の構成物が決まっておらず、人工衛星全体で消

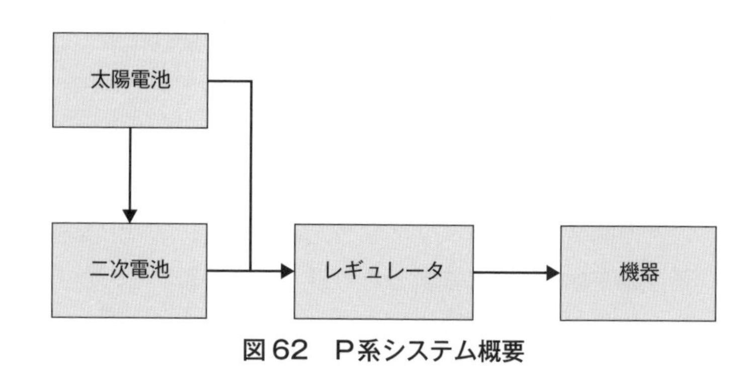

図 62　Ｐ系システム概要

費する電力を正確に見積もることが難しいことがある一方で、何の指針もなく計算を進めることもできないので、下記の要素くらいは決めておく必要がある。

- 人工衛星のサイズ
- 投入軌道
- 運用期間

発生する電力は太陽電池を前提とした場合、人工衛星のサイズと投入軌道が決まれば大まかに計算することが可能である。また、運用期間が短ければ、そもそも太陽電池は必要なく、一次電池だけで運用することも検討可能である。ここではいったん、超小型衛星（10cm 角）が地球周回軌道で、1年間運用するという想定で発生する電力から計算する。

3.1　発生電力

地上であればコンセントから安定した電気を得ることができるが、宇宙空間では人工衛星自身が自力で電気を得る必要がある。

地球近傍での太陽からの $1\,\mathrm{m}^2$ あたりの太陽エネルギーは約 $1{,}367\,\mathrm{W/m}^2$ なので、人工衛星のサイズと太陽電池の変換効率から、理論的な発生電力が計算できる。

3.2　シリコンの場合

シリコン太陽電池の場合、平均的な変換効率は20%くらいであるので、単位面積あたりの発電量は下記の通りである。

$$1{,}367\,\mathrm{W/m}^2 \times 0.2 = 273.4\,\mathrm{W/m}^2 \qquad (\text{式}6)$$

姿勢制御が全くなく、衛星が回転していない状態での発電面積効率は太陽からの輻射を考慮して20%、太陽電池モジュールをアセンブリする時の損失を10%、太陽電池パネルの表面温度を－30degCから50degCと見積もり、温度変化による損失を7%として、発電効率を下記のように見積もった。

$$0.2 \times 0.9 \times 0.93 \times 100 = 16.7\% \qquad (\text{式}7)$$

セル面積が $5.8 \times 10^{-3}\,\mathrm{m}^2$ の太陽電池を5面分使用したとして、ここからBOL(Beginning Of Life)での発電量を下記の値と見積もった。

$$273.4\,\mathrm{W/m}^2 \times 5 \times 5.8 \times 10^{-3}\,\mathrm{m}^2 \times 0.167 = 1.32\,\mathrm{W} \qquad (\text{式}8)$$

また、年間 $2.5 \times 10^{14}\,\mathrm{e/cm}^2$(1MeV) の放射線に晒され、経年劣化によって1年で発電効率が7.5%低下するとして、ミッション期間を1年間とするとEOL(End Of Life) での平均発電量は式9および**表27**のようになる。

$$1.32\,\mathrm{W} \times (1 - 0.075) = 1.22\,\mathrm{W} \qquad (\text{式}9)$$

表27　シリコン太陽電池の発電量

単位面積あたりの発電量	$273.4\,\mathrm{W/m}^2$
BOLでの総発電量	1.32W
EOLでの総発電量	1.22W

次に、人工衛星の軌道を考慮した発電量を見積もる。日照時は本体への電源供給と二次電池への充電を同時に行う。前者はダイオードやMPPT(Maximum

Power Point Tracking：最大電力トラッカー）回路による損失、後者は充電効率を考慮する必要があるため、総合的な電力効率を80%と設定した。さらに、時期によっては日照・日陰の時間が変化し、日照時間が最も短い日照最短と1日中太陽があたる全日照の期間もある。**表28**で両方の発電量を見積もる。

表28　シリコン太陽電池の日照時間毎の発電量

	日照最短	全日照
軌道高度	380 ~ 420km	
軌道傾斜角	51.6deg	
日照時間	57.5min	92min
日陰時間	34.5min	0min
電力効率	80%	
日照時発生電力	0.94Wh	1.50Wh
平均使用可能電力	0.61W	0.98W

3.3　トリプルジャンクション（GaAs系）の場合

使用する太陽電池が決まっていれば、そのカタログ値から計算する。一般的には、トリプルジャンクションの場合、平均効率は30%ほどであるので、シリコンの場合と同様の計算で発電量を見積もることができる(**表29、30**)。

表29　トリプルジャンクション太陽電池の発電量

BOLでの総発電量	1.98W
EOLでの総発電量	1.83W

表30　トリプルジャンクション太陽電池の日照時間毎の発電量

	日照最短	全日照
軌道高度	380 ~ 420km	
軌道傾斜角	51.6deg	
日照時間	57.5min	92min
日陰時間	34.5min	0min
電力効率	80%	
日照時発生電力	1.40Wh	2.24Wh
平均使用可能電力	0.91W	1.46W

3.4　消費電力

人工衛星で行うミッションが固まっていないと難しい部分もあるが、各系で想定している搭載部品の消費電力と、運用に想定する動作モードから計算する。RSP-01

表31　消費電力表

部品		個数	動作電圧[V]	駆動時		待機時	
				消費電力[W]	消費電流[mA]	消費電力[W]	消費電流[mA]
送信機	FM送信	1	5	2.5	500	0.375	7.5
	CW送信	1	5	1.4	270	0.375	7.5
受信機		1	5	0.3	60	0.375	7.5
C系(Arduino + sensors)		1	5	0.26	52.5	0.26	52.5
ミッション	Raspberry Pi Zero	1	5	0.6	120	0.03	6
	カメラ	1	5	1.25	250	0	0
	アームモータ	1	5	1.05	210	0.03	6
磁気トルカ		1	5	0.72	143	0.015	3
リアクションホイール		1	5	6.75	1,350	0.075	15

表 32　動作モード毎の機器の ON/OFF 一覧表

Mode／コンポーネント	1 打ち上げ	2 衛星起動	3 ノーマルモード	3.1 Raspberry Pi 動作	3.2 カメラアーム伸縮	3.3 カメラ撮影	4 FM 通信	5 リアクションホイール
送信機(FM)	OFF	OFF	OFF	OFF	OFF	OFF	ON	OFF
送信機(CW)	OFF	OFF	ON	ON	ON	ON	OFF	ON
受信機	OFF	OFF	ON	ON	ON	ON	ON	ON
P系ボード	OFF	ON	ON	ON	ON	ON	ON	ON
Main OBC	OFF	ON	ON	ON	ON	ON	ON	ON
Mission OBC	OFF	OFF	OFF	ON	OFF	ON	ON	OFF
姿勢制御センサ	OFF	ON	ON	ON	ON	ON	ON	ON
温度センサ	OFF	ON	ON	ON	ON	ON	ON	ON
カメラアーム伸縮	OFF	OFF	OFF	OFF	ON	OFF	OFF	OFF
カメラ撮影	OFF	OFF	OFF	OFF	OFF	ON	OFF	OFF
磁気トルカ	OFF	OFF	ON	OFF	ON	ON	OFF	ON
リアクションホイール	OFF	OFF	OFF	OFF	OFF	OFF	OFF	ON
消費電力[W]	0	0.14	2.56	2.44	3.61	3.81	3.54	9.31

の大まかな搭載部品と、動作電圧・消費電力を**表 31** に示す。駆動時の消費電流は、カタログスペックの最大値を参照した。

各部品の動作と人工衛星の動作モードを**表 32** に設定した。

3.5　セーフモード

通常の動作モードとは別に、ハード回路による論理によって定義されるセーフモードを設ける。これは二次電池の電圧が 3.0V 以下に低下した場合、電池から電流出力を止め、充電に専念させるモードである。

4．電池の選定

リチウムイオン電池は質量あたりのエネルギー密度が非常に高く、自然放電が少ないため、人工衛星の納品から ISS 放出まで最長で 1 年の保管期間に耐えうる。ただし、非常にたくさんの電気をためることができる一方で、ためられる電気が多い分、下手に扱うと発火・爆発する非常に危険なもので、JAXA の規定でも非常に多くの厳しい要求が課されている。

RSP-01 でもリチウムイオン電池を使用し、人工衛星内の設置スペースおよび安全性、冗長性を考慮し、**表 33** に示したマンガン系リチウムイオン電池を 2 つの独立した回路で別々に使用する構成とした。

必要とする電力がそれほど多くない場合、ニッケル水素電池の使用も選択肢に入る。ニッケル水素電池の場合、リチウムイオン電池と比較して、安価であり、充放電回路も簡素にできるので、電源回路の設計の難易度を下げることができる。表33にリチウムイオン電池の仕様を示す。

表33 リチウムイオン電池の仕様

型番	18650 電池 3120mAh
保護回路	電池に内蔵
公称電圧	3.7V
定格電池容量	3,120 × 2mAh
サイズ	φ 18.2 × 65(2pc)mm
重量	48.0 × 2g
直列・並列数	1直1並列× 2充放電回路
充放電サイクル特性	1C/ 放電深度 100%：500回 0.2C/ 放電深度 20%：3,000回以上

DoD(Depth of Discharge)の計算を行った。ミッション期間を8か月（240日）、92分で地球を1周するとした場合、充放電回数は式10の通り3,756回となる。

$$240\,\mathrm{day} \div 92\,\mathrm{min} = 3{,}756\,回 \qquad (式10)$$

リチウムイオン電池は放電深度によって使用可能な充放電回数が**表34**のように変化する。放電深度を20%以下に抑える設計としており、8か月のミッション期間をほぼ満たす計算となる。

表34 DoDの充放電サイクル

Depth of Discharge	Discharge cycles
100% DoD	300 ~ 500
50% DoD	1,200 ~ 1,500
25% DoD	2,000 ~ 2,500
10% DoD	3,750 ~ 4,700

また、太陽電池のEOLでの発電量からリチウムイオン電池の20%分の充電に必要な時間は、82分程度となる。

4.1 漏れ電流(納品からISS放出まで)

人工衛星は納品後ISS放出までの間、最大1年保管される可能性がある。二次電池はJAXAの安全基準によりハイサイド・ローサイドの双方を遮断されており、リチウムイオン電池の自然放電のみ考慮すればよいと考えられる。リチウムイオン電池の自然放電は5%/month程度であると知られているので、1年保管後の残容量は、式11のように求められる。

$$3{,}120\,\mathrm{mAh} \times (1 - 0.05\,\mathrm{month}^{-1} \times 12\,\mathrm{month}) = 1{,}248\,\mathrm{mAh} \qquad (式11)$$

ISS放出直後のタスクはアンテナ展開とHKデータをCW送信することであるので、上記の期待残容量で十分であると推定される。

4.2 ミッションボードの動作時間

ミッションボードであるRaspberry Piの動作時間を計算する。放電深度20%に収めるには1,248mAhに抑える必要がある。ミッションボード動作時の消費電力は5V 2.36Wとなり、消費電流は472mAとなるので、2時間38分程度は動作可能である。

FM送信を同時に行う場合は、消費電力は5V 7.41Wとなり、消費電流は1,482mAとなるので、50分程度は動作可能である。

4.3　無線機の動作時間

無線機はデータ送信時に大量の電力を消費するため、電波放出の頻度を適切に設定することで、電力収支を成立させる必要がある。

太陽電池1枚で出力できる最大の電力は1.044Wで、受信機の最大消費電力は1Wなので、受信機のみであれば、理論上はリチウムイオン電池からの電力供給なしで動作可能である(Main OBCやCW送信機は同時に動かすことはできない)。

今回搭載するFM送信機の動作時は5V 0.7A程度の消費電流が必要になる。変換効率を考えると、21分程度動作させるにも1,200mAh以上消費すると予想されるので、FM送信時の放電深度を確認する。

地球を1周する90分のうち、FM送信は日本上空を通る21分間だけ動作させ、残りの69分間はCW送信のみ行うと仮定した場合、地球1周あたりの消費電流は1,248mAhほどである。この場合、太陽電池での発電電力の直接給電を考慮せずとも放電深度20%に収まる計算となる。

リチウムイオン電池は電圧から大まかな残容量の推定が可能なので、Main OBCで二次電池の残容量を推定し、データ送信可能か判断する必要がある。

4.4　リアクションホイールの動作時間

また、リアクションホイール動作時も大量の電力を消費するため、電力収支を成立させる必要がある。放電深度20%に収めるには1,248mAhに抑える必要があるが、リアクションホイール動作時の消費電力は9.21Wなので、消費電流は1,842mAとなる。したがって、放電深度20%以内に抑えて、リアクションホイールが動作可能な時間は1時間あたり40分程度となる。1周あたり90分で周回すると、61分程度動作可能である。

5. 電源回路の設計

人工衛星のミッションと構成物が決まり、電力収支の計算が完了すれば、電源回路の設計を開始することができる。

RSP-01の主要な電力部品は、5面の単結晶シリコン太陽電池、MPPT、充電制御IC、単セルリチウムイオン電池2個、DC/DCコンバータ、インヒビットスイッチ（フライトピン、分離スイッチ)、電子スイッチ（各機器への電源供給ON/OFF制御用)、およびI2C接続のADコンバータとIOエキスパンダである。

I2C接続のA/DコンバータとI/OエキスパンダによりMain OBCから監視と制御を行う。マイコンによる実装も考えられるが、主に信頼性向上（ソフトウェアバグ・SEU）のためハード回路のみの構成とする(**図63**)。

電源基板から供給する系統は、**表35**の9系統とする。

電圧：供給電圧は5Vで統一する。センサの中には5V以外の電圧を要するものがあるが、それらはMain OBCのArduinoから電力供給を受ける。

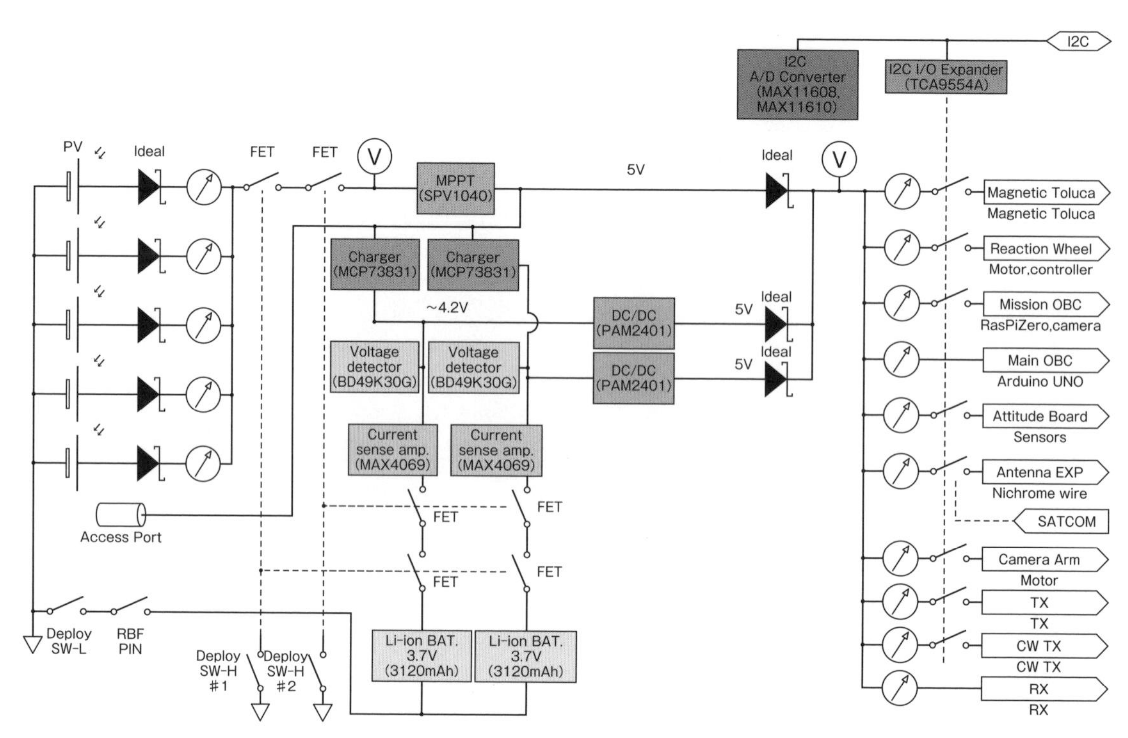

図63　P系のブロック図

表35　電力供給の系統表

系統名	電圧	電流レンジ	供給スイッチ	共通バス搭載	主な供給先	備考
受信機	5V	0.2A	No	Yes	受信機	同一の送信機が3台（受信機、CW送信機、FM送信機）
CW送信機	5V	0.5A	Yes	Yes	CW送信機	
FM送信機	5V	0.5A	Yes	Yes	FM送信機	
C系	5V	0.08A	No	Yes	Arduino、各種センサ	姿勢制御系センサ、熱構体系温度センサ
M系	5V	0.7A	Yes	Yes	Raspberry Pi Zero、カメラ	
アーム用モータ	5V	1A	Yes	Yes	アーム用モーター	
磁気トルカ	5V	0.5A	Yes	Yes	磁気トルカ	
リアクションホイール	5V	1.5A	Yes	Yes	リアクションホイール	
アンテナ	5V	1A	Yes	No	ニクロム線	ISS放出後1回のみON

電流レンジ：各系統の消費電流モニターは、電流検出抵抗で発生した電圧を電流検出アンプで増幅し、ADコンバータでデジタル化する。ADコンバータの入力が飽和する電流が電流レンジであり、電流検出アンプの値により決定される(電流検出アンプの増幅率は100V/Vで固定)。

供給スイッチ：系統毎に電流供給をON/OFFできる電子スイッチを備える。この電子スイッチはMain OBCにより制御され、信号を受信する必要があるので、C系電源および受信機はこ

図64　電源基板

のスイッチの制御に含めない。

6．電源回路の実装

回路設計が完了したら、次は回路図の作成、部品配置、プリント基板の配線を行う。実際に作成した電源基板を**図64**に示す。

7．電源回路の試験

電源回路の試験内容を以下に示す(**表36**)。

繰り返しになるが、電気がないと人工衛星は何もできないので、P系を宇宙空間で安定して動作させるためには十分な試験を行うことが重要である。

また、設計のフェーズが進むほど設計変更が困難になり、人工衛星全体の設計やスケジュールに与える影響が大きくなるので、可能な限り早い段階で試験を通して、問題点・不具合を洗い出すことも重要である。

7.1　単体動作試験

① 太陽電池関連

a．単体セル特性試験(常温・高温・低温特性)

b．アレイ特性試験(常温・高温・低温特性)

c．太陽電池模擬回路特性試験

② 二次電池単体関連

a．二次電池スクリーニング試験

b．二次電池過放電試験

c．二次電池過充電試験

d．二次電池漏れ電流試験

e．二次電池保護回路動作確認試験

③ 充電回路関連

a．充電回路動作試験

b．二次電池充電特性試験（常温・高温・低温特性・熱サイクル特性）

c．充電時間確認試験

d．二次電池放電特性試験（常温・高温・低温特性・熱サイクル特性）

e．放電時間確認試験

④ 電流・電圧測定回路関連

a．測定回路動作試験

b．測定回路精度試験

⑤ MPPT 回路関連

a．MPPT 回路動作試験

b．MPPT 負荷能力試験

⑥ DC/DC コンバータ回路関連

a．DC/DC コンバータ回路動作試験

b．DC/DC コンバータ負荷能力試験

c．DC/DC コンバータ過渡応答試験

表 36　電源回路試験

概要
M系への電力を確保すること
電力収支要求
放電深度に対する要求を順守したうえで、太陽電池を含めた電力収支がとれていること
バッテリの放電深度を 20%程度とすること
ロケット搭載時に補充電が不要なこと
他系へのデータ通信／他系からの制御関連要求
ハウスキーピング状態のログを行うこと
電源スイッチ指示に応じてスイッチを制御すること
通信系からの入力で、アンテナ展開が行えること
Main OBC へログデータ送信と電源スイッチ指示受信を行うこと
電源系安全要求
サイズ要求
衛星機体に収まる太陽電池パネルを選定すること
衛星機体に収まるバッテリを選定すること
衛星機体に収まる電源系基板を作製すること
バス設計要求
他系への供給電力要求
基本バスとミッションユニットの電力収支を分割して考えた設計
送信機の電力確保すること
画像データ送信用電力を確保すること
ハウスキーピング用データ送信用の電力確保
送信機用アンテナ展開用の電力確保
送信機ソフトウェアハングアップから復帰する
コイルの電力を確保すること。コイルの電力は他課題に記載
リアクションホイールの電力を確保すること
MPU-9250（９軸センサ）の電力を確保すること
FSK モジュールへの電力供給
自撮りアーム伸縮のための電力供給
Raspberry Pi ＋カメラへの電力供給

7.2　系内組み合わせ

① 太陽電池・充電回路組み合わせ試験

② 太陽電池・MPPT 組み合わせ試験

③ 太陽電池・二次電池組み合わせ試験

④ 太陽電池模擬回路・充電回路組み合わせ試験

⑤ 太陽電池模擬回路・MPPT 組み合わせ試験

⑥ 太陽電池模擬回路・二次電池組み合わせ試験

⑦ 二次電池・DC/DC コンバータ組み合わせ試験

⑧ 損失測定（太陽電池ダイオード損失・MPPT 損失・充電回路ダイオード損失・充電損失・DC/DC コンバータ損失）

通信系

1．通信系の役割

（1）役割

宇宙空間に放出された衛星と地球上の地上局との間で、安定した通信を担保することがT系のミッションであり、衛星に搭載される無線機の開発を担当する。最長1,800kmという長距離でも通信できること、運用期間中、常に起動できるよう省電力であること、大規模データを扱うミッションに対応できるようデータレートが高速であることなどが求められる。

表37　各フェーズの作業内容

フェーズ	作業内容
BBM	他系への要求・要件定義 機能設計(基本) MODEM/PA/LNA/OBデバイス選定・調達・動作確認 ICメーカモジュールによるBBM試験 各デバイスへの放射線耐久試験
EM	機能設計(詳細) RF基板／BB基板ハードウェアの設計および製造 ソフトウェアの基本設計 RF基板－BB基板のEM結合試験
FM	RF基板／BB基板ハードウェア改版ver.の設計および製造 ソフトウェアの詳細設計 RF基板－BB基板のFM結合試験 アンテナ開発および無線機との結合試験 長距離模擬試験 恒温槽による温度試験

（2）各フェーズの作業内容(**表37**)

2．通信系システム概要

2.1　システム全体の設計思想

図65に示すように、本衛星では受信機として1系統、送信機として主系／冗長系の2系統を持つ。送信機のみ冗長系を用意した理由は、大電力を扱うため受信機よりも故障リスクが高いと判断したこと、またHKデータのダウンリンクについては地上からの指示なしで行えること、すなわち死活確認するうえで受信機は必須ではないこと、の2点がある。

計3つの送受信機それぞれにアンテナが用意される。詳細はH系の章で記載があるが、アンテナ展開失敗のリスク低減のため、モノポール型を選択している。

また、各無線機には通信機用のOBCが搭載され、SPIインターフェースを介してC系のMain OBCと接続され、コマンドをやり取りする。

周波数帯としてはアマチュア無線帯を利用しており、総務省より、受信機は435MHz帯、送信機は145MHz帯が割りあてられた。145MHzの3次高調波が435MHzとなるため、ダウンリンク中にアップリンクが通りにくい可能性がある。受信機側で急峻なバンドパスフィルタを

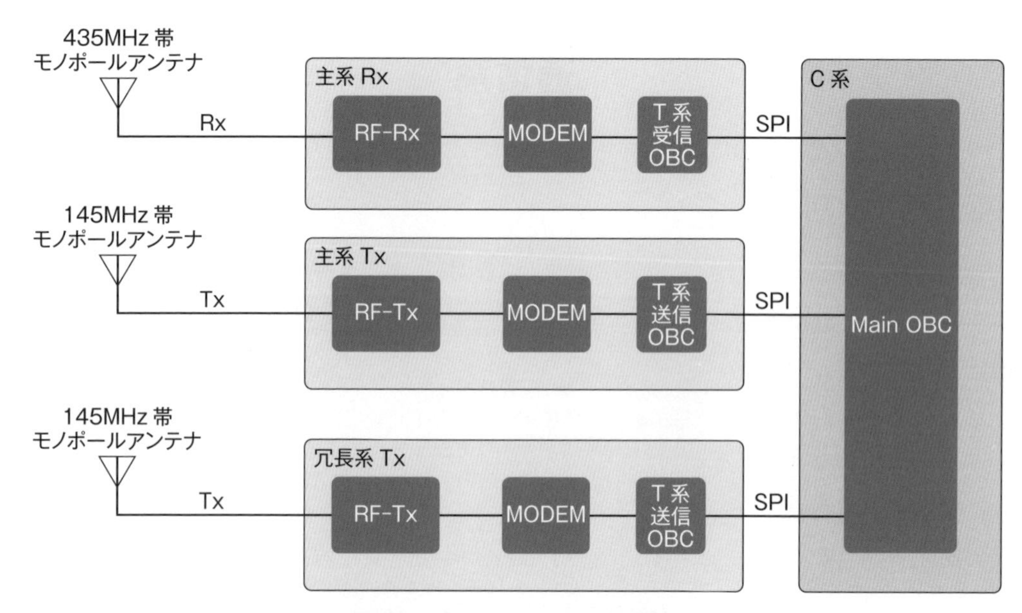

図65　通信システム全体概要

用意する、ダウンリンクしない期間を定期的に設ける、などの対処が必要になる。

表38　ダウンリンク回線設計

電波型式		A1A(CW)	F1D (GMSK、FSK)
人工衛星 (RSP-01)	送信機出力	20dBm	26dBm
	アンテナ利得	0dBi	
伝搬路	伝搬損失	128 ~ 141dB	
地上局	アンテナ利得	16dBi	
	受信機入力	− 105 ~ − 92dBm	− 99 ~ − 86dBm
	受信機感度	− 125dBm (10dB S/N)	− 121dBm (FM 12dB SINAD)
回線マージン		20 ~ 33dB	22 ~ 35dB

2.2　リンクバジェット

表38 に RSP-01 のダウンリンク回線設計を示す。RSP-01 は地表から 400km 上空を周回している。地上局から見て地平線から＋ 5°～＋ 175°の間を衛星が周回する時、安定して通信可能となるようにリンクバジェットを設計する。地平線から＋ 5°または＋ 175°の時、地上局との距離は約 1,800km となり、これが最長距離となるが、10dB のマージンを確保できる。

3．rsp. 内製無線機の開発

3.1　無線機の仕様

無線機は**表39** に基づき、rsp. メンバーで内製開発した。ダウンリンクのさらなる高速化など、継続して後継機を検討している。

3.2　ハードウェア設計

図66、67 のように、RF(Radio Frequency) 基板と BB(Base-Band) 基板の 2 つがあり、

これらをコネクタで連結して構成される。

また、**図68**にハードウェアブロック図を示す。RF基板の回路部品としては、信号増幅器やフィルタ、モデム回路、水晶発振器、アンテナとのRFコネクタなどが搭載される（参考文献(15)）。変復調機能を集約したRFICとして、アナログデバイセズ製のADF7020-1を採用した。80～650MHz帯に対応するため、今回のダウンリンク／アップリンク両方の帯域に対応可能である。また変調方式としてCW/FSKにも対応するため、アマチュア衛星通信のダウンリンクで一般的に使われているCW/GMSKにも対応可能である。少し工夫が必要になるのは復調側で、アップリンクで一般的なAFSK(AudioFSK)には対応できない。復調過程の途中の信号（RF信号をダウンコンバートし、IFフィルタ通過したもの）を取り出し、これをBB基板上のアナログFM復調器に入力してAFSK信号を復調することができる。また、BB基板については部品定数含めて送信機と受信機で完全共通となる。マイコンや電源回路、アナログFM復調器などが搭載される。

表39　内製無線機の仕様

サイズ	L×W×H	55.4mm × 37.0mm × 10.0mm
アップリンク受信機	周波数範囲	435.00MHz ~ 438.00MHz
	運用周波数	非公開
	電波形式	F2D(AFSK 1,200bps)
ダウンリンク送信機（主・冗長共通）	コールサイン	8N1RSP
	周波数範囲	145.80MHz ~ 146.00MHz
	運用周波数	145.81MHz
	電波形式	A1A(CW 20WPM)
		F1D (GMSK 9,600bps、FSK 1,200bps)
	送信出力	20dBm(A1A)
		26dBm(F1D)

図66　RF基板

図67　BB基板

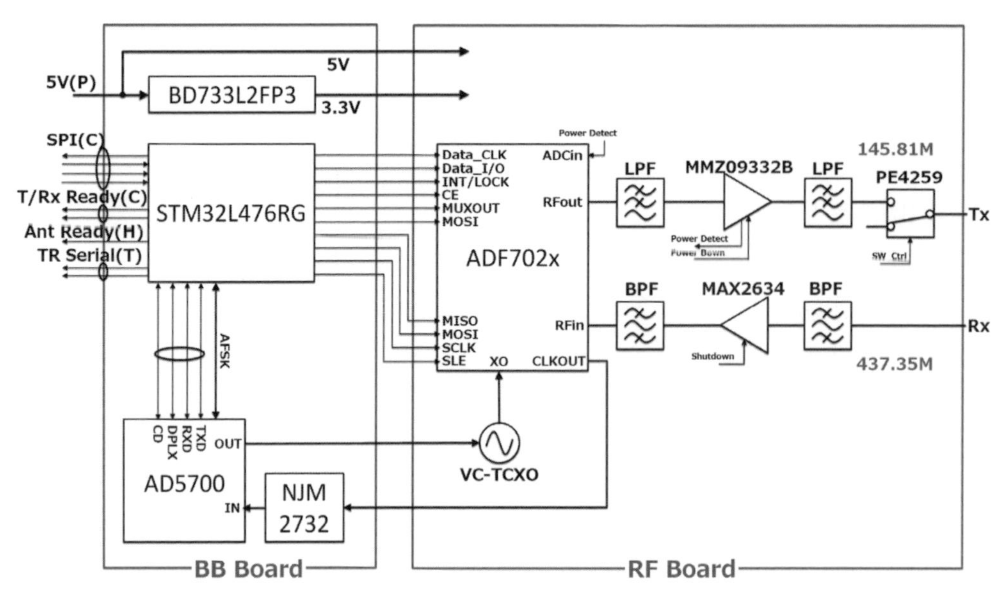

図68　ハードウェアブロック図

3.3　ソフトウェア設計

3.3.1　開発環境

T系OBCの開発環境としてはMbedを採用した。これはMbedがオープンソース、かつドキュメントが充実していることに加え、Mbedが動作するArm Cortex-MのMPUのスペックや評価ボードの入手性が高く、多くのメンバーが参加するrsp.においてマルチプラットフォームでの開発が可能という点が決め手となった。

BBM開発およびT系OBCデバイスの評価においては、STM32L476の評価ボードであるNUCLEO-L476RGを用いて行った。また、MODEMデバイスであるADF7020-1の評価ボードであるEVAL-ADF7020-1を使用して接続確認や制御ソフトの開発を行った(**図69**)。

EMおよびFMの開発におけるT系OBCへのファームウェア書き込みは、BBMの開発で使用したNUCLEO-L476RGをST-LINKプログラマとして用いた。通信機ソフトウェアのデバッグや動作テストにはUSBシリアル変換を用いて行った。また、無線機ハードウェ

図69　BBMでの開発の様子

アの開発と並行して衛星全体の動作テストが行えるように、シリアル通信経由でも地上局コマンドの送信およびテレメトリの確認が行える仕組みを用意した。

3.3.2 ソフトウェア構成

T系OBCは、ARM社のマイコン・デバイスプログラミング環境であるMbedに対応している。MbedにはRTOS(Real Time Operating System)であるMbed OSがあり、システムのリアルタイム制御とI/O制御のための標準APIがサポートされている。通信機ソフトウェアは、RX/TXアプリケーションを最上位レイヤとして、MbedOSおよび各種デバイスドライバのAPIを呼び出す階層構造のソフトウェア・アーキテクチャとした。

3.3.3 ソフトウェア処理

処理は、大きく下記の3つに分けられる。

① OBC起動時

下記の順番で処理を開始していく。

- ウォッチドッグタイマ開始。
- MODEM-IC／アンプIC/RF-ICなどのデジタル入出力ピンを設定。
- ドライバ、APIのクラスインスタンス生成。
- 受信アプリケーションを起動し、AFSK受信モード開始。
- 1週間毎にリセットを行うためのワンショットタイマ開始。

② T系受信OBCの処理

地上局から衛星へのアップリンク信号は、アマチュア無線用のパケット通信プロトコルAX.25に則る。RSP-01では、接続／切断／再送手順を使用しないシンプルなUIフレームフォーマットを採用した。最終的には435MHz帯の搬送波に変調されて、アップリンク信号として送信される。

このアップリンク信号は、衛星側ではまずRFIC AD702xで受信およびFM検波を行い、出力されたAFSK変調信号はモデムAD5700に入力される。AD5700では変調レート1,200baudのAFSK信号を復調し、1,200Hzの正弦波をデジタル信号のHigh、2,200Hzの正弦波をLowとして出力する。さらに、これらのビットストリームはT系受信OBCに入力され、AX.25デコーダで受信データを取り出し、AX.25デコーダは受信完了フラグを立てる。この様子を**図70**に示す。

受信アプリケーションは、上記の受信完了フラグが立ったことを確認してから、AX.25デコーダのバッファにある受信データを取得し、HEX/BIN変換およびCRCチェックを施す。受信データには、Main OBCへのコマンドと、自ら処理するT系OBC向けコマンドの2種類がある。T系コマンドにより、Main OBCを介さずに、受信レベルの取得やマニュアルでのアンテナ展開、送信機へのメッセージ転送、受信機リセットなどを行うことができる。T系コマンドの処理

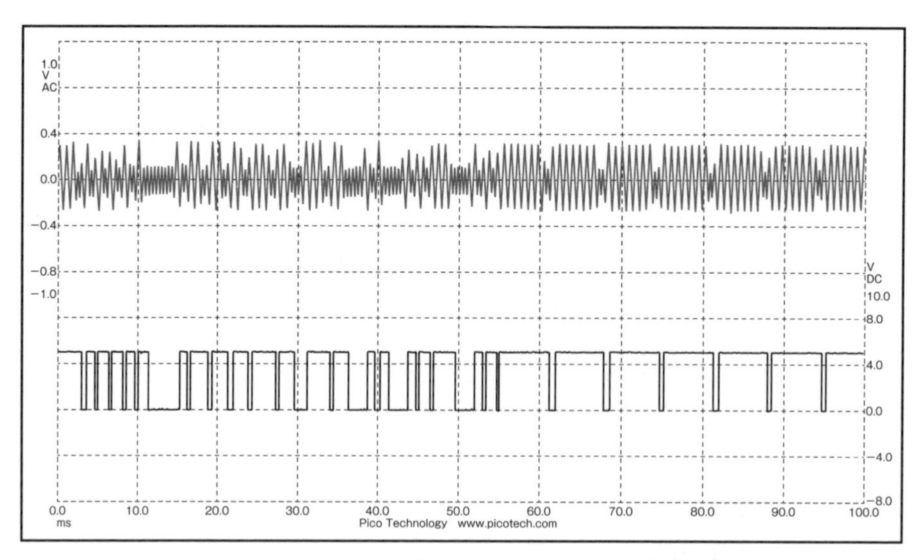

図 70　オシロスコープでの AX.25 デコーダ確認結果

結果およびC系コマンドは、末尾にCRCを加えて受信データQueueへ格納され、Main OBCへSPI経由でやり取りされる(**図 71**)。

③ T系送信OBCの処理

T系送信OBCは、Main OBCやT系受信OBCからのコマンドを受け付けるインターフェースを用意している。これらのコマンドは、T系送信OBC内部のそれぞれのパーサーにより処理され、内部の共通関数を経て、FlashROM／メモリ／送信Queueへアクセスする。また、OBCに搭載されるプログラム用FlashROMの空き領域を利用し、C系向けにデータの永続化ストレージを提供する。

T系送信OBCは送信Queueを監視し、命令があればその内容に従ってパケット変換や

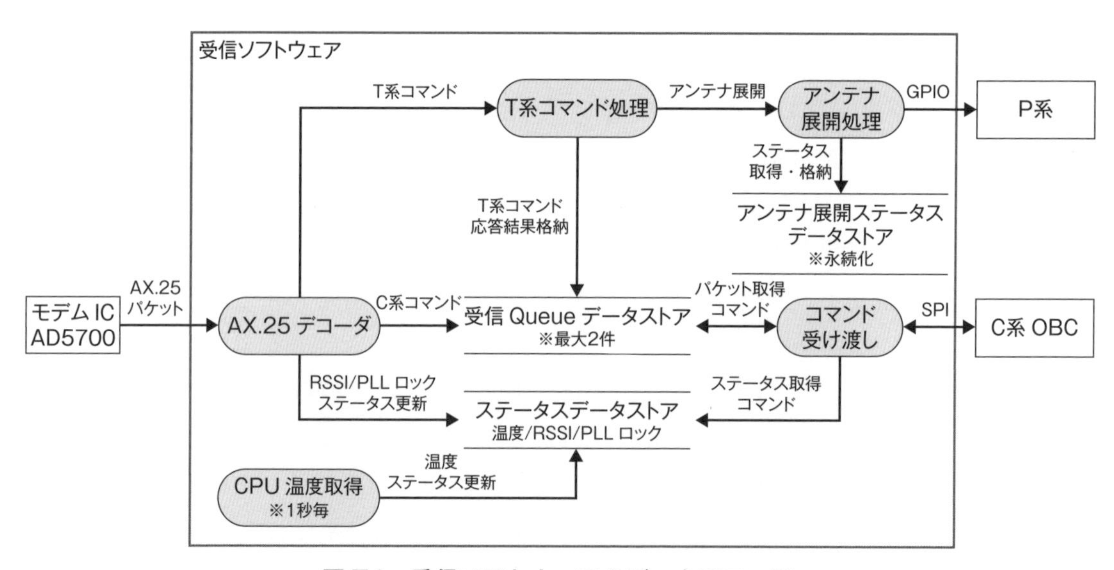

図 71　受信ソフトウェアのデータフロー図

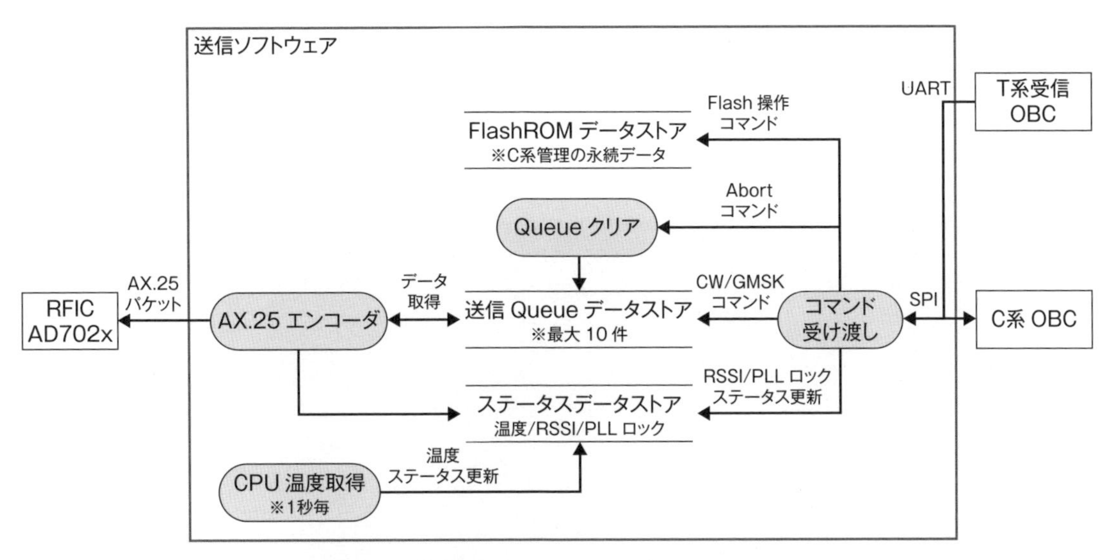

図 72　送信ソフトウェアのデータフロー図

RFIC の制御を行い、無線信号の送信を開始する。CW 送信の命令時はヘッダ・フッタを付与してモールス符号へ変換を行い、CW 信号として送信する。モールスの速度はコマンドにより変更可能であり、FlashROM に保存することで永続化される。GMSK 命令時は、AX.25 パケットへの変換を行い、GMSK 信号を送信する。衛星コールサインおよび地上局コールサインはリテラルで管理している。送信 Queue の最大値はM系の仕様に準じ 10 までとし、それ以上の命令が入れられた時は、最も古い命令から順に破棄する。

T 系送信 OBC は衛星の省電力モードへの移行などにより電源が断たれることがある。無線送信中の突然の電源断はパワーアンプ故障のリスクがあるため、送信キューのクリアコマンドで事前に無線送信を停止する機能を有する。**図 72** にT系受信 OBC のデータフロー図をまとめた。

3.4　送受信機の評価

無線機評価のゴールとしては、実運用で対向する地上局と通信できることであるが、いきなり対向系で通信成功することは稀で、得てして送信機／受信機それぞれで単体評価が必要となる。

送信機の評価には、意図した周波数で送信できているか、適切な信号強度になっているか、を見るためにスペクトラムアナライザが必須である。また、送信機の免許取得のために、意図しないスプリアス発射や不要輻射が出ていないか確認するうえでも本測定器が必要となる。近年は、SDR(Software Defined Radio)受信機が成熟したこともあり、簡易な手段としてこちらで代用することもできる。

受信機の評価には、信号発生器とオーディオアナライザ、オシロスコープが必要になる。信号発生器側で 1.2kHz ないし 2.2kHz のオーディオ信号で一次変調された RF 信号を送信し、それを受信機に入力する。FM 復調器 (NJM2732) に入力する前の信号をオーディオアナライザに入力することで、RF 入力レベルに応じたアナログ出力の S/N を測定でき、これが受信感度となる。また、FM 復調器出力後のデジタル信号についてはオシロスコープで妥当性を確認できる。**図 73～75** にその様子を示す。

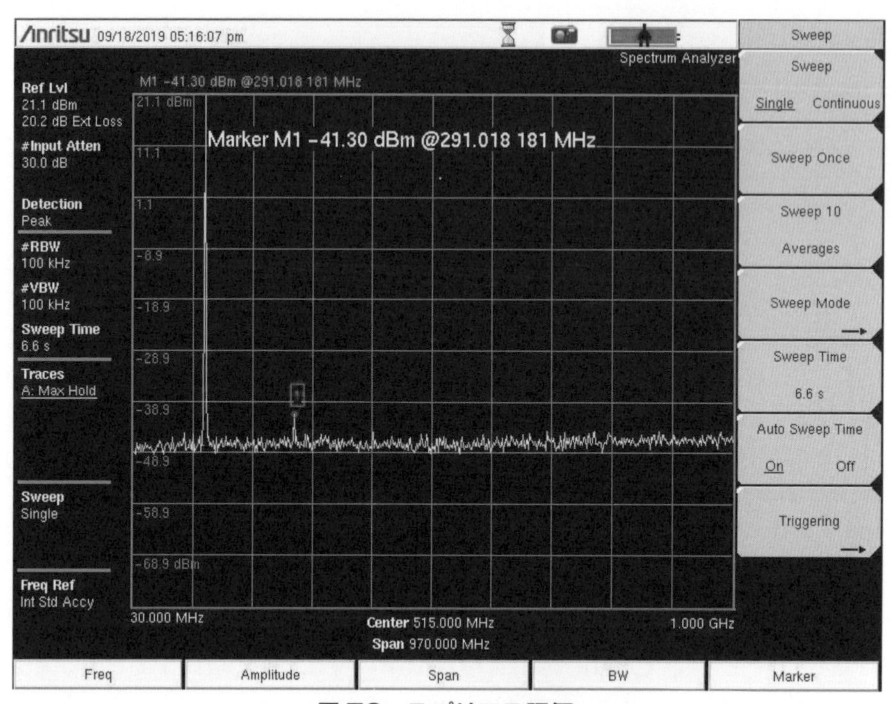

図 73　スプリアス評価

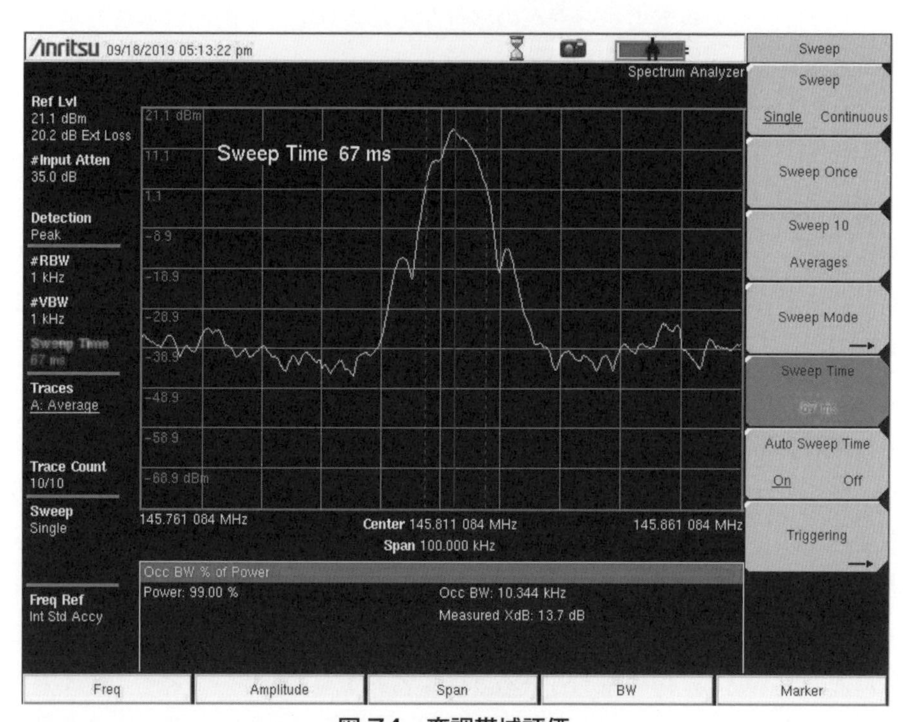

図 74　変調帯域評価

図 75　送信系評価の様子

3.5　地上局との総合通信試験

単体試験で問題がなければ、地上局との疎通試験を行う。また衛星軌道を想定した長距離試験も必要である。衛星と地球の最長距離は、衛星が可視限界角度にある時、1,800 km 弱（稚内市から種子島宇宙センターまでの直線距離）になる。減衰量に応じたアッテネータを挿入して試験することになるが、ケーブルベースの試験を行うと、筐体からの漏れ電波を受信してしまう。漏れ電波を遮断するため、シールドボックスが必要であるが、正規品は高価である。安価な代用手段としてアルミホイルを用いて試験を行った。

4．アンテナの開発

4.1　原理設計

超小型衛星においては、細長い帯状のリン青銅を使って、モノポールもしくはダイポールアンテナを構成するのが一般的である。理論上、ダイポールアンテナはグランドが不要であり、地表という広大なグランドがない超小型衛星アプリケーションにおいては、設計通りに特性を実現しやすいというメリットがある。しかし、ダイポールアンテナは、モノポールアンテナと比べ倍の長さが必要になる。RSP-01 では、アンテナを短くしてアンテナ展開の成功率を最大化することを優先し、モノポールアンテナの採用に至った。

また、アンテナの長さに応じて、アンテナへの入力信号の伝わりやすさ(VSWR)が変動する。VSWR の理想値は 1 であり、この時、送信機からの電力が 100%アンテナに伝わる状態となる。VSWR の値が大きいと、衛星としての出力レベルが低くなるほか、送信機の消費電力増大にもつながり、パワーバジェットに対する影響が大きい。数 cm の差でも敏感に VSWR が変動するため、長さ調整は非常に重要な作業となる。**図 76** に衛星で展開されたアンテナを示す。

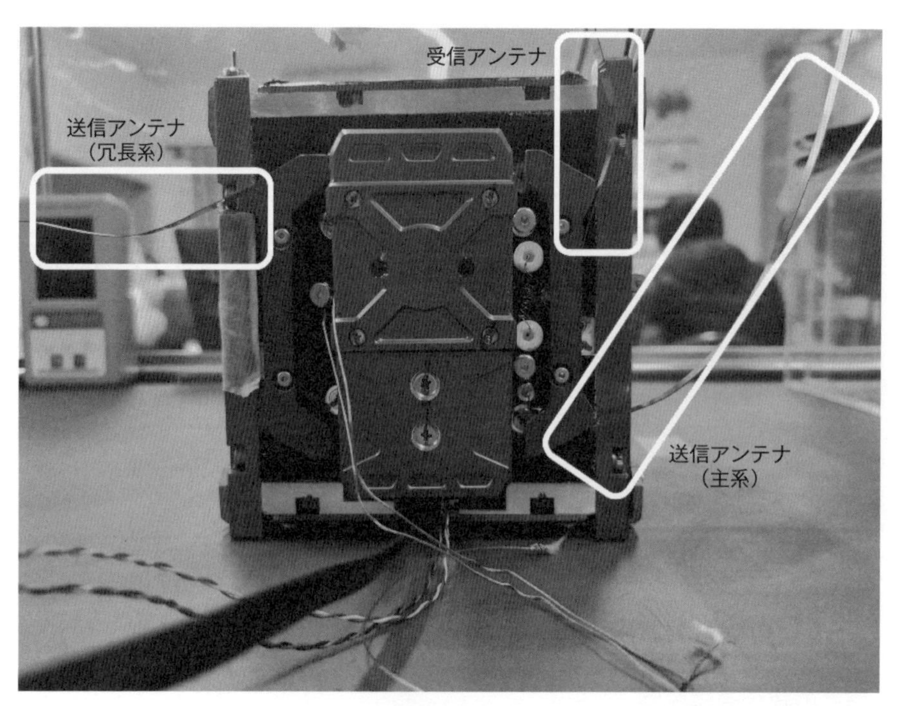

図 76　展開されたアンテナ

4.2　評価／測定

VSWR の評価には、ネットワークアナライザが必要になる。ここで注意すべきは、測定結果から、無線機～アンテナ間をつなぐケーブルによる影響を正しく除外することである。そのためにネットワークアナライザの測定端面が、測定対象とつながるケーブル端となるように、適切に測定器の設定をする必要がある。VSWR の値は長さに応じて非常に敏感に変動するため、これらを怠ると、実際とは全く異なる結果が出てしまう。

図 77 に測定の様子を示す。

図 77　アンテナの特性を測定している様子

05

審査／申請

ここでは、衛星を宇宙で運用するために必要となる審査および申請について記す。

RSP-01 で行った審査・申請は以下の通りである。申請に要した期間は、**02** 表2のスケジュール表を参照いただきたい。

- JAXA 安全審査
- 国際周波数調整
- 内閣府宇宙活動法申請

JAXA 安全審査

衛星は大きく2つの方法で宇宙に放出される。1つ目はロケットからの分離、2つ目はISSからの放出である。前者は衛星が要求する軌道までロケットが運んでくれるため、衛星ミッションに適した軌道やスケジュールを組むことが可能であるが、支払額は大きくなる。また、衛星自身も大型となることが多いため開発費も掛かる。一方後者は、ISSへ物資を運ぶ補給船に載せてもらうため、軌道は決まってしまうが割安となる。我々rsp.は、資金的にも技術的にも後者が適当であると判断し、ISSからの放出を選択した。

ここでの本題に入るが、衛星を製作し、打ち上げ費用さえ払えばISSから放出してもらえるわけではない。ISSに持ち込むためには、厳しい基準を満たす必要がある。その基準を規定、審査するのがJAXAである。適用される文書は「ペイロードアコモデーションハンドブック」(参考文献(14))であり、インターネットからダウンロード可能である。なお、当該文書は予告なく改定されるので留意されたい。

放出までに掛かった期間は1年5か月であった。

（1）契約

2023年現在、ISSからの超小型人工衛星の放出は事業化され民間に委託されている。rsp.は民間事業者として選定されたSpaceBD社と契約を結んだ。

SpaceBD社がJAXAとの窓口になり、必要な文書、放出までに向けたスケジュール、技術調整などを行っていく。

（2）審査の流れ

ISSからの放出に向けて最も重要となるのが安全審査である。安全審査は、フェーズ0、1、2、3と全4回に分かれて実施される。ただし、1U衛星の場合はフェーズ0、1、2をまとめ、ハザードと呼ばれる危険要因を洗い出す。最後にフェーズ3を実施し、各ハザードが制御されていることを証明する流れが多い。

また、衛星のミッションによって審査レベルが変わる。RSP-01の場合は、1Uでありながら、自撮りアーム（展開機構）を持っていたため審査レベルが上がり、NASAからの審査も受けることになった。自撮りアームは安全審査の最後の最後まで指摘調整が入り、バタバタの引き渡しとなった。

以下、各フェーズについて記す。

① フェーズ0

開発初期(概念設計レベル)におけるハザードが識別、共有されているか。

② フェーズ1

全ハザードが識別され、除去、低減、制御が基本設計レベルで手段が確立されているか。

③ フェーズ2

全ハザードが識別され、除去、低減、制御の最終的な検証手段として文書で規定されているか。

④ フェーズ3

文書で規定された検証を完了しているか。また、結果は妥当であるか。

（3）審査の進め方

SpaceBD社との契約後の具体的な安全審査の流れを記す。審査は書類ベースで行われる。

① ミッション概要を記載するチェックシートをSpaceBD社に提出し、フランチャイズ審査のクライテリア（1～3）を決める。クライテリアが1の場合、NASA審査は不要だが、RSP-01はアーム機構(展開機構)を擁していたためクライテリアが2となり、NASA審査が必要となった。

② フェーズ0、1、2に関する設計内容、解析結果、評価手順を提出する。安全審査はISSに搭載されている機器への影響や宇宙飛行士への安全性から様々な観点でチェックされる。ハザード解析には、2種類ある。スタンダードハザードとユニークハザードである。スタンダードハザードは衛星共通の機能、例えば電源周りの設計などが対象となり、ユニークハザードは衛星固有の機能が対象となる。RSP-01ではアーム機構がそれにあたる。

以下に作成文書例を挙げる。

- 飛行安全評価レポート(**図1**)
- 筐体図面
- 使用材料リスト
- 構造解析
- バッテリ試験規格
- インヒビット試験規格
- 振動試験結果(**図2**)　など

③ フェーズ3に関する設計内容、解析結果、試験結果を提出する。フェーズ0、1、2で制定した試験の結果を示す。加えて筐体の振動試験バッテリの振動／真空試験などの結果を示す。

3. System Description

3.1 Overview

RSP-01 is categorized as 1U CubeSat, which dimensions are 100mm x 100mm x 113.5 mm and its weight less than 1.33 kg. External views of RSP-01 are shown in Figure 3.1-1, 3.1-2., 3.1-3

RSP-01's mission objective is following:

1. Send the picture of satellite itself, taken by onboard camera using the satellite arm deployment mechanism.(2 months)
2. Send the High-Definition picture taken by onboard camera.(1.5 months)
3. Demonstrate the autonomous operation of the machine learning.(1.5 month)
 ・Select the well-taken picture, such as the one satellite, moon and earth in the same frame, and the one without blurring.
 ・Understand the meaning of text message from earth, and respond the contextual message by satellite itself.
4. Demonstration of reaction wheel function.(2 Weeks)

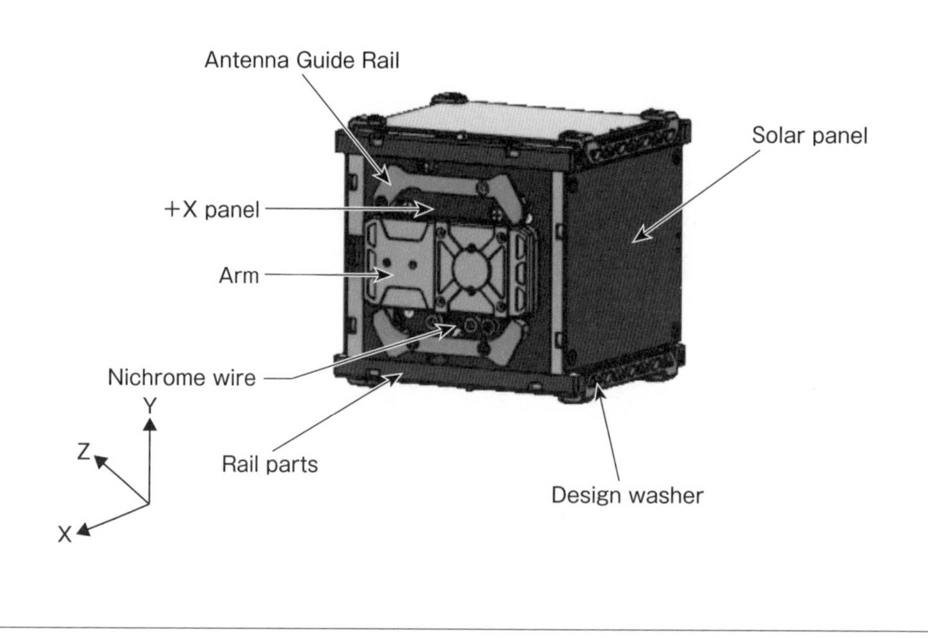

図1　Flight Safety Assessment Report For Phase Ⅲ、Fig. 3.1-1 RSP-01 External View (Antenna and Arm Stowed Configuration)（抜粋）

（4）受入検査

実物の衛星に対し、JAXAより規定された基準を満たしているかを確認する場である。JAXA立ち合いのもと目視確認、J-SSOD-Rと呼ばれる衛星放出機構への適合確認（通称フィットチェック）を行う。

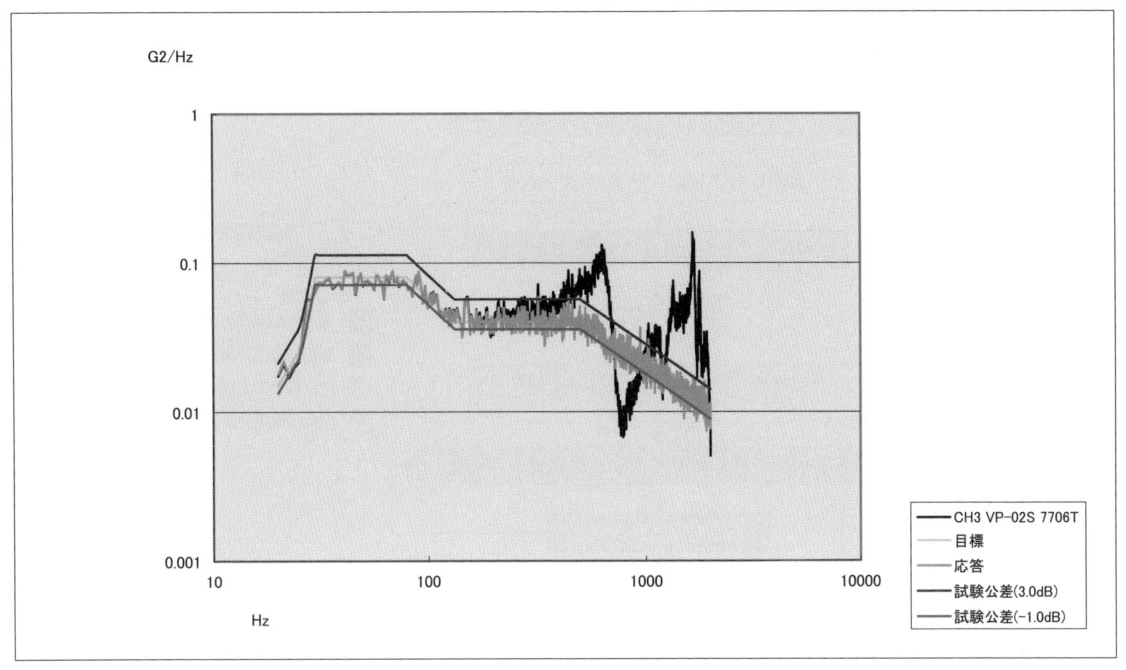

図2 Vibration Test Report、4.3.1 Y-axis vibration : The photo of Y-axis test is shown in Fig.4.5.1.1. Control data and ordered vibration result during Y-axis vibration are shown in Fig.4.5.1.2.(抜粋)

国際周波数調整

RSP-01は、アマチュア無線帯を使用して地上局との通信を行っている。ここでは、搭載無線機に関するアマチュア無線帯を利用する際の申請の流れについて記す。

申請および免許交付までの流れ

アマチュア無線帯は世界中で使われているため、各国との調整が必要となる。また、国内においても電波法に則り使用しなければならない。**図3**に一連の流れを示した。図3は総務省ホームページで確認できる。

RSP-01では2018年4月に調整を開始し、2019年9月に搭載無線機の仮免許が交付された。

以下に各審査に掛かった期間を記す。

① JARLへアマチュア周波数割り当て審査依頼(2018年4～8月)

IARUへの申請書を作成し、JARLに提出し、確認してもらうフェーズである。主にミッション概要と無線機の回線設計書が必要となる。

② IARUへアマチュア周波数割り当て申請(2018年8～9月)

①でJARLによるチェックが入っているため、スムーズに了承された。**図4**は、承認された周

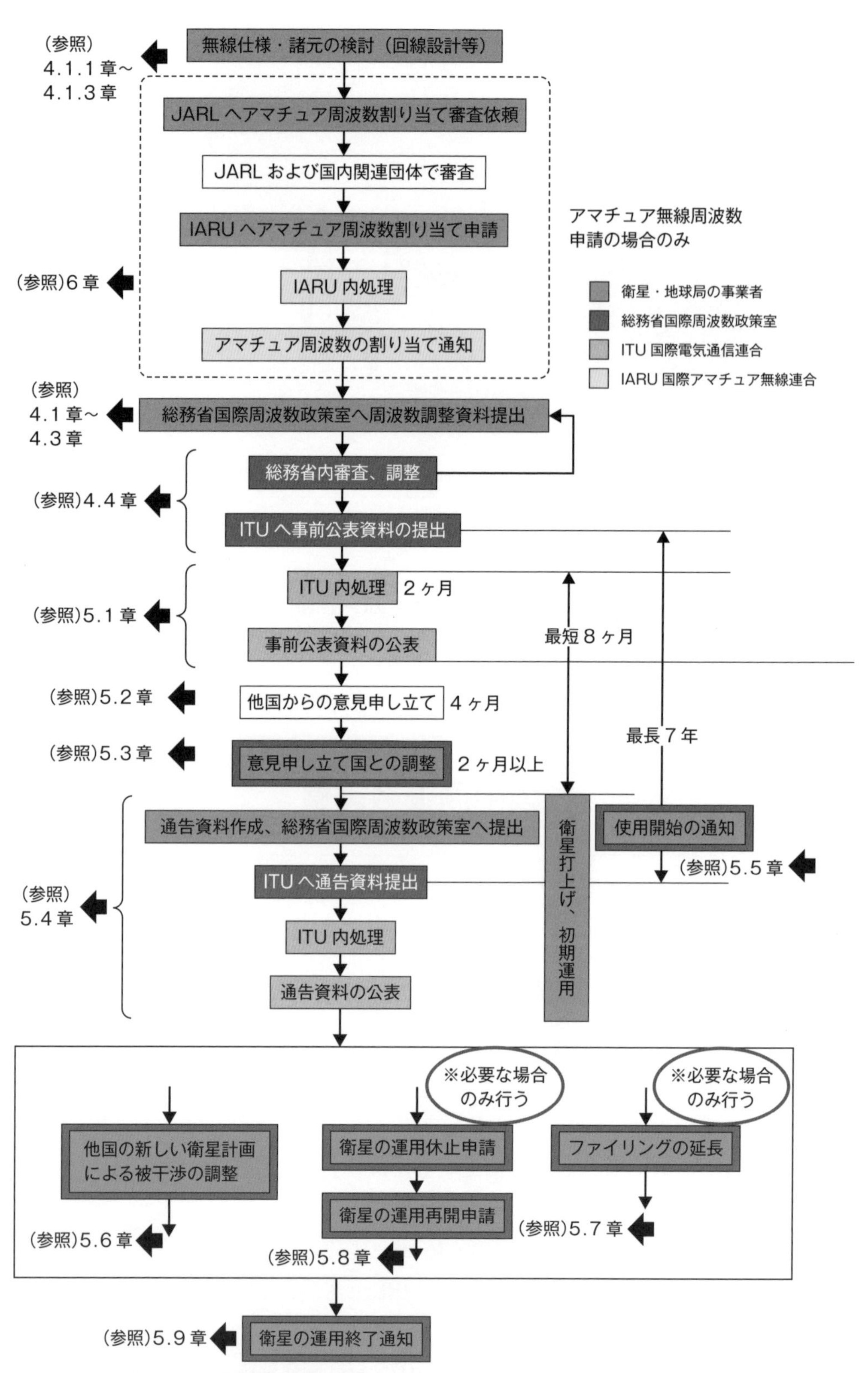

図3　小型衛星通信網の国際周波数調整手続きに関するマニュアル 第3.1版、図2-3 低軌道周回衛星を想定した国際周波数調整の流れ（総務省 ホームページより抜粋）

The International Amateur Radio Union

Since 1925, the Federation of National Amateur Radio Societies
Representing the Interests of Two-Way Amateur Radio Communication

IARU Amateur Satellite Frequency Coordination

Back to List of Sats whose Frequencies have been coordinated

RSP-01	Updated: 23 Sep 2018	Responsible Operator	Kento Kimura JJ1LGK
Supporting Organisation	Rymansat Project		
Contact Person	kkent225@gmail.com.nospam		

Headline Details: A 1U CubeSat Mission 1. Send the picture of satellite itself, taken by onboard camera 2. Send the High-Definition picture taken by onboard camera. 3. Demonstrate the autonomous operation of the machine learning. ・Select the well-taken picture, such as the one satellite, moon and earth in the same frame, and the one without blurring. ・Understand the meaning of text message from earth, and respond the contextual message by satellite itself. Proposing downlinks on VHF for CW beacon plus 1k2 AFSK, 9k6 GMSK and 19k2 FSK packet data. Planning a launch to the ISS in mid 2019. More info at http://rymansat.com/en ** A downlink on downlink 145.810 MHz has been coordinated**

Application Date:	19 Aug 2018	Freq coordination completed on	23 Sep 2018

The IARU Amateur Satellite Frequency Coordination Status pages are hosted by AMSAT-UK as a service to the world wide Amateur Satellite Community

図4　RSP-01 周波数割り当て情報

波数割り当ての情報である。

③ 総務省国際周波数政策室へ周波数調整資料提出(2018年10月～2019年9月)

最も時間を要するフェーズである。総務省および関東総合通信局と調整することになる（rsp.の地上局が東京にあるため)。搭載する無線機に対し落成検査を行うが、地上での試験となるため仮免許の交付となる。衛星運用後に再度落成検査を行い、本免許となる。

最終的にはJAXAに対し、周波数調整を終えていることを示す必要がある。これは打ち上げ条件にもなるため、調整を終えていない場合はISSまで運んでもらうことができない。ここで示したように約1年半要するため、早めに始めることをお勧めする。なお、RSP-01では早めに開始したため余裕を持って対応できた。

内閣府宇宙活動法

2018年11月15日、内閣府より宇宙活動法が施行された。これは人工衛星などの打ち上げおよび人工衛星の管理に関する法律である。この法律により、民間宇宙ベンチャーも法に則り宇宙開発を行うことが可能になった。

施行により、超小型人工衛星にとっては、これまで安全審査のみで打ち上げることが可能であったが、内閣府からの承認も必要となった(**図5**)。宇宙活動により新たに追加となった観点がスペースデブリ(宇宙ゴミ)である。昨今スペースデブリは大きな問題になっており、ISSの運用にも支障をきたすことさえある。RSP-01では軌道寿命解析によりスペースデブリにならず、落下することを証明した(**図6**)。

スペースデブリの観点でRSP-01固有の主な調整事項は、以下であった。

- アーム展開機構は放出されないか、部品など飛散しないか。
- 電源システムは異常検知を行い、暴発などしないようにインヒビット機能などが設けられているか。

ここではアーム展開機構について述べる。JAXA安全審査でもそうであったように多くの指摘事項が挙がった。当該機構が展開されないおよび部品などが飛散しないことの証明は、振動試験の結果を示すことで証明した。

最も問題になったのはアーム機構を留めているダイニーマであった。元々の設計では、ISS放出から30分後にダイニーマが溶断され、アームが展開可能になるのだが、そのダイニーマはデブリとして飛散することになるため、その防止策を行うことで承認された(**図7**)。

活動法の申請時期はJAXA安全審査の後半フェーズであった。そのため上記で述べた飛散防止策は安全審査に対しても変更点として報告、資料修正、承認が必要となった。反対のケースもまた然りである。JAXAおよび内閣府のどちらとも並行して調整していくため、非常に気を張ることになる。指摘に対しては、影響範囲を吟味して対応するスキルが重要となる。

様式第十七（第二十条第一項関係）

人工衛星の管理に係る許可申請書

年　月　日

内閣総理大臣　殿

（郵便番号）

住　所

氏　名　　印

連絡先

電話：

電子メール：

下記のとおり、人工衛星の管理の許可を受けたいので、人工衛星等の打上げ及び人工衛星の管理に関する法律第２０条第２項の規定により、申請します。

記

人工衛星の名称	RSP-01
人工衛星管理設備の場所	
人工衛星の軌道	【投入軌道】 軌道：ISS 放出サービスによる軌道 軌道長半径:6721km～6,831km 離心率:0～0.003 軌道傾斜角:51.6°±１° 【定常運用軌道】同上 【その後の軌道】 軌道変更能力を有しておらず、大気抵抗等により上記軌道から高度を下げながら本衛星の管理を行う。
人工衛星の利用の目的及び方法	目的：衛星自身による自撮り撮影 方法：地上からのコマンドにより自撮りアームを伸縮することにより撮影する。

図５　人工衛星の管理に係る許可申請書（一部抜粋）

RSP-01 では、2020 年3～9月まで活動法対応を行った。

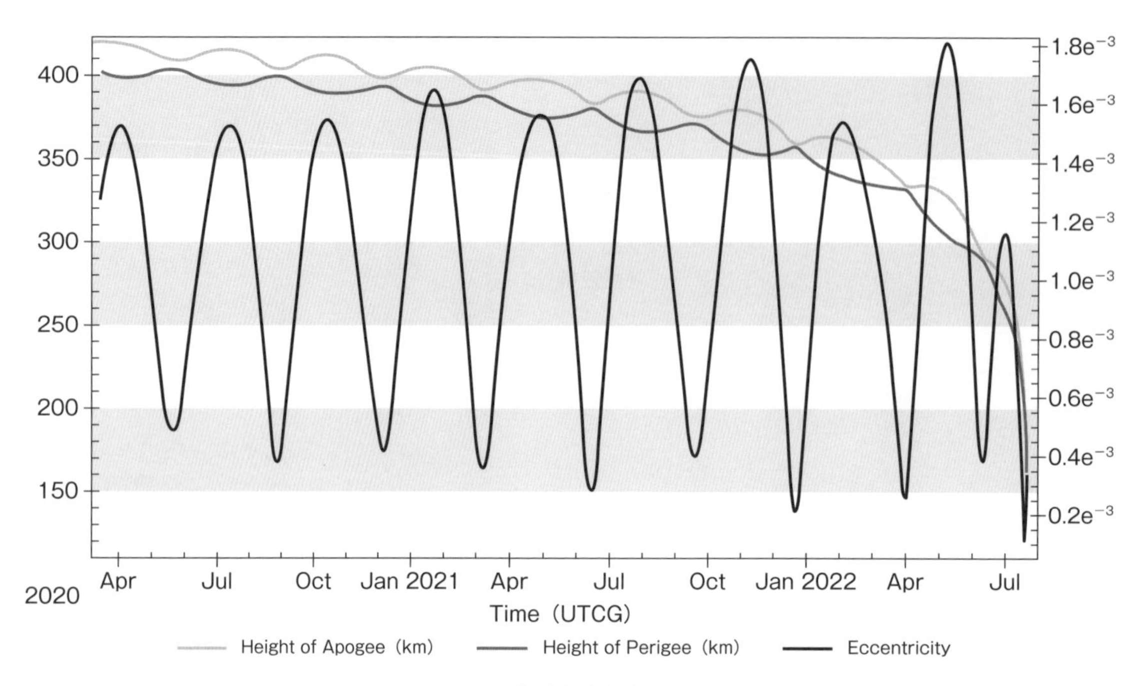

図6　軌道寿命解析結果

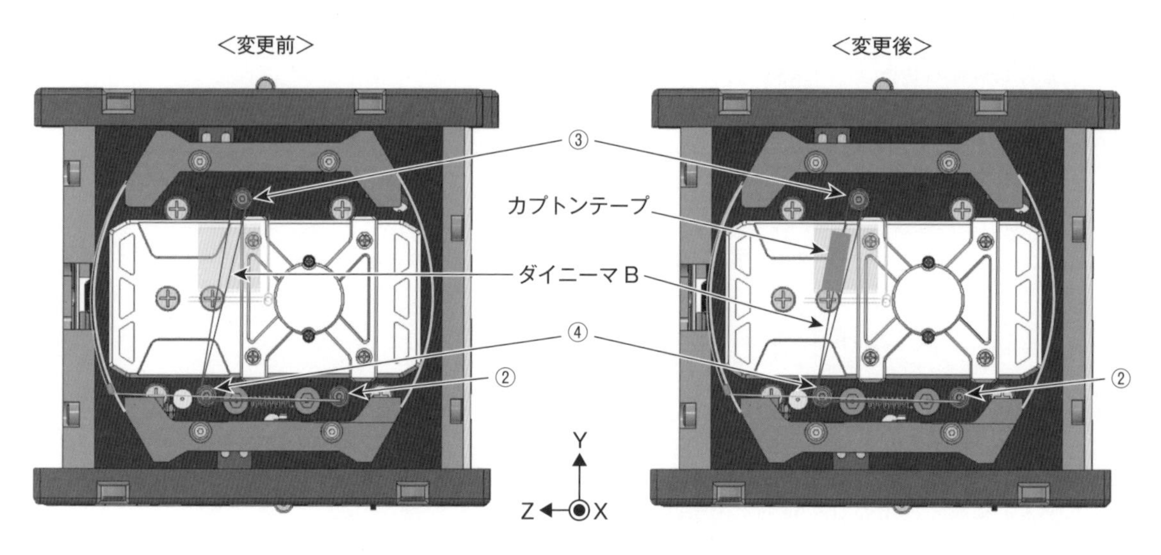

図7　アンテナ展開機構(格納時)
(審査資料より抜粋(②～④はダイニーマを巻くための手順))

06

運用

衛星・地上システム

ここまで衛星本体に関することを説明してきた。ただし、衛星の運用のためには、衛星本体の機能だけではなく、地上と衛星の間のデータの送受信の仕組みや運用体制の構築が必要である。ここでは、rsp. で構築を行った衛星・地上システムについて説明を行う。

1. 衛星運用に必要な機能

ミッションを実現するにあたり、衛星運用をする際に必要となる機能は、以下の通りである。

① 地上局・衛星間のデータ送受信を行う無線設備

② アンテナの自動追尾

③ 無線機周波数の自動制御

④ 衛星運用に必要な機能を統合した地上局運用システム

2. 地上局の全体概要

rsp. の地上局（RCC：リーマンサットコントロールセンター）の全体構成は、**図 1** の通りである。担当メンバーが運用時間に直接地上局へなかなか出向くことができない事情もあり、運用に必要なほぼ全ての操作がインターネットを経由した遠隔操作で行えるようになっている点が最大の特長と言える。遠隔操作者は、送信コマンドや応答メッセージを単に文字情報で確認するだけではなく、無線回線の状態をオーディオ信号の音や波形で把握しながら運用を進めることができる。

3. 地上・衛星間のデータ送受信を行う無線設備

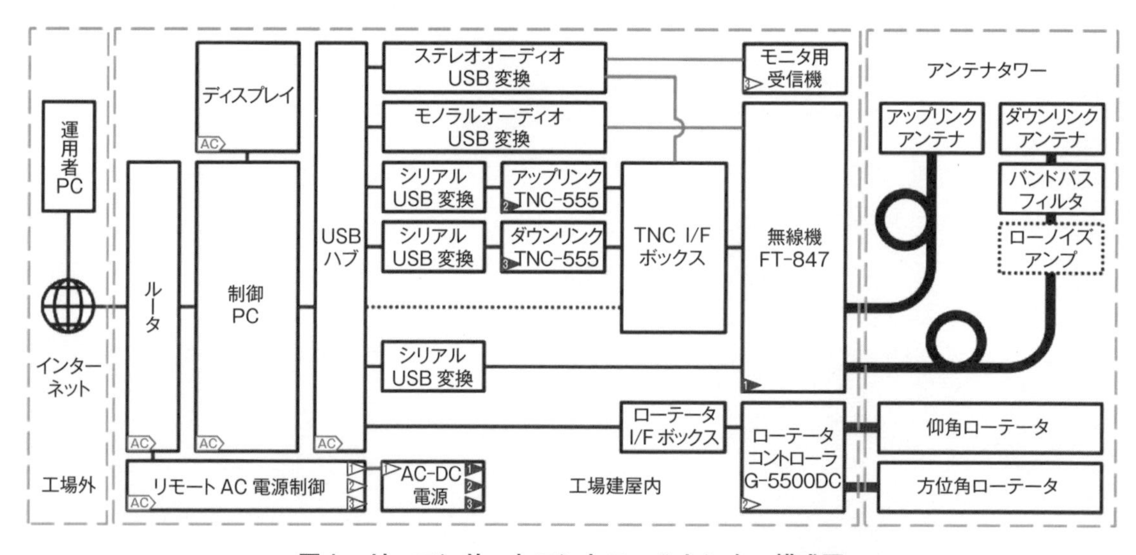

図 1　リーマンサットコントロールセンター構成図

（1）無線機

無線機には八重洲無線（株）製のFT-847を使用している。衛星との通信にはダウンリンク受信とアップリンク送信を同時に行うことができるフルデュプレックスに対応している必要がある。FT-847はバンド別に独立したアンテナ端子と、フルデュプレックス可能なサテライトモードが搭載されている。周波数ドップラーシフトに対して適切な追従補正を行うには、より細かいステップ幅で周波数調整できることが望ましい。FT-847はCWビーコンを聴く際にも違和感のない10Hzステップで周波数設定を行うことができる。

（2）アンテナ

ダウンリンクアンテナには2スタック9エレメント八木アンテナ（クリエート・デザイン（株）製2x209A）を、アップリンクアンテナには2スタック14エレメントキュービカルクワッドアンテナ(中古譲渡品)を使用している。衛星側は常に姿勢が変化するため地上局側と偏波面を一致させることが困難で、直線偏波アンテナを用いると偏波性フェージングを生じる。これを軽減するために、地上局では偏波面を直交させてスタックした2つの直線偏波アンテナを合成して円偏波となるようにしている(**図2**)。

（3）アンテナローテータ

アンテナローテータには八重洲無線製のG-5500DCを使用している。衛星は天球面上を移動するため、アンテナのメインローブ方向を方位角（アジマス）と仰角（エレベーション）の2軸を制御して追尾動作を行う(**図3**)。

（4）TNC(ターミナルノードコントローラ)

TNCとは、PCと無線機の間でデータ送受信を仲介する装置で、AX.25プロトコルに準じたパケットおよび無線機に供給するためのアナログベースバンド信号をエンコードする機能と、逆にデコードする機能とを担っている。アップリンク用とダウンリンク用TNCにはどちら

図2　アンテナ外観

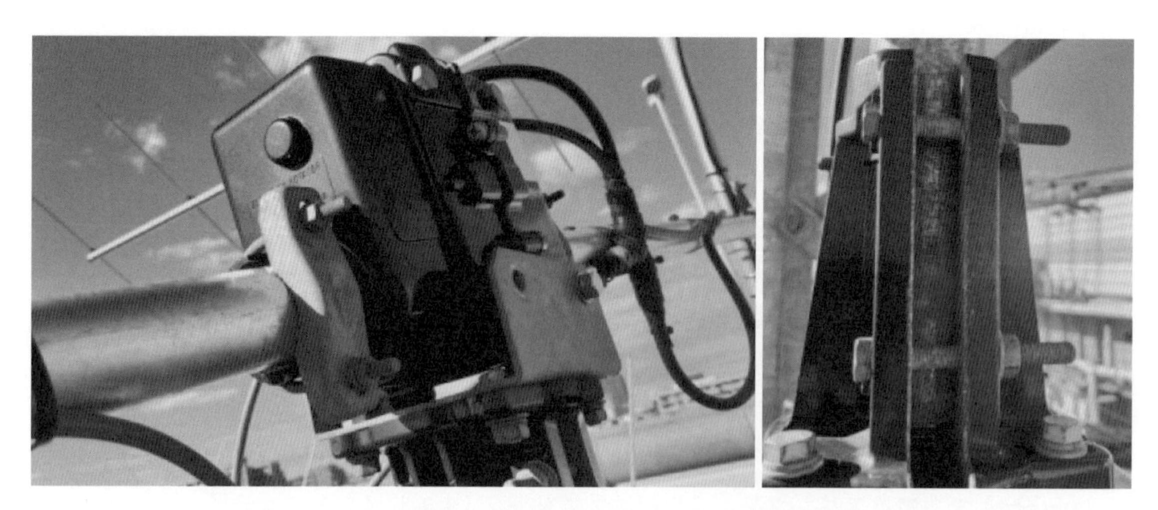

図3　ローテータ(左：仰角ローテータ　右：方位角ローテータ)

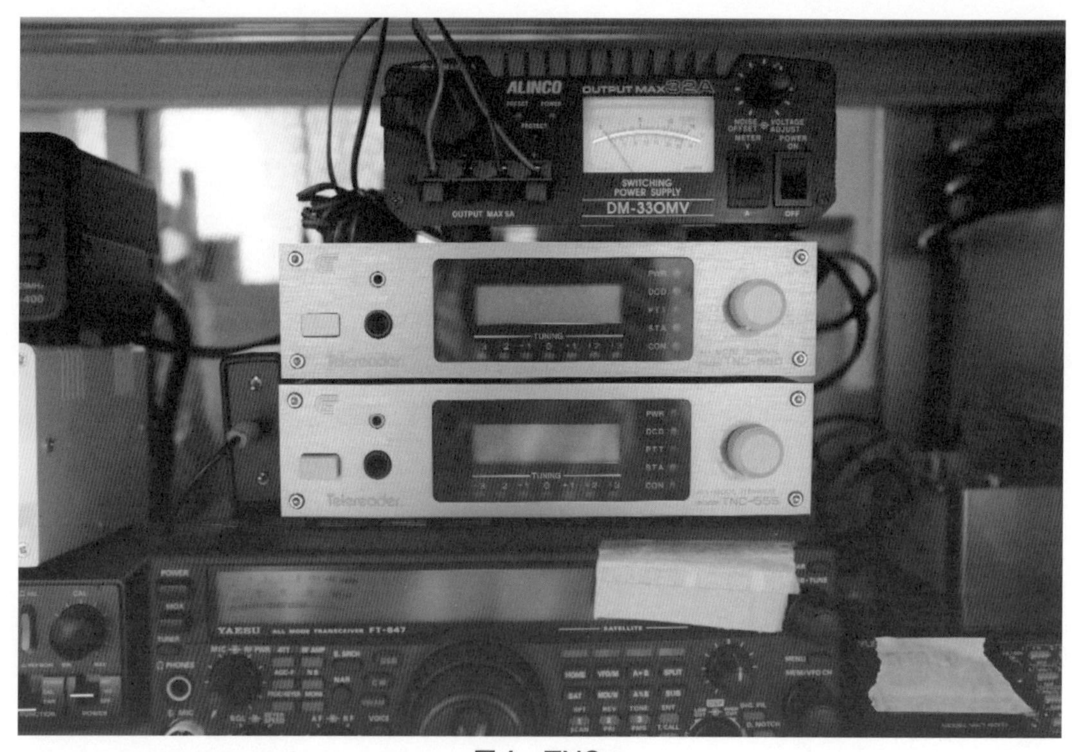

図4　TNC

もタスコ電機(株)製の TNC-555 を使用している(**図4**)。

4．アンテナの自動追尾

衛星は常に地球を秒速 7.7km で周回しているため、衛星と通信を行うためには衛星の動きに合わせてアンテナの向きを常に移動させる必要がある。そのため、アンテナの衛星自動追尾プログラムを自作した。このプログラムは、TLE(Two-Line Elements：２行軌道要素形式) より算

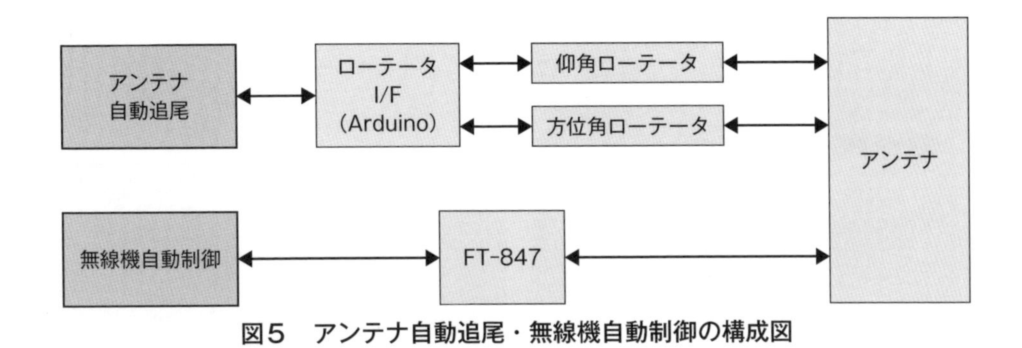

図5　アンテナ自動追尾・無線機自動制御の構成図

出した衛星軌道(方位角、仰角)に基づきローテータに対してアンテナ追尾制御を行う(**図5**)。

5. 無線機周波数の自動制御

無線機の通信周波数については、衛星の地球周回移動の結果、ドップラーシフトの影響を受ける。そのため、無線機の通信周波数のドップラーシフトの自動補正プログラムを作成した。このプログラムは、TLEより算出したドップラーシフトの補正値を基に、無線機に対して毎秒間隔で送信、受信のそれぞれの周波数の変更を行う(図5)。

6. 衛星運用に必要な機能を統合した地上局運用システム

衛星運用するにあたって、衛星運用に必要な機能を統合した地上局運用システムの開発を行った。

地上局運用システムでは、主に以下の機能を有する。

- 衛星に対するコマンド選択、送信データの作成・送信

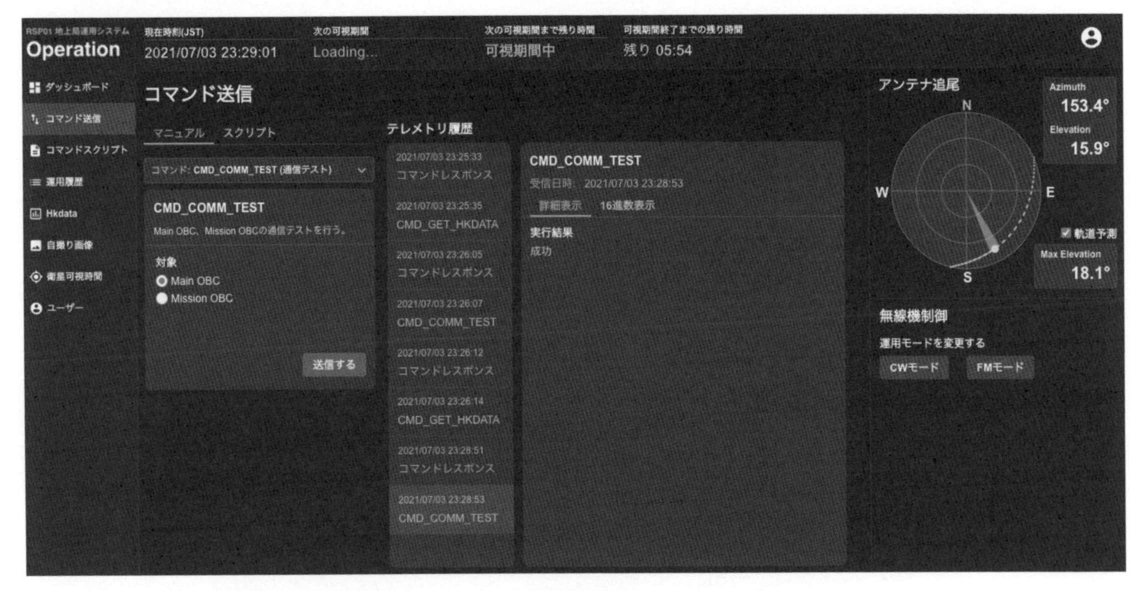

図6　地上局運用システムの運用画面のユーザーインターフェース

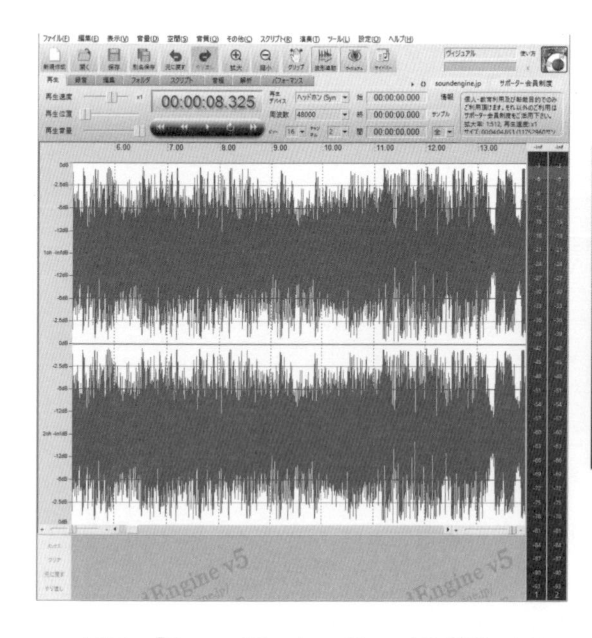

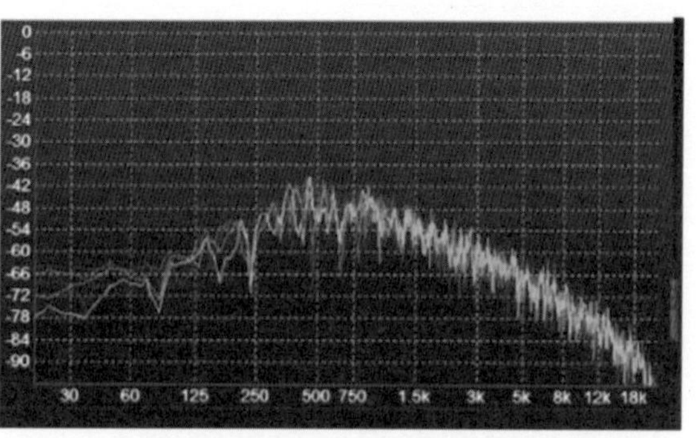

図7 「SoundEngine Free」の利用 https://soundengine.jp/software/soundengine/

- 衛星からの応答データのデコード・画面表示
- 衛星軌道やアンテナ位置のリアルタイム表示
- 運用データの保存(送信データ、受信データなど)
- 運用者ユーザー管理(ログイン機能、コマンド送信者記録など)

地上局運用システムにおいては、運用者が操作可能なユーザーインターフェースを開発し、効率的な衛星運用を実現した(**図6**)。

また、運用ではフリーソフトであるSoundEngine Freeを活用し、運用時間中のダウンリンク受信オーディオ信号を録音、および並行してオシロとスペアナで波形のモニタを行った。これにより、運用中の送信・応答電波の視覚的な確認や、運用後の録音による電波の確認ができるようになり、効率的な運用につながった(**図7**)。

運用体制

rsp.に所属するメンバーは、ほぼサラリーマンで構成されている。加えて、軌道、地上局など様々な制約がある中で実施した。

① RSP-01は地球を1日に16周回するが、可視可能な回数は約2回／日。

② 平日の勤務時間帯および深夜は運用不可。

③ ヒューマンエラーを防ぐために1人作業禁止。

④ 地上局で何か問題が起こっても、すぐに駆けつけることができない。

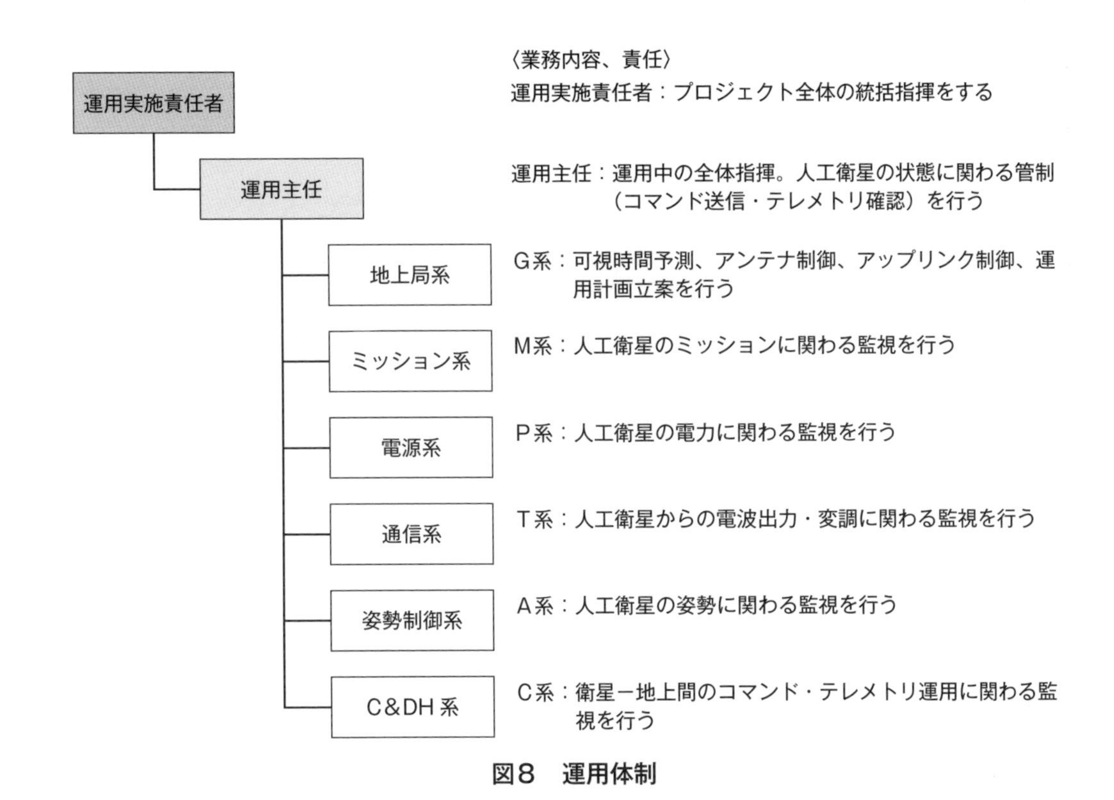
〈業務内容、責任〉
運用実施責任者
運用実施責任者：プロジェクト全体の統括指揮をする
運用主任
運用主任：運用中の全体指揮。人工衛星の状態に関わる管制（コマンド送信・テレメトリ確認）を行う
地上局系
G系：可視時間予測、アンテナ制御、アップリンク制御、運用計画立案を行う
ミッション系
M系：人工衛星のミッションに関わる監視を行う
電源系
P系：人工衛星の電力に関わる監視を行う
通信系
T系：人工衛星からの電波出力・変調に関わる監視を行う
姿勢制御系
A系：人工衛星の姿勢に関わる監視を行う
C&DH系
C系：衛星－地上間のコマンド・テレメトリ運用に関わる監視を行う

図8　運用体制

これらの制約下で、毎日2人1組で交代しながら運用を行った。幸いにも運用メンバーは30名以上いたため、個人の負荷は下げることができた。**図8**は、初期運用時の運用体制である。特に運用開始時は、各系にも運用に参加してもらい、HKデータの妥当性確認を行った。

実際のデータ（取得したHK、画像）

2021年3月29日～6月13日の期間に衛星からダウンリンクしたデータを紹介する。各データは、同一日付けで数回のダウンリンクを行っており、若干のバラつきがあるため、当該日付け毎の平均値をグラフ化して見やすくしている。

1．HKデータ

（1）Main OBC温度

Main OBCの温度センサは2つあるが、ほぼ同一の温度が計測されているため、温度センサ1の値を紹介する（**図9**）。

（2）バッテリ・5V電圧

ISSからの放出直後のバッテリ1の電圧値は低めで推移していたが、放出後約1か月で充電が

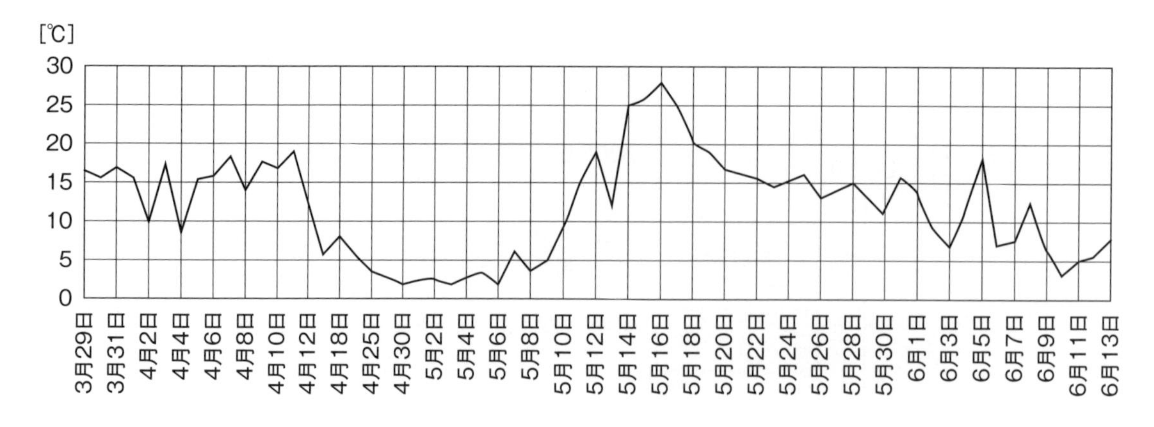

図9　Main OBC 温度

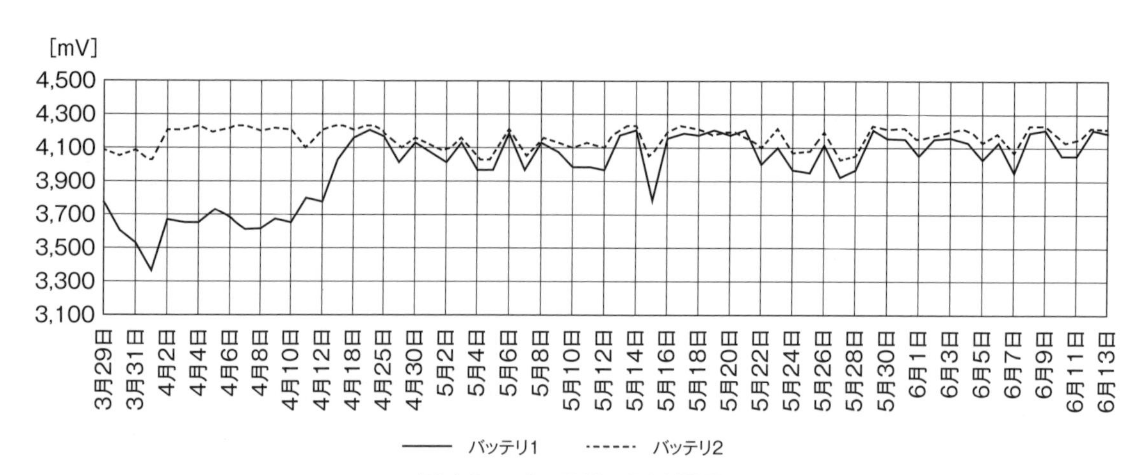

図 10　バッテリ・5V 電圧

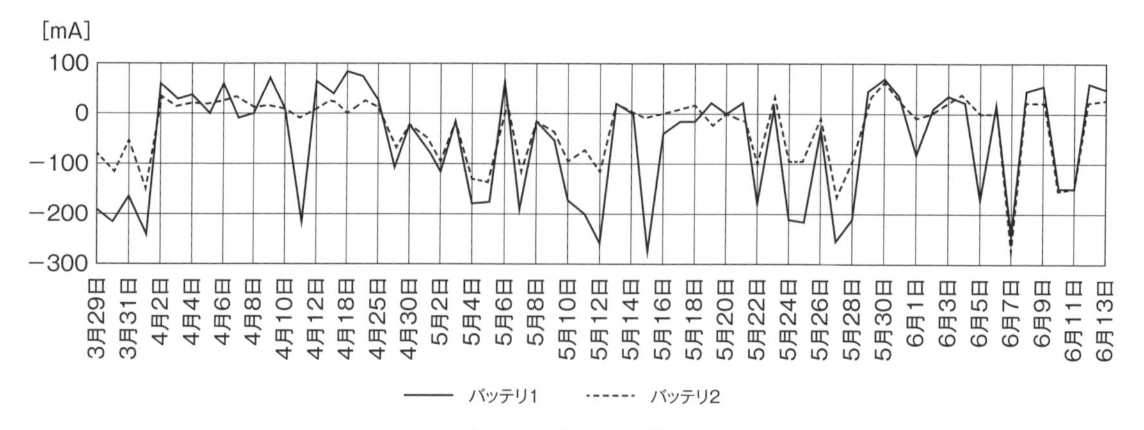

図 11　バッテリ電流

進み、4V を超える充電量になった(**図 10**)。

（3）バッテリ電流

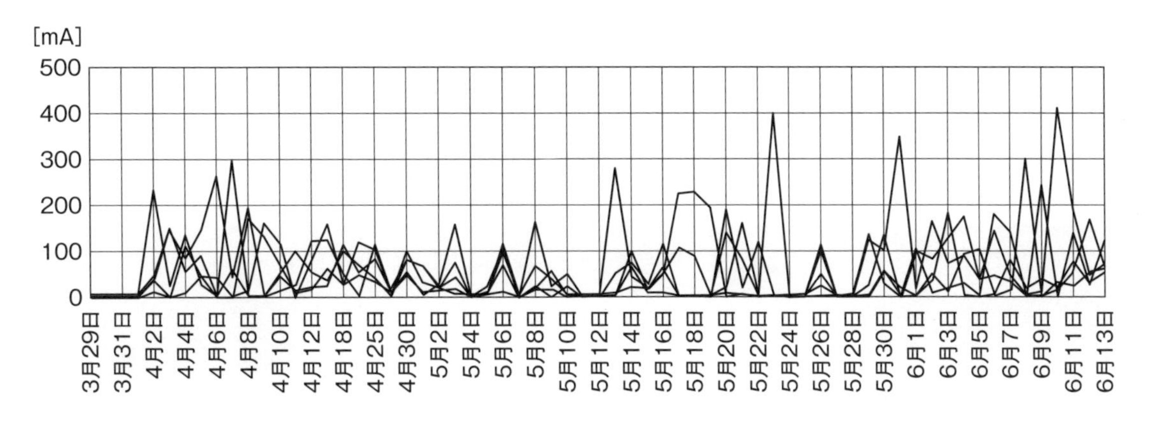

図 12　ソーラーパネル発電量

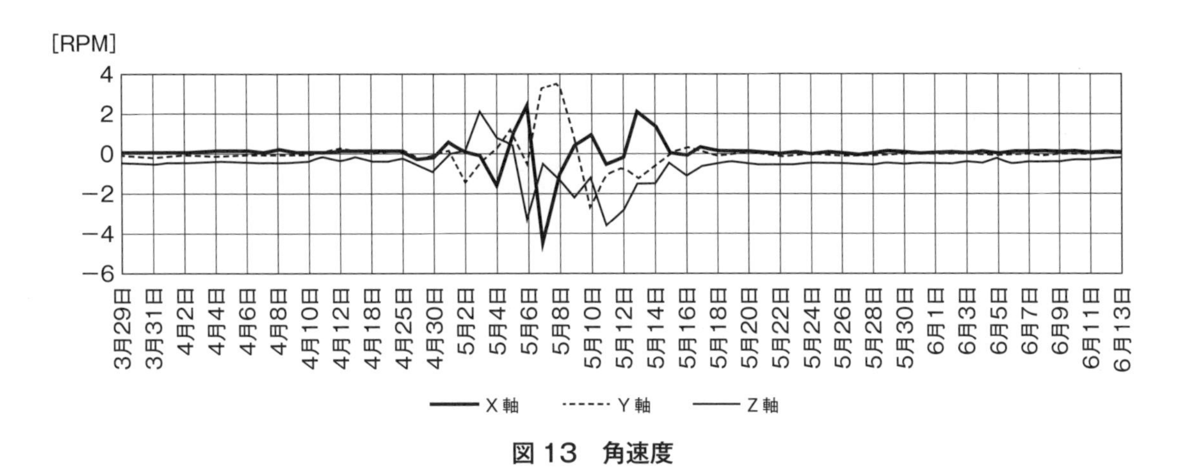

図 13　角速度

衛星に搭載されている2つのバッテリの電流値を示す(**図 11**)。

（4）ソーラーパネル発電量

＋Y面、＋Z面、－X面、－Y面、－Z面発電量を示す(**図 12**)。本グラフは系列が5つと多いため、各線の線種は分けずに同一の線種でグラフ化している。

（5）角速度

角速度センサのX、Y、Z軸の値を示す(**図 13**)。4月30日～5月16日に回転が発生している。これはRWの起動、アームの展開が原因である。

2. 自撮り画像

ダウンリンクに成功した最初のサムネイル写真を**図 14** に示す。

シャッタースピードは50ms、サイズは48px × 27pxで撮影した。全体的に白飛びが発生しており、また解像度が粗かったが、ダウンリンクに成功した際は歓声が上がった。

この撮影の経験を元に、シャッタースピードを1ms、サイズを96px × 54pxに改善したサムネイル自撮り写真が**図15**である。全体的な白飛びがなくなり、解像度が上がったことで、期待していた撮影画像に近づいた。

RSP-01のミッションであるフルHDの自撮り写真のダウンリンクを行うため、数枚のサム

図14　最初のダウンリンク自撮り写真

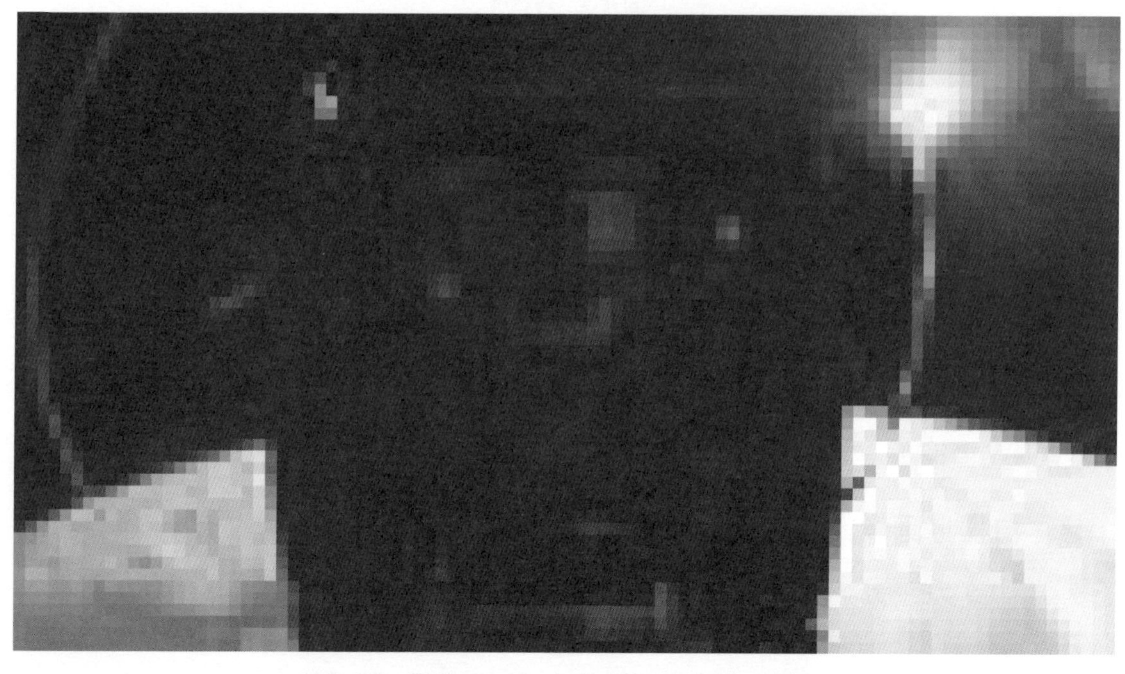

図15　撮影パラメータを改善した自撮り写真

ネイル画像を元に、メンバーでの投票を実施し、ダウンリンク対象を決定した。選ばれた写真が**図 16** である。地球と宇宙をバックに衛星が綺麗な配置となっている。

その後、フル HD 画像のダウンリンクに着手し、2021 年 6 月までにダウンリンクされたデータより生成した画像が**図 17** である。データ取得状況は 81,977 byte/1,227,740 byte、取得

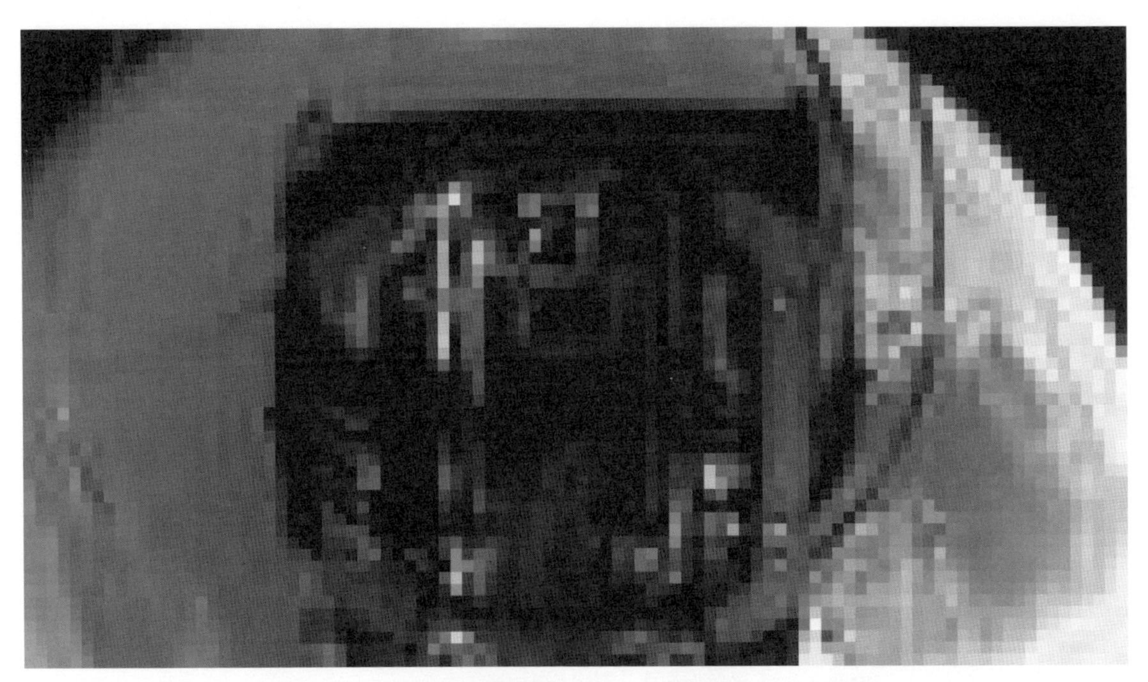

図 16　フル HD 画像のダウンリンク対象となった写真

図 17　ダウンリンクされたデータから生成したフル HD 画像

率は6.68%である。

結果（ミニマム、フル、エクストラの結果）

ミッションの実行結果についてまとめる。

（1）ミニマムサクセス

ミッション	結果／状況
宇宙ポスト1万通の搭載	成功
自撮りアームの動作実証ができること	成功
自撮りアームが複数回稼働できること	成功
デザイン性を持たせること	成功

（2）フルサクセス

ミッション	結果／状況
自撮りアームで撮影を行い、人工衛星、地球、宇宙が同一フレームに収まった画像をダウンリンクできること	一部達成（サムネイルのダウンリンクに成功）
画像サイズはフルHDであること（1,920px × 1,080px）	未達成

（3）エクストラサクセス

ミッション	結果／状況
「地球、オーロラ、宇宙」や「地球、月、宇宙」との自撮り写真を撮影し、ダウンリンクできること	未達成
上記画像について、機械学習による最適な画像選択ができること	成功
地上局から送信された衛星へのメッセージに対して、機械学習を利用した文章生成を行い、その文章が地上局で受信できること	未達成
リアクションホイールを用いた姿勢制御を行うこと	成功

07

簡易 RSP-01 を作ってみよう

07 簡易 RSP-01 を作ってみよう

ここでは、実際に宇宙に行ったRSP-01を簡易的に再現した物を製作する(**図1**)。

簡易的な物とはいえ、簡易RSP-01製作は、ハードウェアの知識とソフトウェアの知識が必要となる。回路図を元に基板に配線をする技術や知識、OBCにソフトウェアをインストールする知識、特に問題があった時に解決する知識がかなり必要となる。

図1　完成した簡易 RSP-01

部品は東京・秋葉原の電子工作店やインターネットでの購入が可能で、できるだけ安い物で揃えてある。紙幅の都合上、最低限の製作説明となる。使用するソフトウェアや補足説明をGitHub(ソフトウェア開発のプラットホーム)に掲載しているので、参考にしてチャレンジしていただきたい。

https://github.com/RymanSatProject/hobby_sat_book

設計概要

実際の開発と同じようにBBM、EM、FMとフェーズを分けて製作を行う。

- BBMフェーズ…各機器単体とOBCをブレッドボードレベルで接続し、動作を確認する。
- EMフェーズ…基板を製作し、各機器を搭載する。
- FMフェーズ…衛星全体を組み上げ、運用する。

開発準備

簡易RSP-01の開発で必要なパーツや開発環境について説明する。

1. パーツの購入方法、購入リスト

使用するパーツの型番・個数と購入場所を**表1**に記載する。ほとんどのパーツは秋葉原で手に入れられる物を使用している。執筆時点での購入場所を記載しているため、万が一在庫切れの場

表1　部品一覧

No.	パーツ名	メーカー／型番	個数	購入場所
1	温度センサ	Texas Instruments LM61CIZ	1	秋月電子
2	9軸センサ	BOSCH BMX055	1	秋月電子
3	Main OBC	Nucleo STM32F401	1	秋月電子
4	電流・電圧センサ	adafruit INA219	1	秋月電子
5	DRV8830用コンデンサ	muRata 0.1μF50V2.54mm	1	秋月電子
6	DRV8830用コンデンサ	muRata 10μF50V5mm	2	秋月電子
7	アーム用モータドライバ	Texas Instruments DRV8830	1	秋月電子
8	Mission OBC	Raspberry Raspberry Pi ZeroWH	1	秋月電子
9	Raspberry Pi ZeroWH用カメラV1.3	Raspberry Camera V1.3	1	Amazon
10	MicroSDカード16GB	HIDISC HDMCSDH16GCL10UIJP3	1	千石電商
11	リアクションホイール用モータドライバ	Texas Instruments DRV8830	1	秋月電子
12	リアクションホイールモータ	タミヤ ソーラーモータ03	1	タミヤ
13	リアクションホイール	タミヤ プーリー（L)セット	1	タミヤ
14	Bluetoothモジュール	Espressif Systems（Shanghai） ESP32 DevkitC	1	秋月電子
15	ブザー	DB Products UDB-05LFPN	1	秋月電子
16	バッテリ	Panasonic 単4エネループ	3	パナソニック
17	バッテリボックス	COMF 電池ボックス 単4×3本、リード線	1	秋月電子
18	DC/DCコンバータ	秋月電子 AE-LXDC55-ADJ	1	秋月電子
19	DC/DCコンバータ	秋月電子 AE-LXDC55-3.3V	1	秋月電子
20	USB充電コネクタ	秋月電子 AE-MRUSB-DIP	1	秋月電子
21	理想ダイオード用抵抗	SHIH HAO Electronics 10KΩ	1	秋月電子
22	モータドライバ用抵抗	ローム チップ抵抗3225 0.24ΩMCR25JZHFLR240	1	秋月電子
23	LED用抵抗	FAITHFUL LINK INDUSTRIAL 330Ω	1	秋月電子

24	理想ダイオードパーツ	Diodes Incorporated. DMG3415U	1	秋月電子
25	理想ダイオードパーツ	UNISONIC TECHNOLOGIES 2N5401L-B-T92-K	2	秋月電子
26	バッテリ用 GND スライドスイッチ	Switronic Industrial SS12D01 g 4	1	秋月電子
27	通電確認 LED	OptoSupply OSR5JA3Z74A	1	秋月電子
28	ハーネス用ピンヘッダ	Useconn Electronics ピンヘッダ(L型) 1 × 10 (10P)	8	秋月電子
29	モジュール用ピンヘッダ	Useconn Electronics 分割ロングピンソケット 1 × 42 (42P)	2	秋月電子
30	自撮りアーム	タミヤ ユニバーサルアームセット No.143	2	タミヤ
31	自撮りアーム	タミヤ ユニバーサルギアボックス FA-130 付き No.103	1	タミヤ
32	自撮りアーム	タミヤ 3mm ネジセット(60、100 mm) No.180	1	タミヤ
33	自撮りアーム	タミヤ ユニバーサルプレート L No.172	1	タミヤ
34	自撮りアーム	タミヤ ユニバーサル金具 4 本セット No.164	1	タミヤ
35	筐体用ネジ	M2.6 × 5	6	千石電商
36	カメラ固定ナット	M2	1	千石電商
37	カメラ固定筐体用ネジ	M2 × 10	1	千石電商
38	カメラ固定ワッシャー	M2 ワッシャー	4	千石電商
39	ボリューム抵抗固定筐体用ネジ	M2 × 3	2	千石電商
40	アーム、台座固定筐体用ネジ	M3 × 35	2	千石電商
41	アーム移動確認用スライドボリューム	upertech Electronic SL4515G-B103L15CM	1	秋月電子
42	ハーネス基板用	協和ハーモネット スズメッキ線(0.6 mm 10 m)	1	秋月電子
43	ユニバーサル基板	Shenzhen DJX Elec&Tech 両面スルーホールユニバーサル基板 6cm × 8cm	3	秋月電子
44	筐体、基板組付け用スペーサ	廣杉計器 M2.6 × 10 4本1セット	3	千石電商
45	筐体、基板組付け用スペーサ	廣杉計器 M2.6 × 15 4本1セット	2	千石電商
46	筐体、基板組付け用スペーサ	六角ナット M2.6 × 0.45 10 個入り	2	秋月電子
47	筐体、基板組付け用スペーサ	M・Y・G CB26-6	4	秋月電子
48	バッテリケース、モータ固定バンド	結束バンド 150mm、幅 2 mm	1	100 円均一
49	バッテリ、モータコネクタ	JST XHP-2	3	秋月電子

50	XHハウジング用コンタクト	JST SXH-001T-P0.6	1	秋月電子
51	ジャンパワイヤ アームリミット計測用、モータケーブル用	SUNHOKEY Electronics コネクタ付きケーブル 20cm、40P、オスメス	1	秋月電子
52	ハーネス	Cixi Wanjie Electronic ブレッドボード・ジャンパーワイヤ(オス－オス) 10cm セット	1	秋月電子
53	ハーネス	SUNHOKEY Electronics コネクタ付きケーブル 20cm、40P、メスメス	1	秋月電子

合、同型部品を別の場所から購入していただきたい。

2. 開発環境準備(ソフトウェア)

ソフトウェアの開発環境は、ソフトウェアのビルドと、STM32、ESP32への書き込み用途として構築を行う。

STM32の開発環境はMbed、ESP32はArduino IDEを使用する。Raspberry Piは、M系のソフトウェア一式をコピーする形で構築する。

具体的な環境構築方法は、BBMフェーズ(p.140)に記載している。

3. 開発環境準備(ハードウェア)

基板製作や筐体の組み立てで様々な工具が必要となる。**表2**に使用する工具を記載する。必須の物は必須欄に○を付けている。型番は基本的に記載していないが、機材名称だけでは間違った物を用意しそうな懸念がある物は記載する。

表2 使用機材一覧

No.	機材名称	型番	必須	備考
1	はんだごて	—	○	はんだ付け
2	こて台	—	○	はんだごて置き
3	はんだ	—	○	はんだ
4	ニッパ	—	○	プラスチックやケーブルの切断
5	直流安定化電源	—		電源共有
6	やすり	—	○	プラスチックパーツの研磨
7	ドライバ	—	○	筐体組み立て
8	ラジオペンチ	—		筐体組み立て
9	テスタ	—	○	導通確認
10	マイクロUSBケーブル	—	○	ESP32、Raspberry pi 接続
11	ミニUSBケーブル	—	○	STM32 接続
12	金切りばさみ	—		金属部品切断

13	精密圧着ペンチ	PA-20	○	コンタクトの圧着用
14	ワイヤストリッパ	—		ワイヤ被覆剥き
15	ペンチ	—		部品加工
16	ピンセット	—		筐体組み立て
17	オシロスコープ	—		信号確認

BBMフェーズ

ここでは、各機器単体とOBCをブレッドボードレベルで接続して動作を確認する。各機器を制御するOBCの開発環境の構築を行い、OBCに接続する機器をブレッドボードで接続して動作を確認する。

1. C系(STM32)のブレッドボードでの各単体動作確認

C系のMain OBCとして使用するNucleo STM32F401(以降：STM32)にセンサやドライバを接続し、センサの単体動作確認を行う。

以下の役割を持つセンサを1つずつSTM32に接続して動作確認を行っていく。

- 温度センサLM61CIZ：内部温度を計測し、温度が上がり過ぎていないか監視する。
- 9軸センサBMX055：衛星の姿勢状態を把握する。
- アーム用モータドライバDRV8830：アーム用モータの駆動を行う。
- RW用モータドライバDRV8830：RW用モータの駆動を行う。
- 電流・電圧センサINA219：使用電力の確認を行う。

(1) STM32の環境構築

STM32のソフトウェア環境は、Github上の以下のURLを参照して構築する。

https://github.com/RymanSatProject/hobby_sat_book/tree/main/01_CDH_OBC

(2) STM32の動作確認

環境構築後、PCとSTM32をUSBケーブルで接続し、ターミナルでシリアル接続する。

ターミナルに「Level = DEBUG」が出力されることを確認する。T系などの他系と接続を行っていないため「ERR」も出力されるが、現段階では無視してよい(**図2**)。

以降のセンサやモータドライバなどの動作確認は、この項でSTM32に書き込んだソフトウェアで実施していく。

(3) 温度センサの動作確認

① ブレッドボードへの配線

ブレッドボードに温度センサ(LM61CIZ)の取り付けと配線を行う(**図3**)。

LM61CIZとSTM32のピン配線は、**表3**、**図4**の通り。LM61CIZの端子は、平らな面を

```
COM8 - Tera Term VT
ファイル(F) 編集(E) 設定(S) コントロール(O) ウィンドウ(W) ヘルプ(H)
[ERR] comm.handshake: timeout
[ERR] transact: failed: cmd=0x10 ret=1
[ERR] comm.handshake: timeout
[ERR] transact: failed: cmd=0x10 ret=1
Level = DEBUG
obc $ [ERR] comm.handshake: timeout
[ERR] transact: failed: cmd=0x10 ret=1
[ERR] comm.handshake: timeout
[ERR] transact: failed: cmd=0x10 ret=1
```

図2 STM32の動作確認

表として左から+V、OUT、GNDである。これをジャンパワイヤで配線する。

② 動作確認

STM32とPCをUSBケーブルで接続し、動作確認を行う。

ターミナルの表示に「[INF] msec = ******, temp = 温度」の旨の表示があることを確認する（**図5**）。また、温度センサにドライヤーをあてるなどして、表示が変化することを確認する。

（4）9軸センサの動作確認

① BMX055のジャンパ設定

9軸センサで使用するBMX055のジャンパ設定を行う。今回は、電源と信号電圧の両方を3.3Vに設定するため、以下のはんだ付けを行う（**図6**）。

JP6：オープン（=何もしない）

JP7：ショート（=結線する）

JP8：オープン（=何もしない）

② BMX055のピンヘッダの取り付け

BMX055に付属しているピン

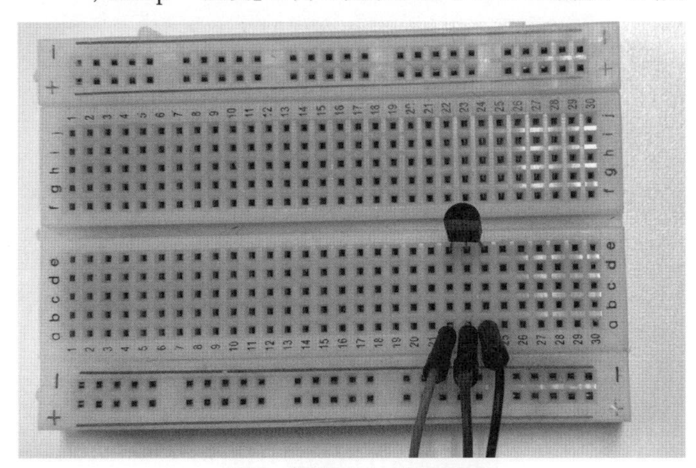

図3 温度センサの配線

表3 温度センサとSTM32の接続

LM61CIZ	STM32
+V	3V3
OUT	A0
GND	GND

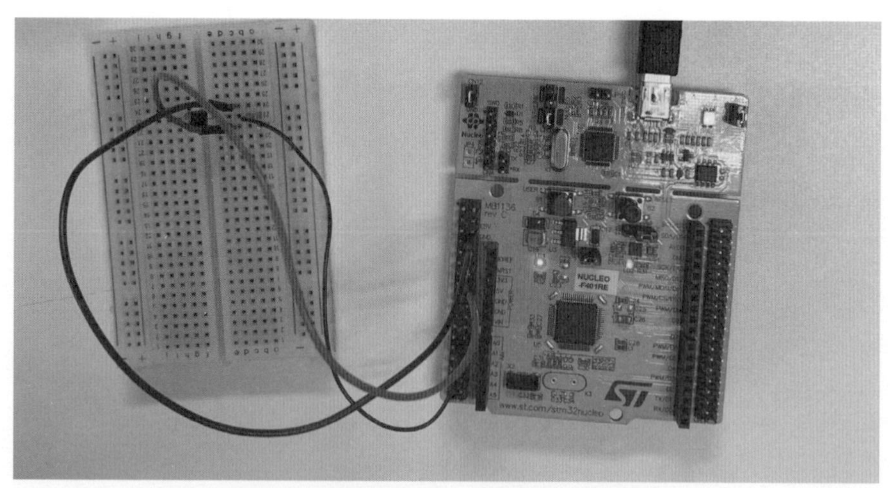

図4　温度センサと STM32 の配線

```
COM8 - Tera Term VT
ファイル(F)  編集(E)  設定(S)  コントロール(O)  ウィンドウ(W)  ヘルプ(H)
[ERR] comm.handshake: timeout
[ERR] transact: failed: cmd=0x10 ret=1
[ERR] comm.handshake: timeout
[ERR] transact: failed: cmd=0x10 ret=1
[INF] HK[2] --------------------------
[INF]   msec = 60530, temp = 24
[INF] ------------------------------
[ERR] comm.handshake: timeout
[ERR] transact: failed: cmd=0x10 ret=1
[ERR] comm.handshake: timeout
[ERR] transact: failed: cmd=0x10 ret=1
[ERR] comm.handshake: timeout
[ERR] transact: failed: cmd=0x10 ret=1
[ERR] comm.handshake: timeout
[ERR] transact: failed: cmd=0x10 ret=1
[ERR] comm.handshake: timeout
[ERR] transact: failed: cmd=0x10 ret=1
[ERR] comm.handshake: timeout
[ERR] transact: failed: cmd=0x10 ret=1
[ERR] comm.handshake: timeout
[ERR] transact: failed: cmd=0x10 ret=1
[ERR] comm.handshake: timeout
[ERR] transact: failed: cmd=0x10 ret=1
```

図5　温度センサの動作確認

ヘッダの取り付けを行う(**図7**)。

③ ブレッドボードへの配線

ブレッドボードに BMX055 の取り付けと配線を行う(**図8**)。

BMX055 と STM32 のピン配線は、**表4**の通り。

④ 動作確認

STM32 と PC を USB ケーブルで接続し、動作確認を行う。

ターミナルの表示が変化することを確認する。BMX055 を揺らすことで gyr の値が変化することと、磁石を近づけることで mag の値が変化することを確認する(**図9**)。

BMX055 と STM32 の接続が間違っている場合、表示は msec、temp のみとなり、acc、

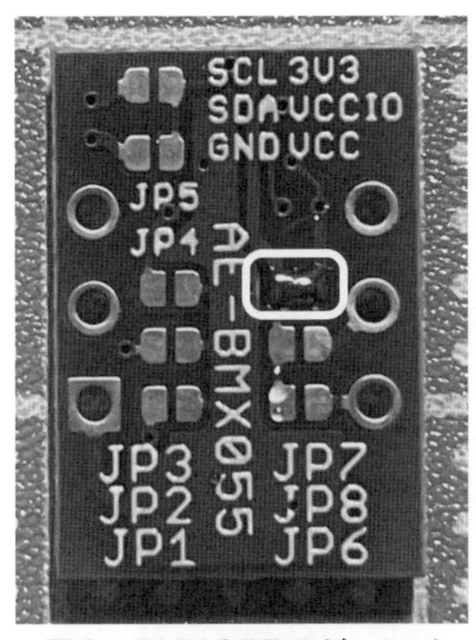

図6　BMX055のジャンパ

図7　BMX055のピンヘッダ取り付け

gyr、magは表示されないので、接続を確認すること。

（5）モータドライバ（アーム）の動作確認

① アーム用モータドライバDRV8830のピンヘッダの取り付け

アーム用のモータドライバは、DRV8830を使用する。DRV8830に付属しているピンヘッダの取り付けを行う。

② アーム用モータ（FA-130）のはんだ付け

ユニバーサルギアボックスNo.103のモータを使用する。**図10**を参考に、コネクタ付きケーブル20cm、40P、オスメスから2本ケーブルを切断し、使用する。オスメスのメス側のピンを切断し、モータにはんだ付けする。

図8　BMX055とSTM32の配線

表4　9軸センサとSTM32の接続

BMX055	STM32
SCL	SCL
SCA	SCA
VCC	3V3
GND	GND

③ ブレッドボードへの配線

ブレッドボードにDRV8830の取り付けと配線を行う。先ほどケーブルをはんだ付けしたアーム用モータ（FA-130）、コンデンサ0.1μF、50V、2.54mmと10μF、50V、5mm、チップ

```
COM8 - Tera Term VT
ファイル(F) 編集(E) 設定(S) コントロール(O) ウィンドウ(W) ヘルプ(H)
[ERR] transact: failed: cmd=0x10 ret=1
[ERR] comm.handshake: timeout
[ERR] transact: failed: cmd=0x10 ret=1
[ERR] comm.handshake: timeout
[ERR] transact: failed: cmd=0x10 ret=1
[ERR] comm.handshake: timeout
[ERR] transact: failed: cmd=0x10 ret=1
[ERR] comm.handshake: timeout
[ERR] transact: failed: cmd=0x10 ret=1
[ERR] comm.handshake: timeout
[ERR] transact: failed: cmd=0x10 ret=1
[INF] HK[1] --------------------------
[INF]   msec = 40160, temp = 21
[INF]   acc = [-28320, -73242, 983398]
[INF]   gyr = [-171661, -45776, -102996]
[INF]   mag = [-29000, 16000, -63000]
[INF] --------------------------------
[ERR] comm.handshake: timeout
[ERR] transact: failed: cmd=0x10 ret=1
[ERR] comm.handshake: timeout
[ERR] transact: failed: cmd=0x10 ret=1
[ERR] comm.handshake: timeout
[ERR] transact: failed: cmd=0x10 ret=1
```

図9　BMX055の動作確認

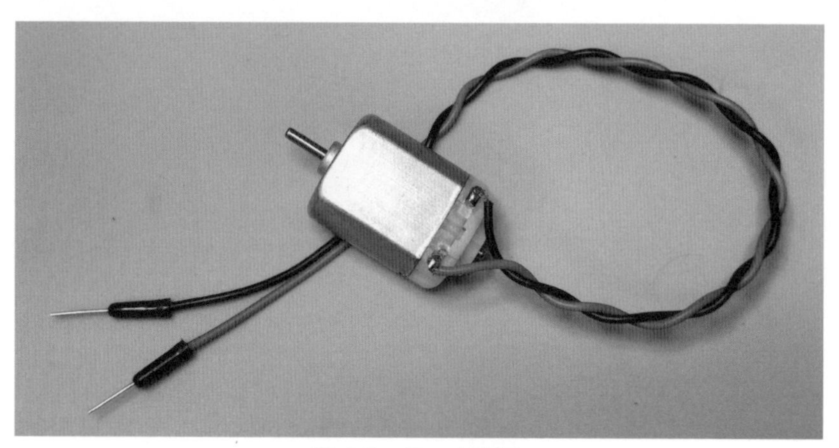

図10　モータ配線

抵抗0.24Ωをジャンパワイヤで、**図11、12、表5**のように配線する。

④ 動作確認

STM32とPCをUSBケーブルで接続し、動作確認（モータを回転させる）を行う。

STMに次のコマンドを入力し、アーム用モータを回す。

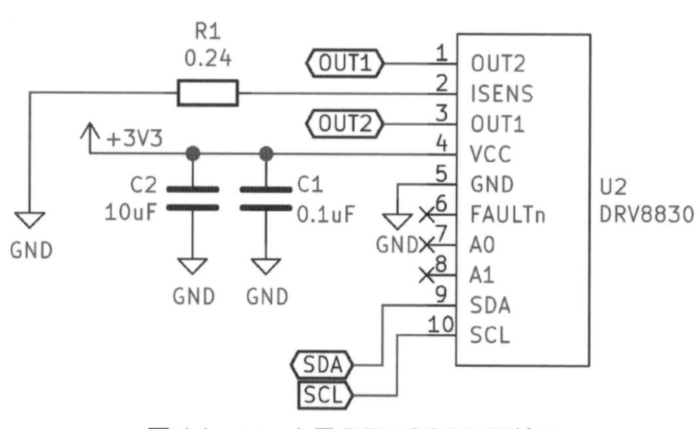

図11　アーム用DRV8830配線図

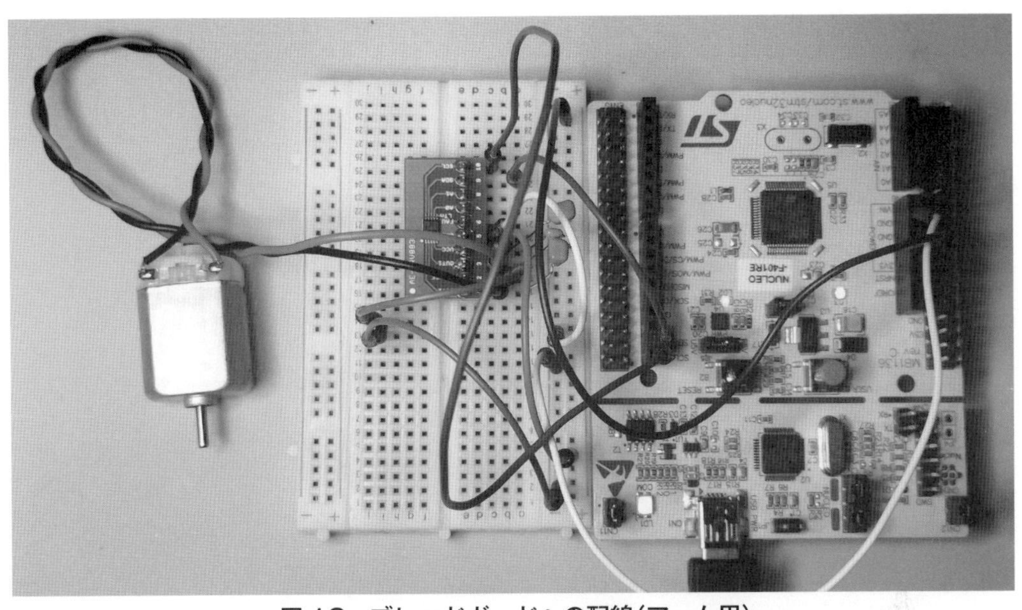

図 12　ブレッドボードへの配線（アーム用）

デバッグコマンド「debug 1」アームモータが3秒回転する。

（6）モータドライバ（RW）の動作確認

① RW 用 DRV8830 のピンヘッダの取り付け

RW 用のモータドライバは DRV8830 を使用する。アーム用 DRV8830 と同じ要領で、ピンヘッダの取り付けを行う。RW 用モータはソーラーモータ 03 を使用する。

② ブレッドボードへの配線

ブレッドボードに DRV8830 の取り付けと配線を行う（**図 13、14、表6**）。

③ 動作確認

動作確認（モータを回転させる）を行う。

STM に次のコマンドを入力し、RW 用モータを回す。

表5　アーム用 DRV8830 結線表

DRV8830	モータ	STM32
VCC		3V3
SCL		SCL
SDA		SDA
OUT1	＋	
OUT2	−	
GND		GND

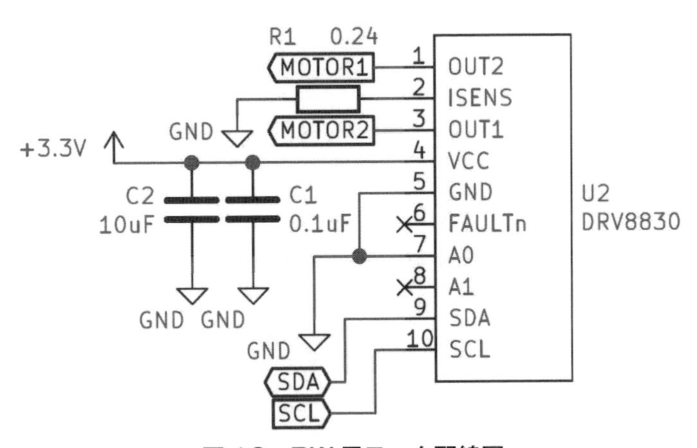

図 13　RW 用モータ配線図

図14　ブレッドボードへの配線(RW用)

デバッグコマンド「debug 1」RWモータが3秒回転する。

(7) 電流センサの動作確認

① INA219のピンヘッダの取り付け

電流センサは、INA219使用電流センサモジュール（カレントセンサ）を使用する。INA219に付属しているピンヘッダの取り付けを行う。

② ブレッドボードへの配線

ブレッドボードにINA219を配線する(**図15、16**)。INA219に接続する抵抗は1KΩ程度でよい。

INA219とSTM32のピン配線は、**表7**の通り。

③ 動作確認

STM32とPCをUSBケーブルで接続し、動作確認を行う。タ

表6　RW用モータ結線表

DRV8830	ソーターモータ03	STM32
VCC		3V3
SCL		SCL
SDA		SDA
OUT1	+	
OUT2	−	
GND		GND

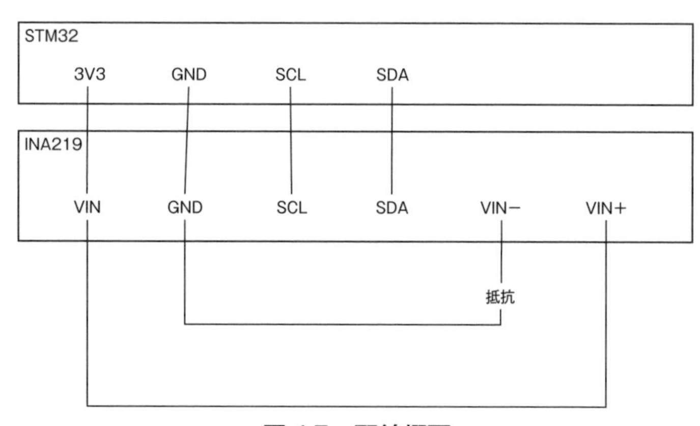

図15　配線概要

図16　INA219とSTM32の配線

表7　INA219とSTM32の接続

INA219	STM32
VIN	3V3
SCL	SCL
SDA	SDA
GND	GND

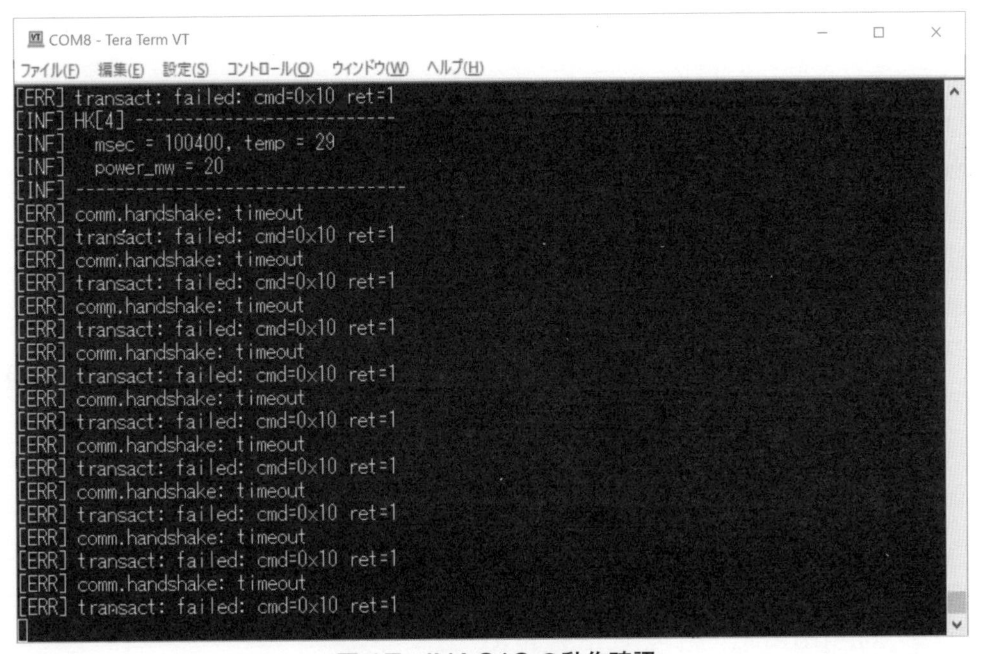

図17　INA219の動作確認

ーミナルのpower_mw値が、以下の近似値で表示されることを確認する(**図17**)。

　power_mw = 3.3V ÷抵抗× 3.3V

2．M系(Raspberry Pi Zero)のブレッドボードでの各単体動作確認

ここでは、M系のMission OBCとして使用するRaspberry Pi Zero(以降：Raspberry Pi)、およびPC側のセットアップを行う。

セットアップ後、Raspberry Piにカメラを接続、撮影し、単体動作確認を行う。

(1) Raspberry Piのセットアップ

① OSイメージのダウンロード

次のURLから「2019-04-08-raspbian-stretch-lite.zip」をダウンロードし、ZIPを解凍する。

https://downloads.raspberrypi.org/raspbian_lite/images/raspbian_lite-2019-04-

② OSのインストール

1.「SDメモリカードフォーマッター」を以下URLからダウンロードし、PCにインストールする。

https://www.sdcard.org/ja/downloads-2/formatter-2/

2.SDカードをPCに接続し、「SDメモリカードフォーマッター」を「管理者として起動する」で起動する。

3.SDカードをフォーマットする(**図18**)。

カードの選択：SDカードのドライブ

フォーマットオプション：クイックフォーマット

ボリュームラベル：BOOT

4.「DD for Windows」Ver.0.9.9.8を以下URLからダウンロードし、ZIPファイルを解凍、任意のフォルダに格納する。

https://www.si-linux.co.jp/techinfo/index.php?DD%20for%20Windows

5.「DD for Windows」を「管理者として起動する」で起動する。

6.「DD for Windows」の「ファイル選択」で事前に解凍したOSイメージ「2019-04-08-raspbian-stretch-lite.img」を選択し、「書込」をクリックする(**図19**)。

③ PCとRaspberry PiをUSB経由でSSH接続する設定

Raspberry Piが起動した時にUSB経由(Ethernet over USB)でSSH接続できるよう設定を行う。

1.OSをインストールしたSDカードのディレクトリ直下(/boot)にある「cmdline.txt」をテキストエディターで開き、“modules-load=dwc2,g_ether”をrootwaitの後に追記する。

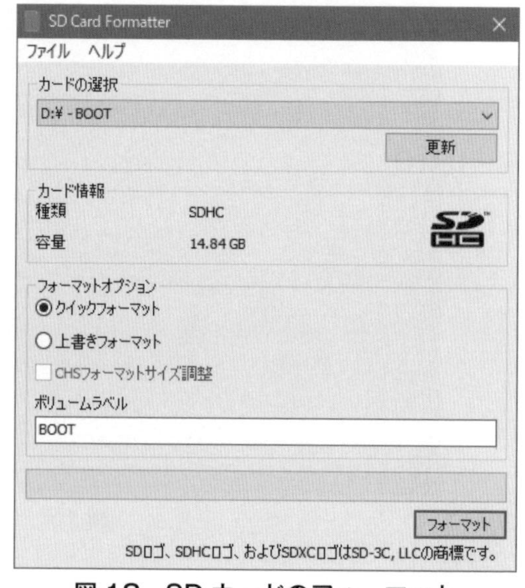

図18 SDカードのフォーマット

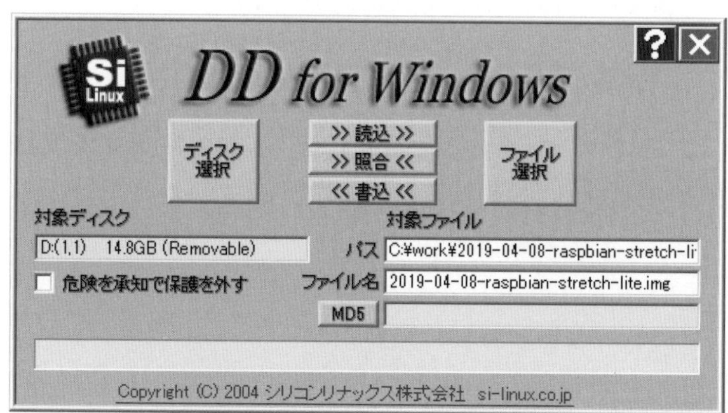

図19 SDカードへの書き込み

例：dwc_otg.lpm_enable=0 console=serial0,115200 console=tty1 root=PARTUUID=a8fe70f4-02 rootfstype=ext4 elevator=deadline fsck.repair=yes rootwait modules-load=dwc2,g_ether quiet init=/usr/lib/raspi-config/init_resize.sh

2．OSをインストールしたSDカードのディレクトリ直下（/boot）にある「config.txt」をテキストエディターで開き、“dtoverlay=dwc2”の1行を末尾行に追記する。

3．SSH接続ができるようにSDカードの直下(/boot)に「ssh」というファイルを追加する(拡張子はないので注意)。

4．PCとOTG接続するためのドライバ(RPI Driver OTG)をインストールする。
以下URLから、タイトルが「Acer Incorporated. - Other hardware - USB Ethernet/RNDIS Gadget」、製品が「Windows 7, Windows 8, Windows 8.1 and later drivers」のドライバをダウンロードする。

https://www.catalog.update.microsoft.com/Search.aspx?q=USB%20Ethernet%2FRNDIS%20Gadget

ダウンロードしたcabファイルを解凍し、「RNDIS.inf」を右クリックして「インストール」を選択する。

5．エクスプローラでSDカードのドライブを右クリックし、「取り出し」をクリックする。

④ Raspberry Piの起動

1．SDカードをRaspberry Piに挿入する。

2．PCとRaspberry PiをUSBケーブルで接続する。
Raspberry Pi側は、「USB」と印字されているコネクタに接続する。緑のLEDが点滅から点灯に変わるまで待つ。

3．TeraTeamを起動し、SSHでログインする。
ホスト：raspberrypi.local
ポート：22
ユーザー名：pi
パスワード：raspberry
TeraTermは、以下から入手する。

https://ja.osdn.net/projects/ttssh2/

⑤ Raspberry Piの設定

以下のコマンドでraspi-configを起動する。

```
$ sudo raspi-config
```

raspi-configのメニューで以下の設定を行う。

1．恒久的なSSH接続設定
今後もSSHに接続できるようにするための設定をRaspberry Pi上で行う。
「5 Interfacing Options -> P2 SSH」を選択。

Would you like the SSH server to be enabled?：Yes

2．シリアルポートの有効化

「5 Interfacing Options > P6 Serial」を選択。

Would you like a login shell to be accessible over serial?：No

Would you like the serial port hardware to be enabled?：Yes

3．カメラの有効化

「5 Interfacing Options > P1 Camera」を選択。

Would you like the camera interface to be enabled?：Yes

4．再起動を行う(raspi-config の finish 時に再起動となる)。

⑥ PC 経由のインターネット接続

Raspberry Pi のインターネット接続設定を行い、ソフトウェアのインストールなどを可能とする。

1．ネットワーク接続ウィンドウの表示

Win キー＋Rで「ファイル名を指定して実行」ウィンドウを開く。“ncpa.cpl” を入力して Enter をクリックする。

2．ネットワークのプロパティの表示

インターネット接続されているデバイスを右クリックし、プロパティを開く。

デバイス名が「USB Ethernet/RNDIS Gadget」となっている「名前」を確認する(「イーサネット 2」など)。

3．共有

「共有」タブで、「ネットワークの他のユーザーに、このコンピューターのインターネット接続をとおしての接続を許可する」にチェックを入れ、「ホームネットワーク接続」に先程確認した「名前(イーサネット 2 など)」のインタフェースを選択する。

「ネットワークの他のユーザーに、共有インターネット接続の制御や無効化を許可する」はチェックオフで良い。OK ボタンをクリックする。

4．接続の確認

ターミナル (TeraTerm) で、以下コマンドを実行し、Raspberry Pi がインターネットと接続されていることを確認する(**図 20**)。

```
$ ping rymansat.com
```

5．OS のアップデート

OS を最新の状態にアップデートするため、以下のコマンドを実行する。

```
$ sudo apt update && sudo apt upgrade -y
```

6．Python 実行環境の構築

M系の実行に必要な各種ライブラリをインストールする。

```
$ sudo apt-get install -y git gcc make openssl libssl-dev libbz2-dev libreadline-
```

```
raspberrypi.local - pi@raspberrypi: ~ VT
ファイル(F) 編集(E) 設定(S) コントロール(O) ウィンドウ(W) ヘルプ(H)
pi@raspberrypi:~ $ ping rymansat.com
PING rymansat.com (49.212.198.184) 56(84) bytes of data.
64 bytes from www2944.sakura.ne.jp (49.212.198.184): icmp_seq=1 ttl=55 time=12.4 ms
64 bytes from www2944.sakura.ne.jp (49.212.198.184): icmp_seq=2 ttl=55 time=12.2 ms
64 bytes from www2944.sakura.ne.jp (49.212.198.184): icmp_seq=3 ttl=55 time=12.8 ms
64 bytes from www2944.sakura.ne.jp (49.212.198.184): icmp_seq=4 ttl=55 time=12.0 ms
64 bytes from www2944.sakura.ne.jp (49.212.198.184): icmp_seq=5 ttl=55 time=13.0 ms
```

図 20　ping でのインターネット接続確認

dev libsqlite3-dev
$ sudo apt-get install -y python3-pip

⑦ アプリケーションの構築

M系ソフトウェアのインストールを行う。

以下、コマンドで /rsp01 配下にソフトウェアを配置する。

```
$ cd /tmp
$ wget https://github.com/RymanSatProject/hobby_sat_book/raw/main/02_Mission_OBC/rsp01mission.zip
$ unzip rsp01mission.zip
$ sudo mkdir /rsp01
$ sudo chown pi:pi /rsp01
$ chmod 744 /rsp01
$ mv /tmp/rsp01mission/* /rsp01/.
$ cd /rsp01
$ chmod 744 setup.sh
$ ./setup.sh
```

（2）カメラ撮影

① カメラのセットアップ

カメラを安全に接続するために、以下コマンドで Raspberry Pi をシャットダウンする。

```
$ sudo shutdown -h now
```

数十秒すると Raspberry Pi の LED が数回点滅して消灯する。これがシャットダウン完了を意味する。

その後、Raspberry Pi から USB ケーブルを引き抜く。TeraTerm のウィンドウは閉じる。

Raspberry Pi CameraV1.3 に、付属のカメラケーブルを表裏に注意しながら Raspberry Pi にカメラを接続する（**図 21**）。

② 撮影

Raspberry Pi を前述と同様の方法で PC に接続し、TeraTerm で Raspberry Pi にログイン

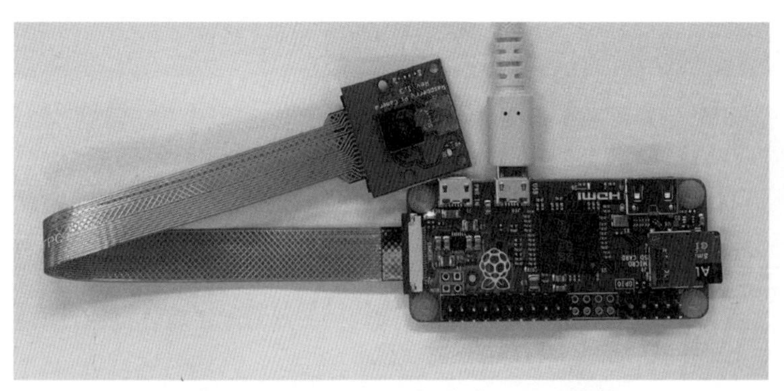

図 21　Raspberry Pi とカメラの接続

TTSSH: Secure File Copy

From: ［　］ ... Send

To: ［　］ Cancel

You can drag the file to this window.

From: /home/pi/test.jpg Receive

To: C:¥ ...

図 23　撮影した画像のダウンロード

raspberrypi.local - Tera Term VT

ファイル(F)　編集(E)　設定(S)　コントロール(O)

新しい接続(N)... Alt+N
セッションの複製(U) Alt+D
Cygwin接続(G) Alt+G
ログ(L)...
ログにコメントを付加(O)...
ログを表示(V)
ログダイアログを表示(W)...
ファイル送信(S)...
転送(T) ›
SSH SCP...
ディレクトリを変更(C)...
ログを再生(R)...
TTY Record
TTY Replay
印刷(P)... Alt+P
接続断(D) Alt+I
終了(X) Alt+Q
Tera Termの全終了(A)

図 22　SSH SCP の選択

する。

以下のコマンドを実行し、撮影を行う。

```
$ raspistill -o test.jpg
```

撮影の成功時は、メッセージは何も出ずコマンドが終了する。

撮影成功後、ls コマンドで画像ファイルが保存されていることを確認する。

```
$ ls -l test.jpg
xxx xxx xxx test.jpg
```

③ 写真の確認

撮影した画像を PC にコピーし、撮影が正しく行われたことを確認する。

TeraTerm のメニューで、「ファイル→ SSH SCP」を選択する（**図 22**）。

④ ダウンロード

ウィンドウの下半分の入力項目に以下を入力し、「Receive」をクリックすると、画像ファイル「test.jpg」のダウンロードが行われる（**図 23**）。

From：/home/pi/test.jpg

To：PC 側の画像ファイルの格納先

⑤ 写真の確認

図 24　ダウンロードした画像

ダウンロードした画像を開き、画像が表示されれば撮影成功である(**図 24**)。

3．T系(ESP32)のブレッドボードでの単体動作確認

T系のOBCはESP32を使用する(**図 25**)。ここでは、ESP32のソフトウェア開発環境の構築と、ESP32への書き込み、およびPCとの接続確認を行う。

PCとESP32はBluetoothで接続し、通信を行う。動作確認は、Bluetoothのペアリング確認を行う。

（1）開発環境の構築

以下のURLを参考に開発環境の構築を行う。

https://github.com/RymanSatProject/hobby_sat_book/tree/main/03_Telecom_OBC

（2）動作確認

PCとESP32をBluetoothで接続する。

① PCとESP32をUSBケーブルで接続する。

これは、ESP32への電源供給

図 25　ESP32

図 26　ESP32 との Bluetooth 接続

のための接続であり、通信を行うためではないので注意。

② 以下の URL を参考に Bluetooth 接続を行う。

https://github.com/RymanSatProject/hobby_sat_book/tree/main/03_Telecom_OBC

接続に成功すると**図 26** の表示となる。

4．地上局の動作確認

地上局として「TestCamp Lite(テストキャンプ ライト)」(以降：TestCamp) という専用ソフトウェアを用いて衛星との通信を行う。TestCamp は、主に衛星へのコマンド送信と、衛星から受信したテレメトリの表示機能を持つ。ここでは、地上局の動作確認として、TestCamp のインストールと起動までを行う。

TestCamp のインストール

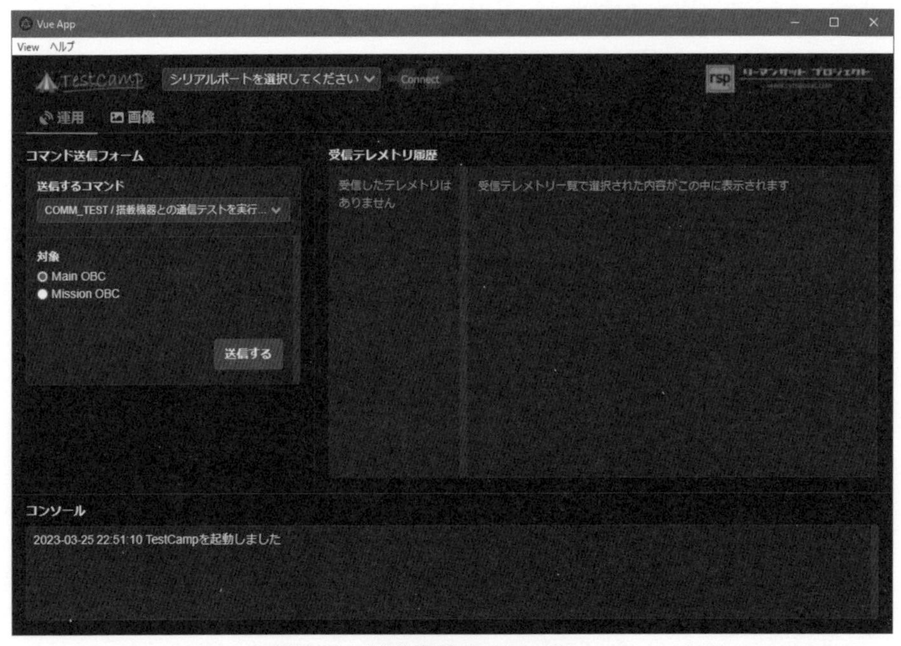

図 27　起動直後の TestCamp

① インストーラのダウンロード

以下の URL から TestCamp のインストーラをダウンロードする。

https://github.com/RymanSatProject/hobby_sat_book/tree/main/04_Ground_Sta

② インストール

ダウンロードした exe ファイルを実行する。

③ 起動確認

インストーラの終了後、自動で起動される。一度 TestCamp を終了し、Windows メニューから再度起動が可能なことを確認する(**図 27**)。

5．C系、M系、T系の相互接続確認

これまで単体動作確認を行ってきたC系、M系、T系のOBCを接続し、以下の動作確認を行う。

- C系とT系の接続確認として、ターミナル出力、およびブザーからのモールス信号の出力を確認する。
- C系、T系、M系、および地上局の接続確認として、テストコマンドの送信とテレメトリ受信を確認する。

（1）C系とT系の接続確認

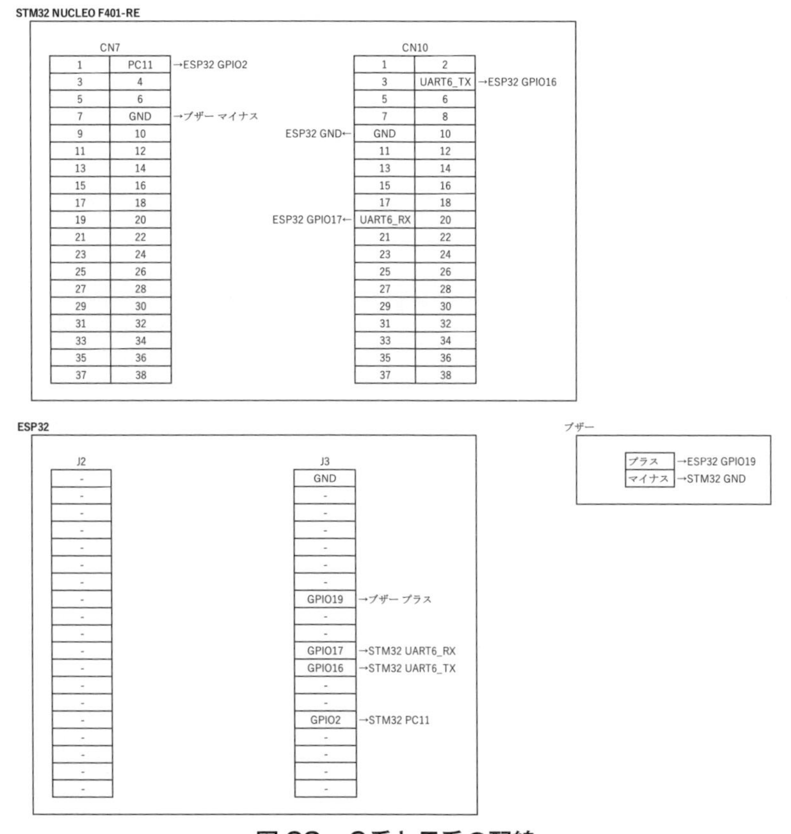

図 28　C系とT系の配線

図 29　C 系と T 系の接続

① C 系と T 系の接続

図 28 の通りに配線を行う。

実際の配線は、**図 29** の通り。

② 動作確認

```
COM3 - Tera Term VT
ファイル(F)  編集(E)  設定(S)  コントロール(O)  ウィンドウ(W)  ヘルプ(H)
Level = DEBUG
obc $ [INF] HK[0] --------------------------
[INF]   msec = 20001, temp = 39
[INF] --------------------------------
[INF] HK[1] --------------------------
[INF]   msec = 40313, temp = 19
[INF] --------------------------------
[INF] HK[2] --------------------------
[INF]   msec = 60625, temp = 24
[INF] --------------------------------
[INF] HK[3] --------------------------
[INF]   msec = 80937, temp = 24
[INF] --------------------------------
[INF] HK[4] --------------------------
[INF]   msec = 101249, temp = 21
[INF] --------------------------------
[DBG] [comm.logger_debug_payload] func = beacon, command = 0x10 size = 48
[DBG] [comm.logger_debug_payload] payload:
00 04 00 01 8B 81 00 00 00 15 00 00 00 00 00 00
00 00 00 00 00 00 00 00 00 00 00 00 00 00 00 00
00 00 00 00 00 00 00 00 00 00 00 00 00 00 00 00
[INF] HK[5] --------------------------
```

図 30　C 系と T 系の接続時のターミナル出力

Main OBCとT系OBCを起動すると（PCとUSB接続すると）、約2分後にMain OBCからT系OBCへビーコンコマンドが送信され、ブザーからモールス信号が鳴る。

Main OBCからのビーコンコマンド送信時は、Main OBCのターミナルに以下が出力される（**図30**）。

[DBG] [comm.logger_debug_payload] func = beacon, command = 0x10 size = 48

```
[ERR] comm.receive: TIMEOUT
[ERR] comm.receive: TIMEOUT
[ERR] comm.receive: TIMEOUT
[ERR] comm.receive: TIMEOUT
```

```
[ERR] comm.handshake: timeout
[ERR] comm.handshake: Invalid ack: 0x0000
[ERR] comm.handshake: timeout
[ERR] comm.handshake: Invalid ack: 0x0000
```

図31　接続に問題がある場合のターミナル出力

Main OBCとT系OBCのUART接続に問題がある場合、**図31**のようなエラーとなる。その場合は、TX、RXの配線を見直す。

（2）C系とT系、M系の接続確認

C系とT系にM系を追加した状態での接続確認を行う。

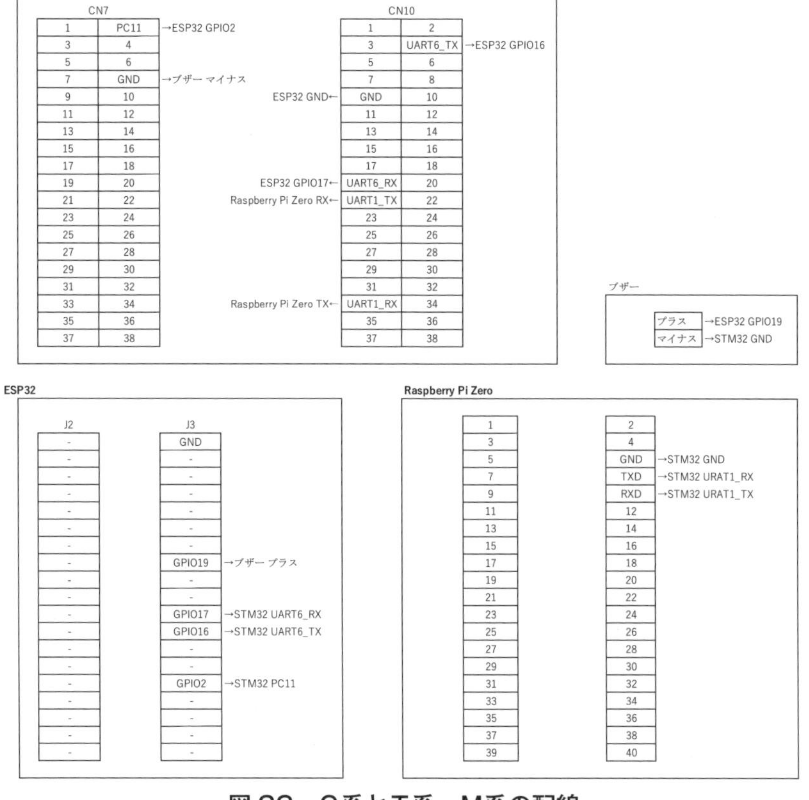

図32　C系とT系、M系の配線

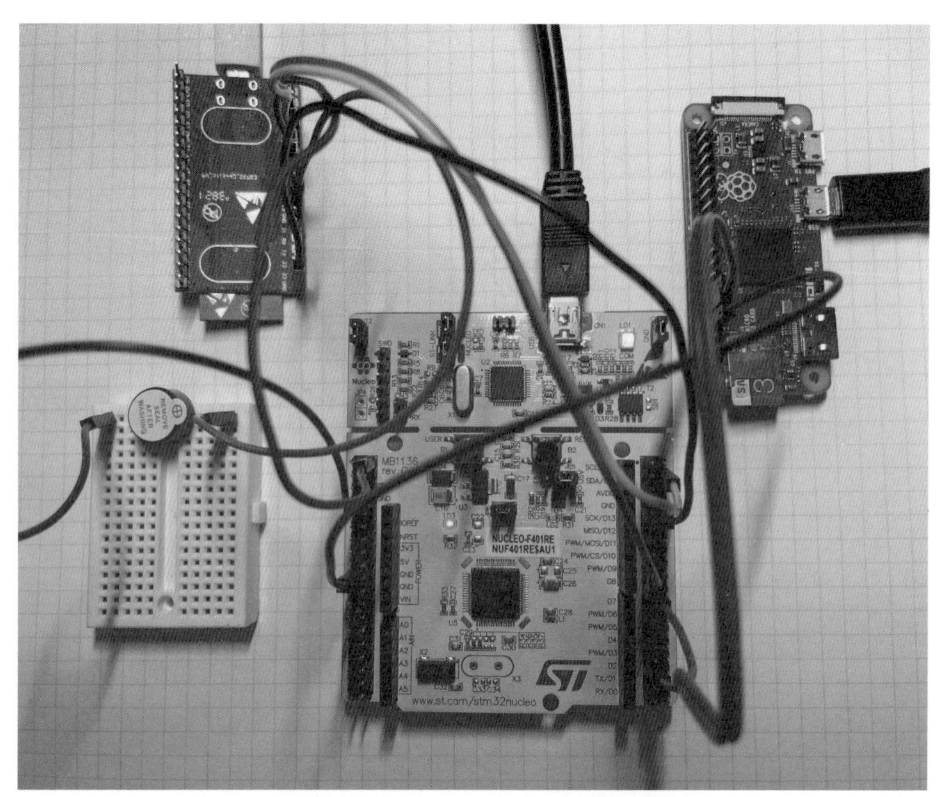

図 33　C系とT系、M系の接続

① C系とT系、M系の接続

図 32 の通りに配線を行う。

実際の接続は、**図 33** の通り。

② 動作確認

以下の手順で接続確認を行う。

1．Main OBC、T系 OBC、Raspberry Pi の電源を入れる（PC と UBS で接続する）。Raspberry Pi の起動完了には 1 分程度掛かる。

2．TeraTerm で Main OBC とシリアル接続を行う。

3．TeraTerm で “test-comm 2” と入力して Enter を押す。

上記の手順が成功すると、**図 34** のように「[DBG]［cmd_test_comm]success」がターミナルに表示される。

③ Raspberry Pi の終了

Raspberry Pi は、電源を瞬断するとデータ破損が発生する可能性があるため、疎通確認完了後は以下の手順で停止させる。

1．TeraTerm で “kill-rpi” と入力して Enter を押す。成功すると、ターミナルに「[rpi.receive]success」が出力される(**図 35**)。

2．Raspberry Pi の緑 LED が消灯するまで待つ(２分程度掛かる)。

```
COM3 - Tera Term VT
ファイル(F)  編集(E)  設定(S)  コントロール(O)  ウィンドウ(W)  ヘルプ(H)
obc $ test-comm 2
[INF] send_ack: cmd=1 resp=0
[DBG] socket.send: cmd=e0 last=1 first=1 seq=0 size=2 id=65534
[DBG] [comm.logger_debug_payload] func = downlink, command = 0xE0 size = 2
[DBG] [comm.logger_debug_payload] payload:
01 00
[INF] [cmd_test_comm] target = RPi
[DBG] [rpi.comm_check]
[DBG] [rpi.send] Sending: {"cmd":"Test"}, aa
[DBG] [rpi.send] trial 0
[DBG] [rpi.readline] Received: OK

[DBG] [rpi.send] Success
[DBG] [rpi.receive] Trial 0
[DBG] [rpi.readline] Received: {"cmd":"Test"},aa

[DBG] [rpi.receive] success
[DBG] [cmd_test_comm] success
```

図 34　Main OBC と Raspberry Pi の疎通確認

```
COM3 - Tera Term VT
ファイル(F)  編集(E)  設定(S)  コントロール(O)  ウィンドウ(W)  ヘルプ(H)
obc $ kill-rpi
[INF] [cmd_kill_rpi]
[INF] send_ack: cmd=59 resp=0
[DBG] socket.send: cmd=e0 last=1 first=1 seq=0 size=2 id=65533
[DBG] [comm.logger_debug_payload] func = downlink, command = 0xE0 size = 2
[DBG] [comm.logger_debug_payload] payload:
3B 00
[DBG] [rpi.kill]
[DBG] [rpi.send] Sending: {"cmd":"killMOBC"}, 7a
[DBG] [rpi.send] trial 0
[DBG] [rpi.readline] Received: OK

[DBG] [rpi.send] Success
[DBG] [rpi.receive] Trial 0
[DBG] [rpi.readline] Received: {"cmd":"killMOBC","arg":{"result":0}},de

[DBG] [rpi.receive] success
```

図 35　Raspberry Pi の停止

3．Main OBC、T系 OBC、Raspberry Pi の電源を抜く（USB を抜線する）。

以降においては、Raspberry Pi の停止手順は割愛するが、確実に OS 終了を行った後、給電の停止を行うこと。

（3）地上局との接続確認

地上局からコマンドを送信し、テレメトリが受信できることを確認する。

① C系とT系、M系の接続

図 32（p.157）と同じ接続で確認を行う。

図 36　COMM_TEST の様子

② 動作確認

以下の手順で接続確認を行う。

1. 地上局(TestCamp)を起動する。
2. 起動後、画面左上のシリアルポートのセレクトボックスから ESP32 との Bluetooth 接続の COM ポートを選択する。
3. セレクトボックスの右にある接続アイコンをクリックする。
4. 「コマンド送信フォーム」の「送信するコマンド」から「COMM_TEST / 搭載機器との通信テストを実行する」を選択する。
5. 「対象」に表示される「Main OBC」を選択する。
6. 「送信する」ボタンをクリックすると T 系にコマンドが送信される。
   通信に成功すると、「受信テレメトリ履歴」に「ACK」と「COMM_TEST」のテレメトリが表示される(**図 36**)。

EM フェーズ

EM では、BBM で確認した各部品を結合して衛星の機能全体を組み上げていく。

1．C系基板の作成

衛星の頭脳となるマイコンを基板に実装し、動作確認を行う。

（1）配線

ユニバーサル基板に STM32、1 列分割ロングピンソケット 1 × 42(42P) から 19 ピンを 2 列 2 セット、L アングルピンヘッダ 6 列× 1、7 列× 1 を実装する。全体の結線と配線を**図 37、38** に示す。各図面は、次の URL に KiCad ファイルが格納されているので、参考のこと。
https://github.com/RymanSatProject/hobby_sat_book/tree/main/05_Schematic

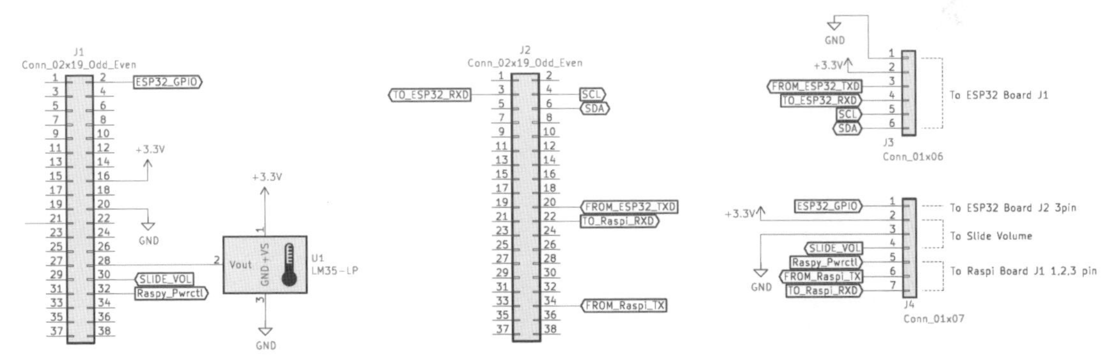

図 37　結線図

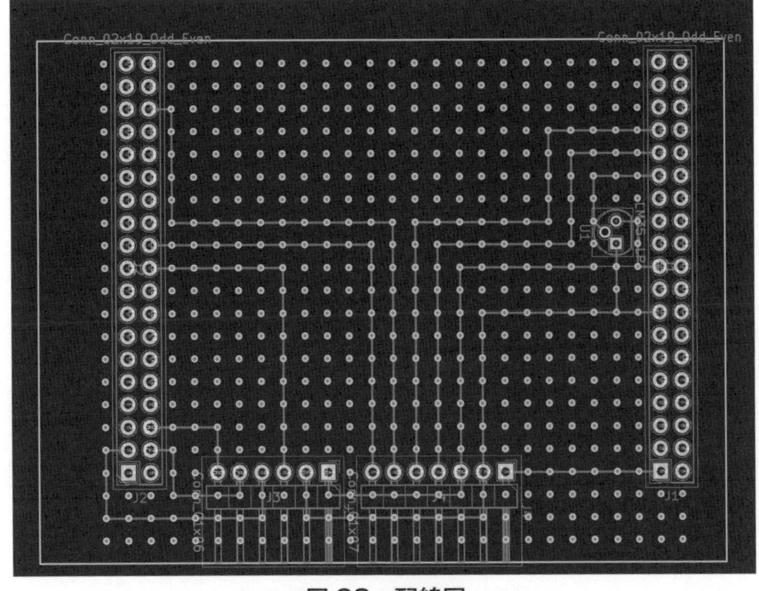

図 38　配線図

（2）実装

背の低い部品から実装し、スズメッキ線で結線していく(**図 39**)。

（3）配線導通チェック

テスタを使用して、確認箇所 (4.2V、3.3V、I2C × 2など)、およびLアングルピンヘッダ

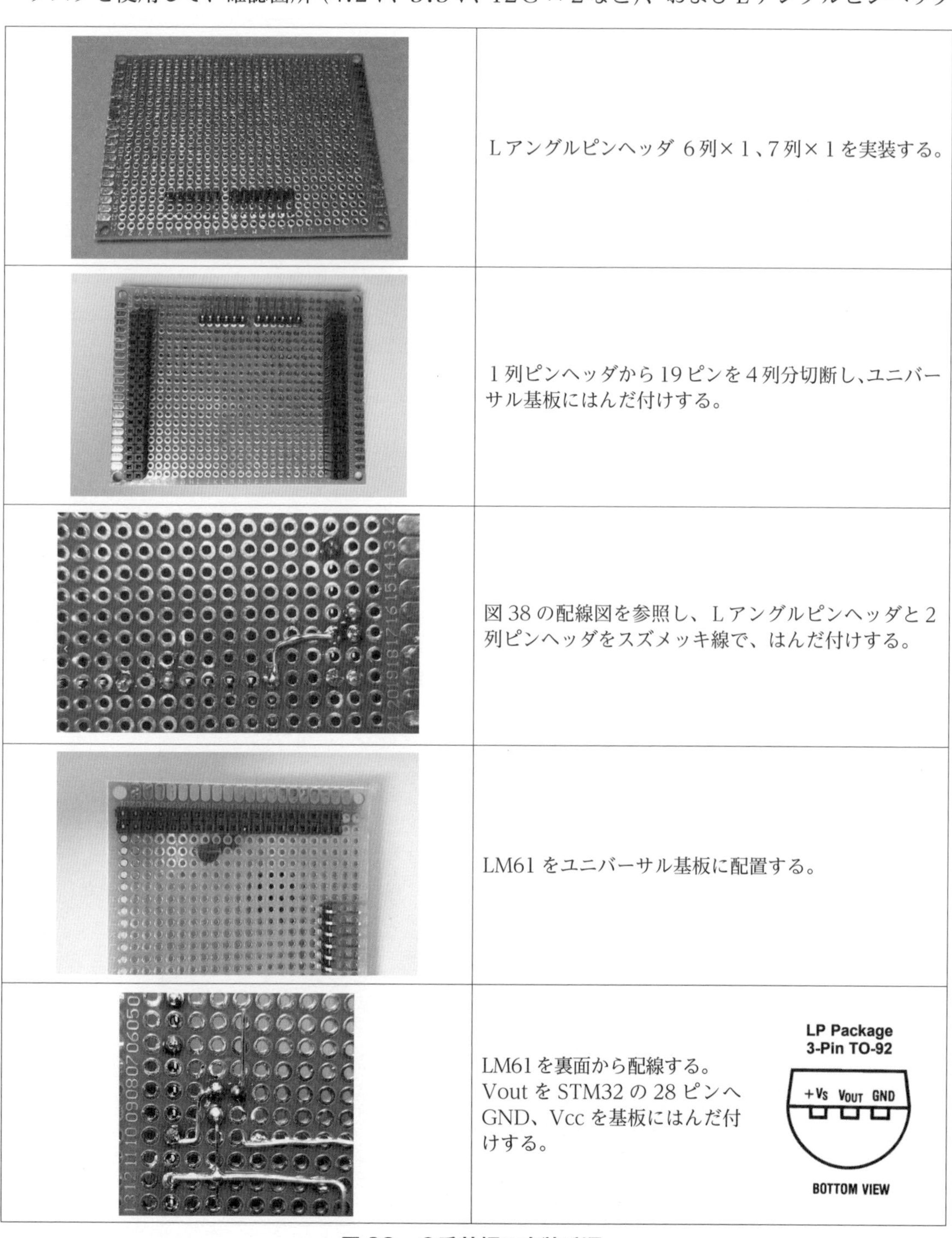

Lアングルピンヘッダ 6列×1、7列×1を実装する。
1列ピンヘッダから19ピンを4列分切断し、ユニバーサル基板にはんだ付けする。
図38の配線図を参照し、Lアングルピンヘッダと2列ピンヘッダをスズメッキ線で、はんだ付けする。
LM61をユニバーサル基板に配置する。
LM61を裏面から配線する。
Voutを STM32の 28ピンへ
GND、Vccを基板にはんだ付けする。
LP Package
3-Pin TO-92
+Vs
VOUT
GND
BOTTOM VIEW

図 39　C系基板の実装手順

とSTM32の各端子で導通チェックを行う(**図40**)。

（4）動作確認

STM32と基板を接続する。USBでPCとSTM32を接続する。

STM32のLED(LD2)が定期的に点滅するか確認する(**図41**)。TeraTermでステータスを確認する。正常に動いていれば1秒毎にステータスが表示される(**図42**)。

ドライヤーなどで熱風をあて、TeraTermで温度が変わるか確認する。ターミナルの画面(**図**

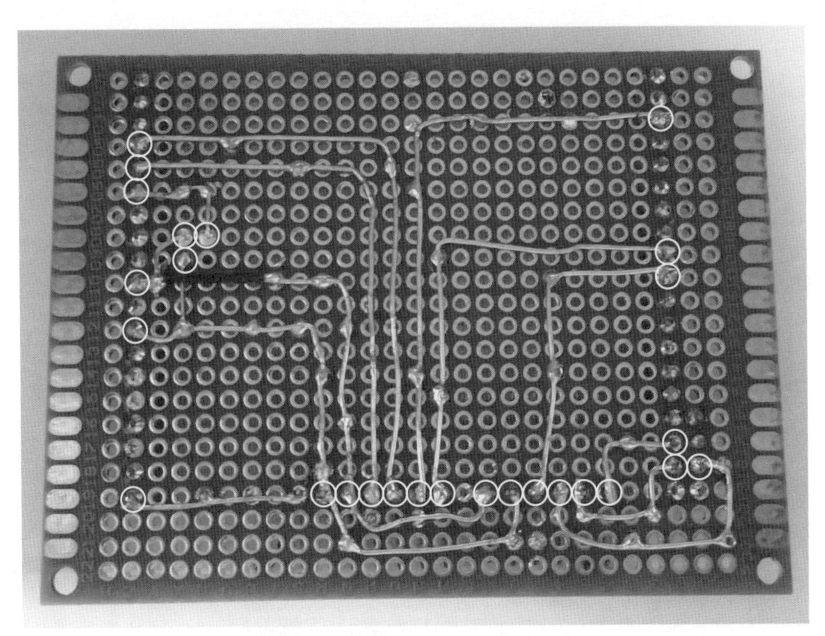

図40　導通チェックポイント

図41　点滅するLEDの場所

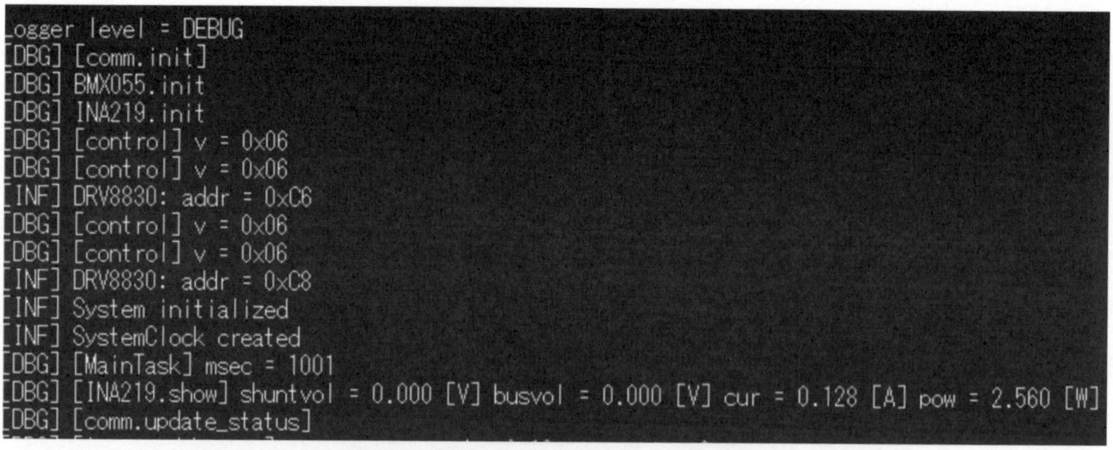

```
Logger level = DEBUG
[DBG] [comm.init]
[DBG] BMX055.init
[DBG] INA219.init
[DBG] [control] v = 0x06
[DBG] [control] v = 0x06
[INF] DRV8830: addr = 0xC6
[DBG] [control] v = 0x06
[DBG] [control] v = 0x06
[INF] DRV8830: addr = 0xC8
[INF] System initialized
[INF] SystemClock created
[DBG] [MainTask] msec = 1001
[DBG] [INA219.show] shuntvol = 0.000 [V] busvol = 0.000 [V] cur = 0.128 [A] pow = 2.560 [W]
[DBG] [comm.update_status]
```

図42　Main OBCのステータス表示

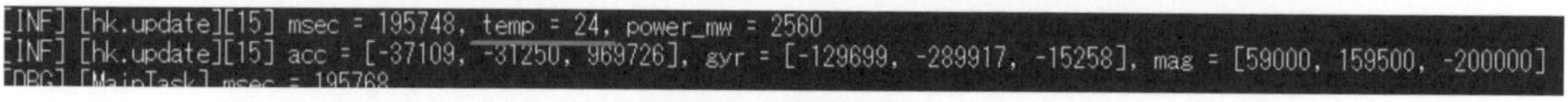

```
[INF] [hk.update][15] msec = 195748, temp = 24, power_mw = 2560
[INF] [hk.update][15] acc = [-37109, -31250, 969726], gyr = [-129699, -289917, -15258], mag = [59000, 159500, -200000]
[DBG] [MainTask] msec = 195768
```

図43　温度変化

43)のアンダーラインの部分で温度が変わることを確認する。

（5）他のBBM基板との接続チェック

① T系、M系との接続

図37の全体結線と、BBM段階の図32のC系とT系、M系の配線に従い、C系基板のJ3、J4コネクタとT系ESP32、ブザー、およびM系Raspberry Piを接続する。

接続確認については、BBMフェーズで実施した動作確認と同様の確認を行う。手順や確認内容はBBMフェーズで記載した内容と同一であるため、ここでは概要的な記載を行う。

② T系との接続確認

Main OBC(STM32) とT系OBCを起動し（PCとUSB接続する)、約2分後にT系のブザーからモールス信号が鳴ることを確認する。

③ M系との接続確認

Main OBC、T系OBC、Raspberry Piの電源を入れ（PCとUBSで接続し)、Main OBCとシリアル接続を行う。

ターミナルで“test-comm 2”と入力し、「[DBG] [cmd_test_comm]success」が表示されることを確認する。

④ 地上局との接続確認

地上局（TestCamp）で、「COMM_TEST / 搭載機器との通信テストを実行する」コマンドを選択し、対象を「Main OBC」とする。コマンド送信を行い、「COMM_TEST」のテレメトリが受信されることを確認する。

2．T系基板＋一部のP系の基板の作成

衛星と地上の通信を行うマイコンを基板に実装し、動作確認を行う。

（1）配線

全体の結線と配線を**図44、45**に示す。各図面は、以下のURLにKiCadファイルが格納されているので、参考のこと。

https://github.com/RymanSatProject/hobby_sat_book/tree/main/05_Schematic

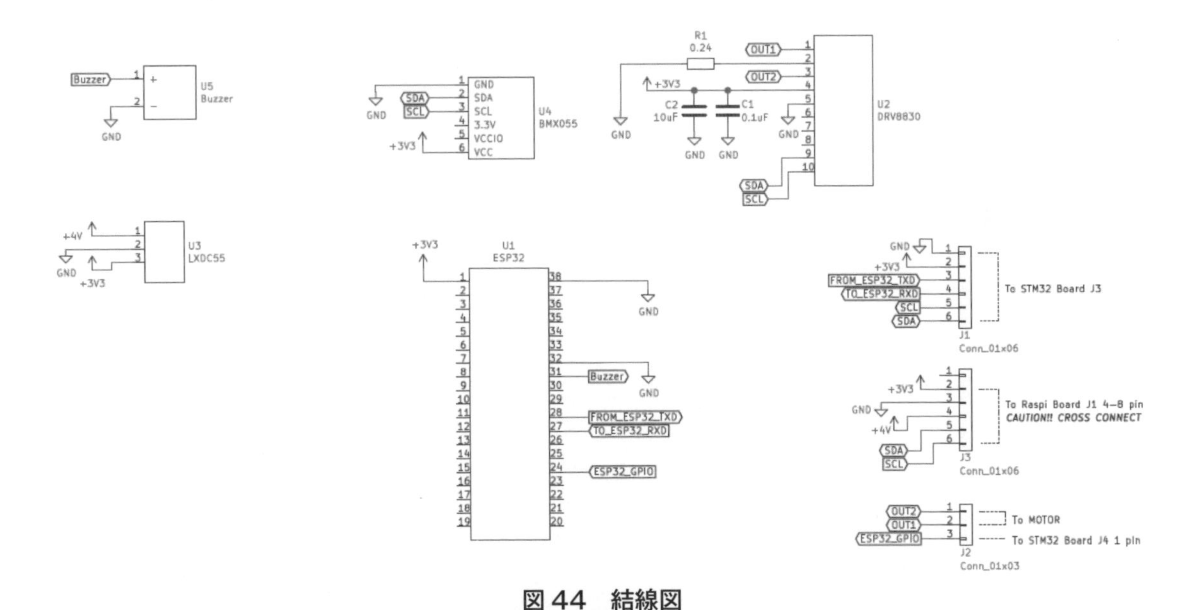

図44　結線図

図45　配線図

図46　BMX055のショート状態

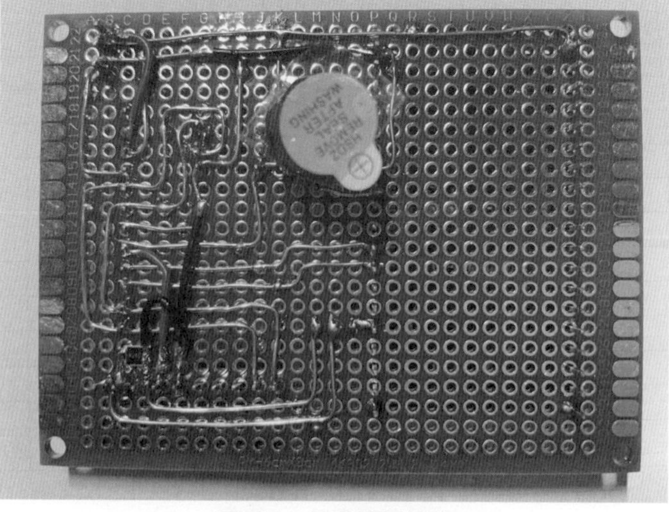
図47　T系基板(裏)

（2）実装

BMX055については、BBMフェーズでJP7のみをショートさせていたが、この段階でJP4、JP5もショートさせる(**図46**)。

図45の配線図に従い、背の低い部品から実装し、スズメッキ線で結線していく(**図47、48**)。

（3）配線導通チェック

テスタを使用して、4.2V、3.3V、I2C×2などの各端子の導通チェックを行う。

図48　T系基板(表)

（4）動作確認

① C系との接続

図44の結線図に従い、C系基板のJ3、J4コネクタとT系基板のJ1、J2コネクタをジャンパワイヤで接続する。ESP32シリアルトリガーピンも接続する。

T系基板の3.3Vのモジュールへは、M系基板から電力が供給されるが、この段階ではM系基板がない。そのため、STM32の3V3ピンとT系基板のJ3 3V3ピンを接続し、電力を供給する。

接続確認は、BBMフェーズで実施した動作確認と同様の確認を行う。手順や確認内容はBBMフェーズで記載した内容と同一であるため、ここでは概要的な記載を行う。

② C系との接続確認

Main OBC(STM32)とT系OBCを起動し（PCとUSB接続する)、約2分後にT系のブ

```
[INF] [cmd_debug] Testing BMX055
-0.037  -0.038  0.963   -0.237  0.038   0.122   0.000   0.000   0.000
-0.045  -0.026  0.966   0.130   -0.023  -0.458  0.000   0.000   0.000
-0.035  -0.026  0.962   0.252   -0.397  -0.092  0.000   0.000   0.000
-0.037  -0.028  0.964   0.145   -0.046  0.084   0.000   0.000   0.000
-0.032  -0.029  0.960   0.069   -0.061  -0.244  0.000   0.000   0.000
-0.027  -0.023  0.965   0.122   -0.137  0.175   0.000   0.000   0.000
```

図49　BMX055の接続確認

ザーからモールス信号が鳴ることを確認する。

③ T系基板内のデバイス接続確認

BMX055との接続確認のため、C系のターミナルで“debug 0”と入力する。当該入力により、BMX055のセンサ値が表示される。T系基板を縦横に動かし、値が変化することを確認する(**図49**)。

3．M系基板の作成

ミッションの実行を行うRaspberry Pi、および周辺デバイスを基板に実装し動作確認を行う。

（1）配線

全体の結線と配線を**図50、51**に示す。各図面は、以下のURLにKiCadファイルが格納されているので、参考のこと。

https://github.com/RymanSatProject/hobby_sat_book/tree/main/05_Schematic

（2）実装

図51の配線図に従い、背の低い部品から実装し、スズメッキ線で結線していく（**図52、**

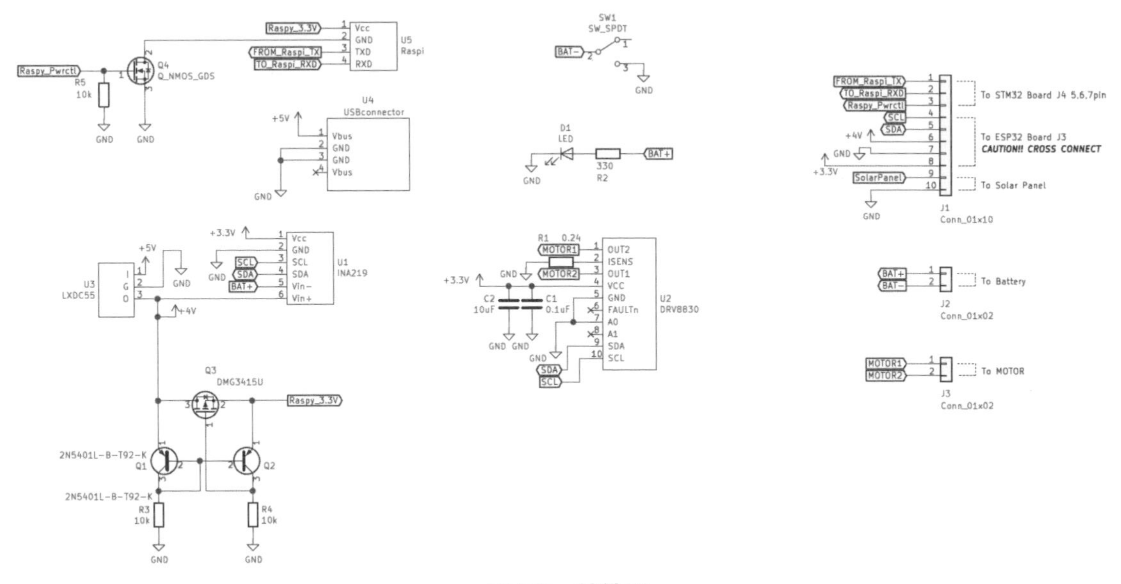

図50　結線図

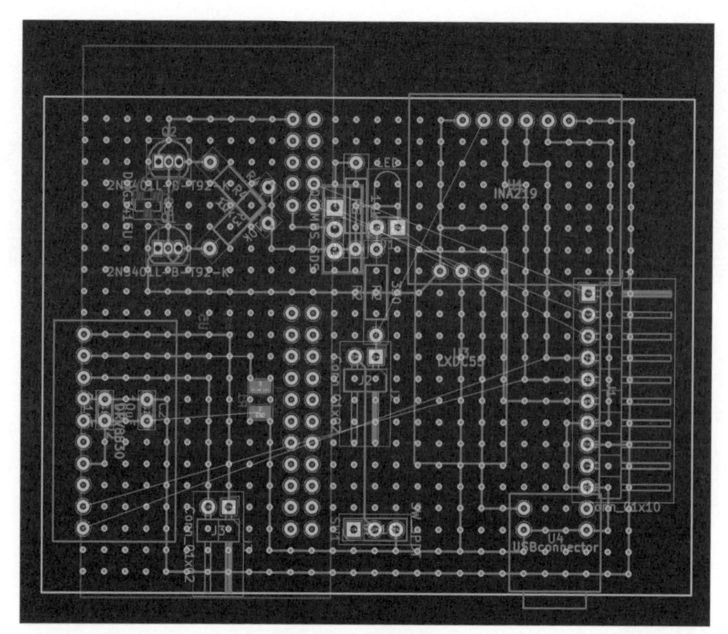

図51　配線図

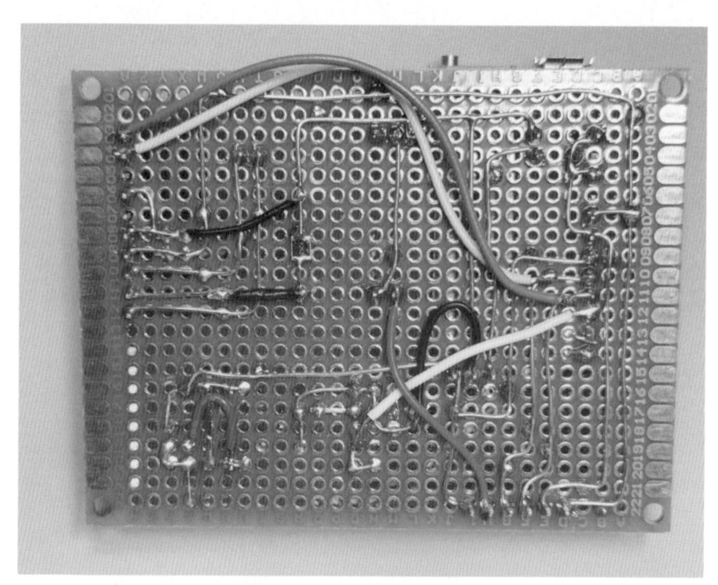

図52　M系基板(裏)

53、54)。

（3）配線導通チェック

テスタを使用して、各端子の導通チェックを行う。

（4）動作確認

① C系、T系基板との接続

製作済みのC系、T系基板と接続を行う。

図50の結線図に従い、M系基板のJ1コネクタとC系基板J4コネクタ、およびT系基板J3

図 53　M系基板（裏 Raspberry Pi を実装した状態）

図 54　M系基板（表）

コネクタをジャンパワイヤで接続する。**図 55** が接続した写真になるが、C系基板については分かりやすくするため、STM32 は外した状態で撮影している。

C系基板とT系基板の接続は、前項の接続と同様となる。

② C系ターミナルでの接続確認

C系のSTM32、T系のESP32、M系のRaspberry PiについてPCとUSB接続し、起動を行う。

C系ターミナルで“test-comm 2”と入力し、「[DBG] [cmd_test_comm]success」が表示されることを確認する。

③ 地上局、T系との接続確認

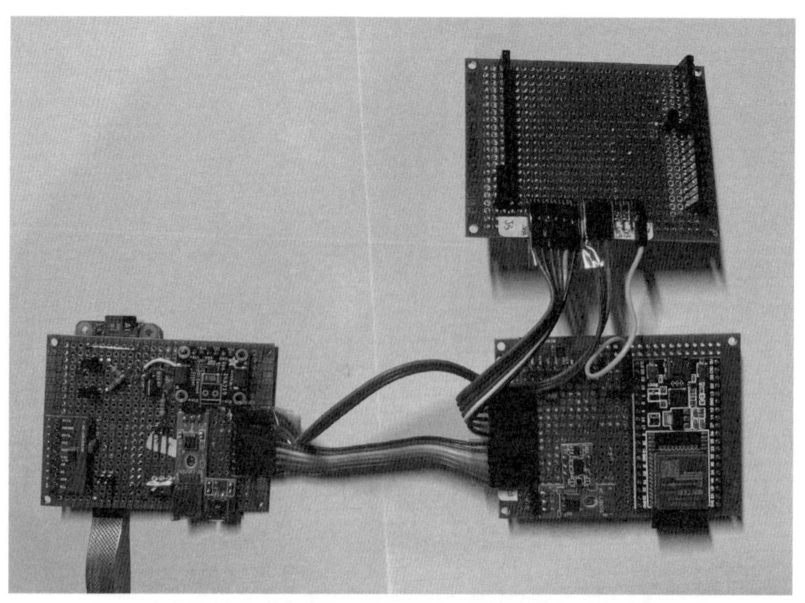

図55　各基板との接続

地上局（TestCamp）で、「COMM_TEST / 搭載機器との通信テストを実行する」コマンドを選択し、対象を「Mission OBC」とする。コマンド送信を行い、「COMM_TEST」のテレメトリが受信されることを確認する。

4．アームの組み立て

メインミッションとなる自撮りアームの組み立てを行う。最初に、土台となるプレートにリアクションホイールとバッテリを取り付け、最後にアームを組み込む。

（1）ベースプレート、リアクションホイール組み立て

ユニバーサルプレートＬからベースプレートを切り出す。さらに、リアクションホイールを取り付ける（**図56**）。

（2）バッテリケース組み立て

ベースプレートにバッテリケースを取り付ける（**図57**）。

（3）アーム組み立て

ミッション部となる自撮りアーム機構を組み立てる（**図58**）。

ユニバーサルアームセットとユニバーサル金具４本セットを使用し、アーム進展機構を組み立

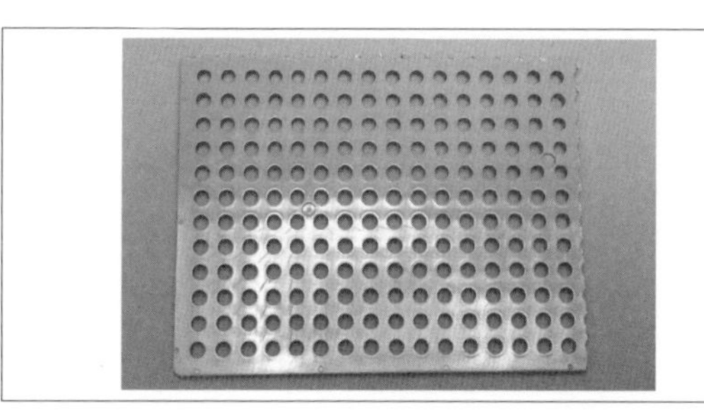	ユニバーサルプレートの角を使用し、縦13番目のホールをカットし、横17番目のホールもカットする。

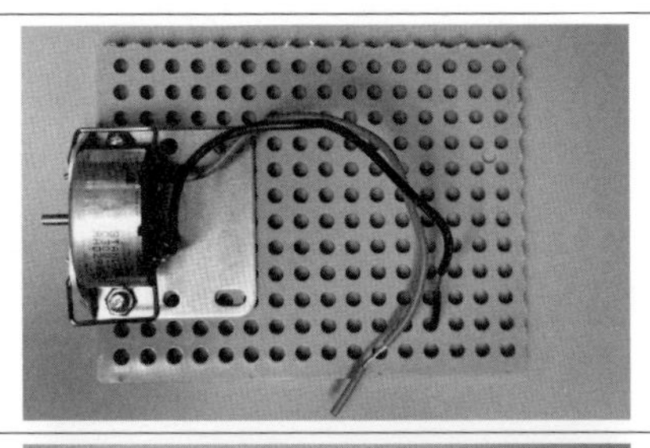	ソーラーモータ 03 を使用し、プレート左端の上から４番目のホールと、下から３番目のホールにプレートを取り付け、ボルトを下から通し、ナットでとめる。その後、モータを固定する。
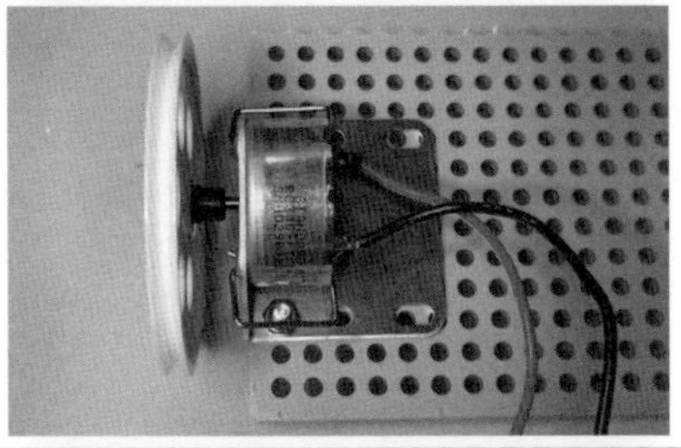	プーリー（L）セットから直径 50cm のプーリーと 1.9W ブッシュを使用し、ソーラーモータ 03 のシャフトにプーリーを取り付ける。
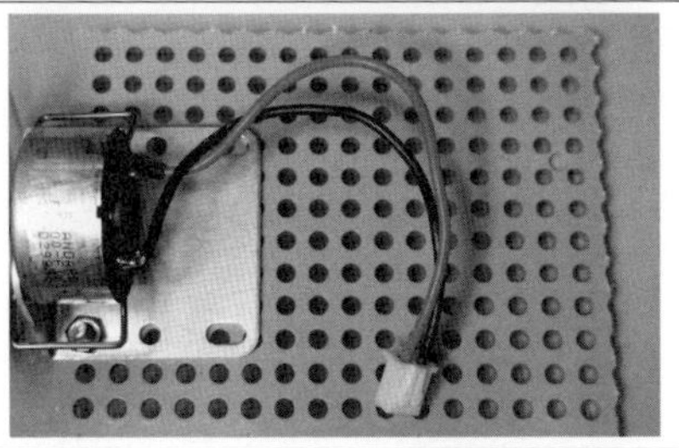	バッテリケースケーブルにコネクタを取り付ける。ケーブルに圧着ペンチを使い、コンタクト SXH-001T-P0.6 を取り付ける。その後、ハウジング XHP-2 へ差し込む。

図 56　リアクションホイールの取り付け

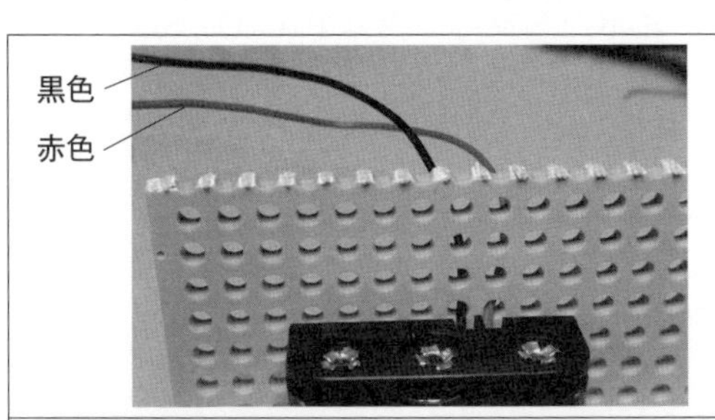	バッテリケースのケーブルをベースプレートに通す。上から４番目のホールで黒色は左から８番目のホールに通す。赤色は左から９番目のホールに通す。
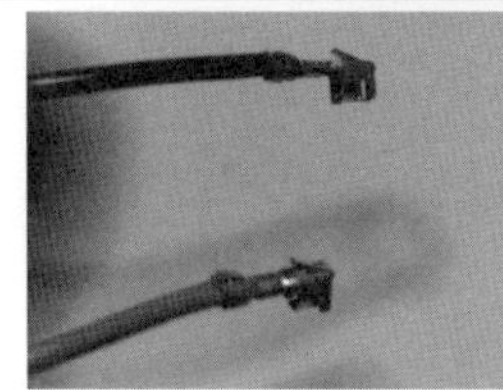 	バッテリケースケーブルにコネクタを取り付ける。ケーブルに圧着ペンチを使い、コンタクト SXH-001T-P0.6 を取り付ける。その後、ハウジング XHP-2 へ差し込む。
	バッテリ（Panasonic エネループ）３本をバッテリケースに取り付け、結束バンドで固定する。

図 57　バッテリケースの取り付け

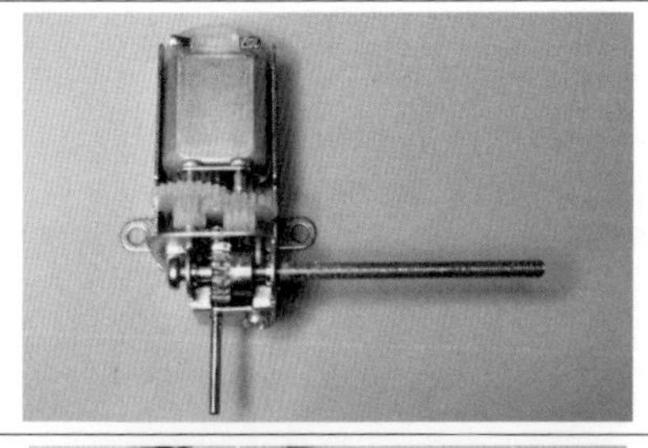	ユニバーサルギヤーボックス No.103を組み立てる。設定は「中速」「よこ出力」とし、出力シャフトは、3mm ネジセット（60、100mm）より 60mm のネジを使用する。
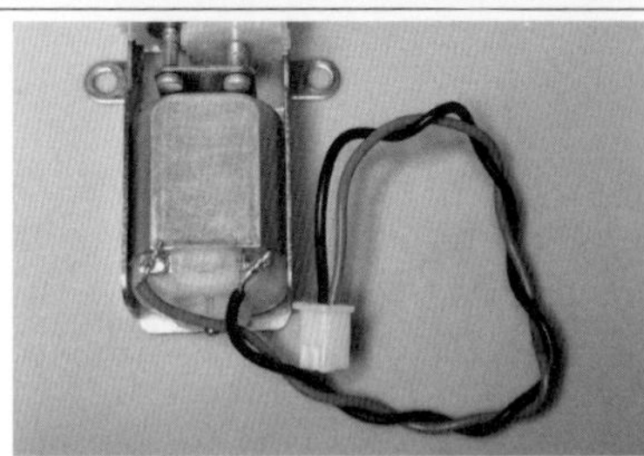	モータケーブルにコネクタを取り付ける。ケーブルに圧着ペンチを使い、コンタクト SXH-001T-P0.6 を取り付ける。その後、ハウジング XHP-2 へ差し込む。反対側をモータの端子へはんだ付けする。
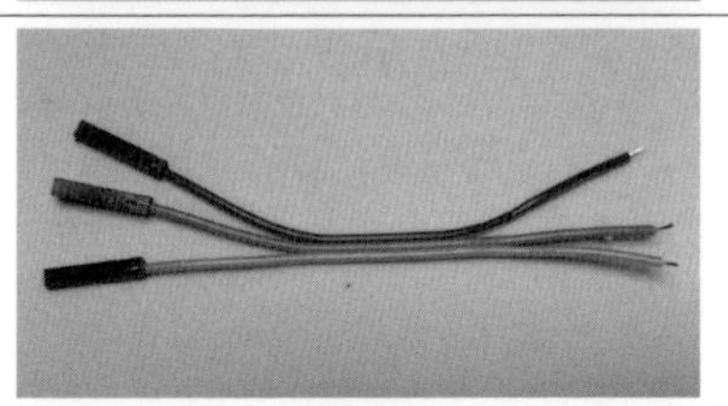	アームの伸縮具合を確認するためのボリューム抵抗を組み立てる。コネクタ付きケーブル 20cm、40P、オスメスから 3 本切断し、メス側コネクタから 10cm の距離で切断する。
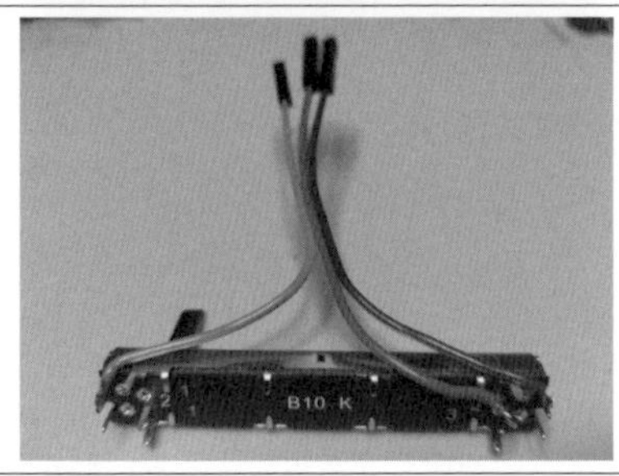	スライドボリューム（2 連 B10kΩ）SL4515G-B103L15CM に前述のケーブルをはんだ付けする。1’(GND)、2’(3V3)、3’(SLIDE_VOL) をはんだ付けする。

図 58　自撮りアーム機構の組み立て

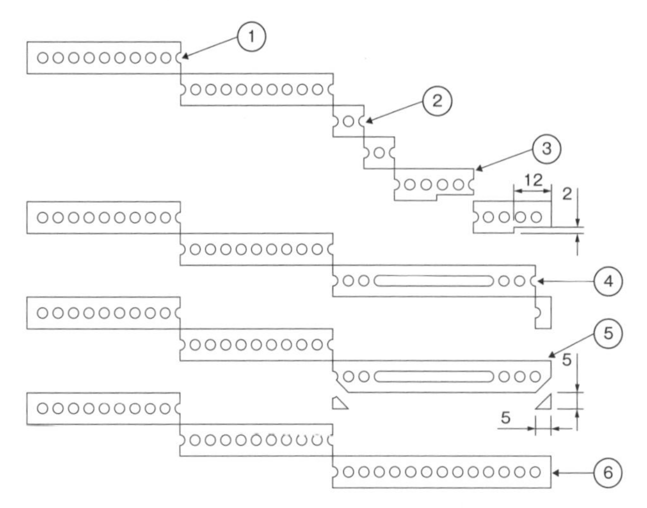

図 59　ユニバーサルアーム切断図

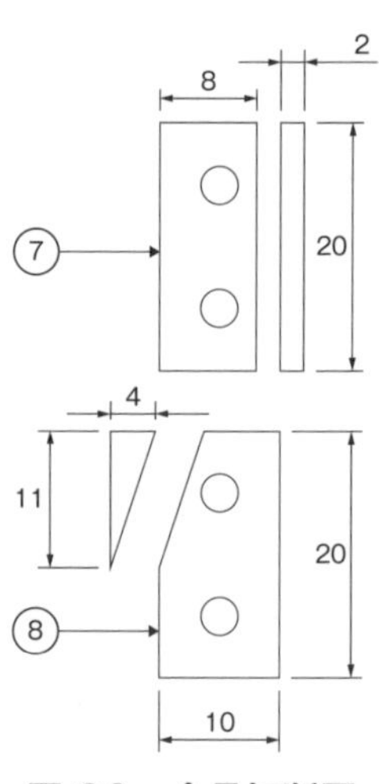

図 60　金具切断図

てる。

1．**図59**の通りにＩ形アームを切断して、①～⑤の５つの部品を作成する(⑥は不使用)。カッターナイフで１mm程度切り込みを入れて、手で折るときれいに切断できる。④と⑤の部品について、穴の間の部分をニッパで切ってつなげた後、ヤスリで仕上げる。部品の加工方法詳細はタミヤの説明書を参照すること。

2．③の部品を組み立てた際にバッテリケースと干渉しないように図59に示す通り、ヤスリで削る。

3．筐体と干渉するため、ユニバーサル金具を**図60**のように加工する。万力やネジで金具を固定して金鋸で切断する。

4．**図61**に示すように、伸縮するアーム部分を組み立てる。ユニバーサルアームから作った部品を交差させてマジックハンドのような構造を作っていく。プラナットは、アームがガタつかずかつスムーズに動く程度に締める。

① ユニバーサルアーム(９穴)
② ユニバーサルアーム(１穴)
③ ユニバーサルアーム(４穴)
④ ユニバーサルアーム（12穴）カメラ側
⑤ ユニバーサルアーム（13穴）駆動側
⑥ 不使用
⑦ ユニバーサル金具１
⑧ ユニバーサル金具２
⑨ ３×20mmネジ
⑩ 10mmスペーサ
⑪ ３mmナット
⑫ ３×10mmネジ
⑬ プラナット
⑭ カメラ
⑮ ２mmナット
⑯ L字アングル
⑰ ２mmワッシャ
⑱ ２×10mmネジ
⑲ ３×35mmネジ
⑳ 15mmスペーサ
㉑ ２×３mmネジ
㉒ ユニバーサルギヤーボックス
㉓ 10kΩスライドボリューム(Bカーブ)
㉔ ユニバーサルプレート
㉕ ３×60mmネジ
㉖ ５mmスペーサ
㉗ ３mmワッシャ
㉘ ３×８mmネジ

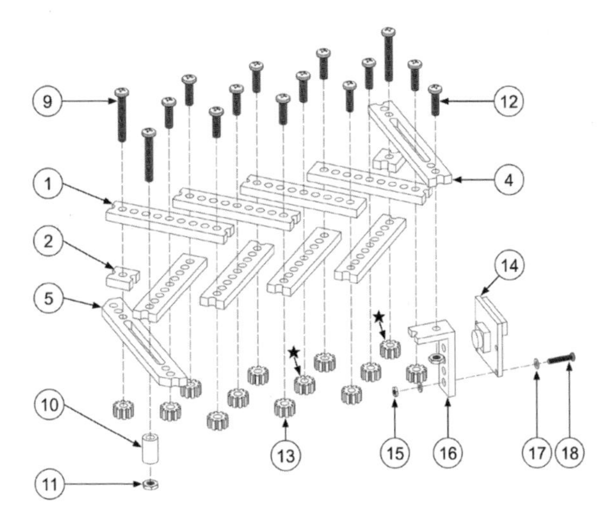

図61　アーム部組立図

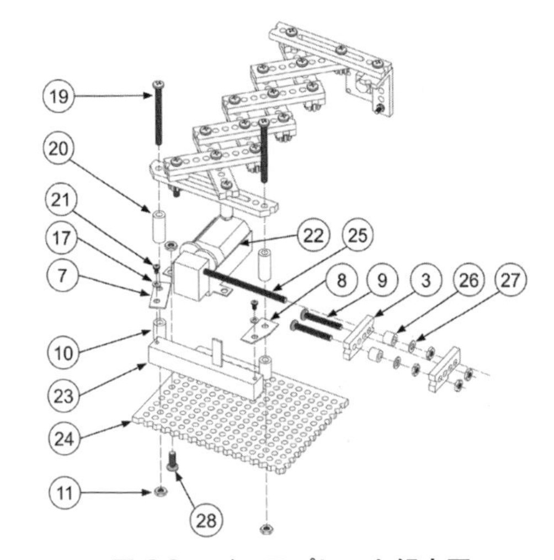

図62　ベースプレート組立図

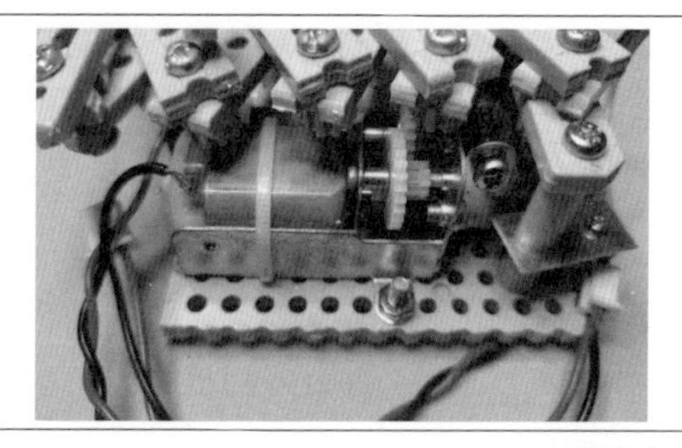	モータを結束バンドで固定する。

図 63　結束バンド固定

図 64　自撮りアーム機構完成

5．ユニバーサルプレート付属のＬ字アングルを利用して、アームの端にカメラを取り付ける。

6．ギヤボックスを中速の設定で組み立てる。

7．**図 62** の通り、ユニバーサルプレートにギヤボックスを取り付け、組み立てたアームと動力を接続する。この時、アームの端点とスライドボリュームのつまみを一緒に挟み込むよう組み立てる。ユニバーサルプレートの取り付け位置がズレないように注意する。

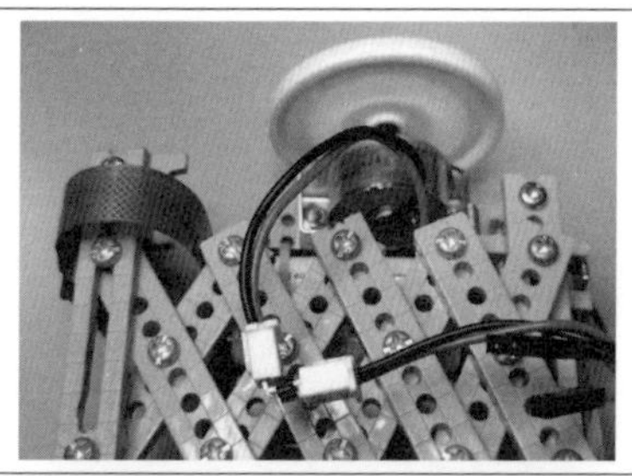	ピンヘッダ(L型) 1 × 10 (10P)を 2 ピン使用し、リアクションホイールとバッテリを接続する。リアクションホイールが回転することを確認する。
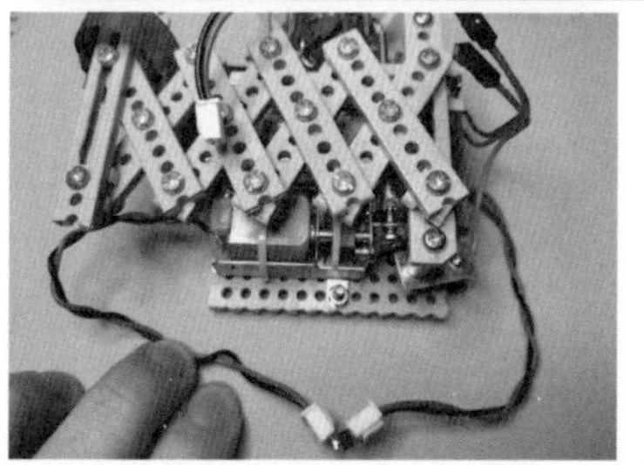	ピンヘッダ(L型) 1 × 10 (10P)を 2 ピン使用し、アームモータとバッテリを接続する。アームが伸縮することを確認する。 ※接続を±逆にすると反対の動作となる。

図 65　リアクションホイールと自撮りアームの動作確認

8．シャフトに横から負荷をかけないよう、アームとの接続部分に遊びができるように組み立てる。シャフトの長ネジを触った時にカタカタ動く状態であることを確認する。

9．緩み止めのため、金属ナットに瞬間接着剤をつける。

10．アームのカメラ側の端と中央のプラナット（図61の★）に輪ゴムをかけてテンションを加え、アームのガタつきを抑える。

11．最後に、**図63**の通り、モータを結束バンドで固定し、完成となる（**図64**）。

（4）動作チェック

テスタでバッテリコネクタ、アームモータコネクタ、リアクションホイールモータコネクタがショートしていないか確認する（**図65**）。

FMフェーズ

これまでBBMフェーズとして機器単体の動作確認、EMフェーズで機器を基板に組み込みを行った。ここでは衛星として全体を組み上げ、運用までを行う。

1．組み立て

今まで製作を行ってきた各基板やアーム機構を1つの衛星として組み立てる。

（1）組み立て

スペーサとネジを使用し、下側から順番に組み立てていく（**図66**）。

（2）動作チェック

テスタで導通確認する。各基板間の3V3や4VのピンとGNDがショートしていないか確認する（例：J3の4VとGND、3.3VとGNDなど）。

Raspberry Pi基板のバッテリスイッチSW1の電源を入れ、OBCの起動LEDが点灯するか確認する。

	一番下の支柱を組み立てる。 M2.6×10のスペーサ4個に六角ナットM2.6×0.45を4個それぞれ取り付ける。
	Raspberry Piの搭載された基板四角の下部に前述で組み立てたスペーサを配置し、M2.6 × 10のスペーサ4個でサンドイッチする。

	アーム機構のバッテリコネクタを Raspberry Pi に搭載された基板中心のコネクタに接続する。プラスマイナスの接続に注意する。写真向かって右側のピンがプラス、左側がマイナスとなる。
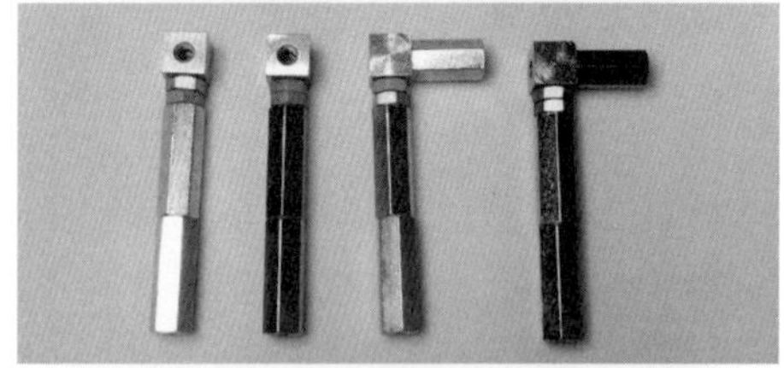	中間の支柱を組み立てる。 M2.6 × 15 を 2 本直列にし、上段に六角ナット M2.6 × 0.45 を 2 個接続する。さらにその上に六角ブロック CB26-6 を取り付ける。これを 4 セット作製する。そのうち 2 セットは CB26-6 の横に M2.6 × 10 のスペーサを取り付ける。
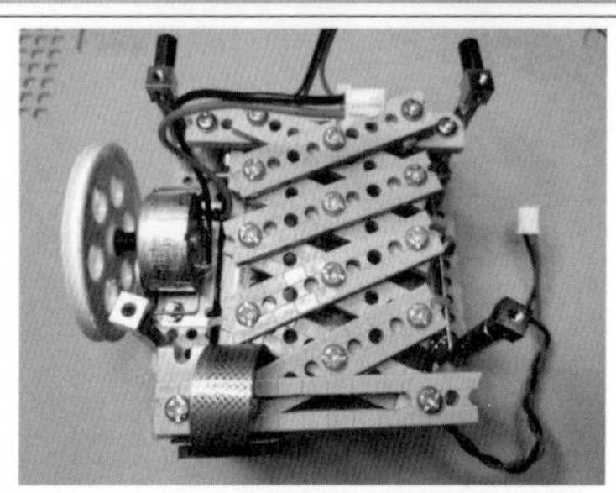	前述の Raspberry Pi に搭載された基板の上にアーム機構を載せ、中間の支柱を接続する。六角ナット M2.6 × 0.45 の横にスペーサ M2.6 × 10 を取り付けた支柱は、自撮り機構のボリューム抵抗がついている面に取り付ける。
	上段のネジを組み立てる。 ネジ M2.6 × 5 に六角ナット M2.6 × 0.45 を 1 個接続する。これを 4 セット作製する。
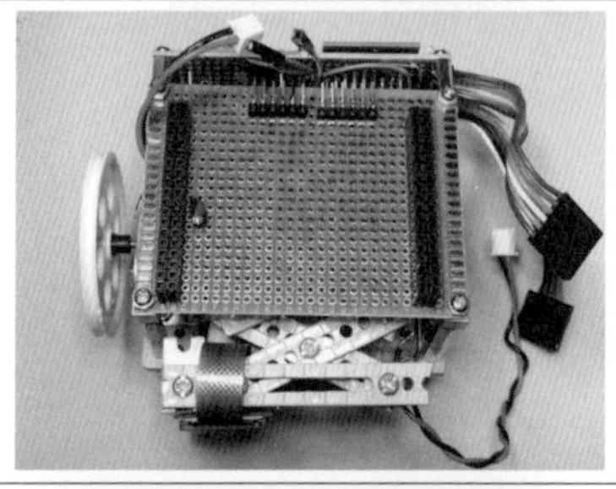	中間の支柱の上に STM32 基板を載せる。前述で組み立てたネジ M2.6 × 5 と六角ナット M2.6 × 0.45 を取り付ける。
	ESP32 基板を取り付ける。写真の方向で DRV8830 を上にし、上部 2 か所をネジ M2.6 × 5 で固定する。
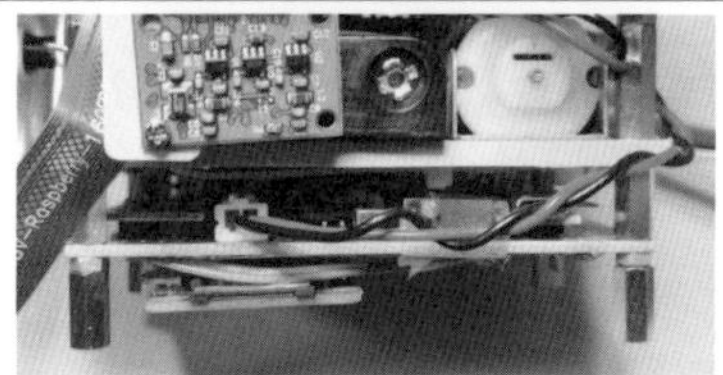	アームモータのケーブルを Raspberry Pi 基板手前左側のコネクタに接続する。

<table>
<tr>
<td></td>
<td>RW モータを ESP32 基板上部の 3 ピンコネクタ左側に接続する。写真向かって左からピン 1・2・3 となる。ピン 1・2 に接続する。
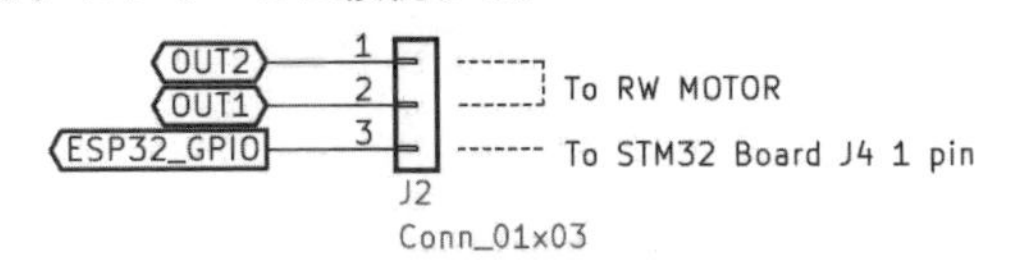
</td>
</tr>
<tr>
<td></td>
<td>アーム可変抵抗ケーブルを接続する。3 ピン GND、2 ピン 3V3、4 ピン SLIDE_VOL へ接続する。
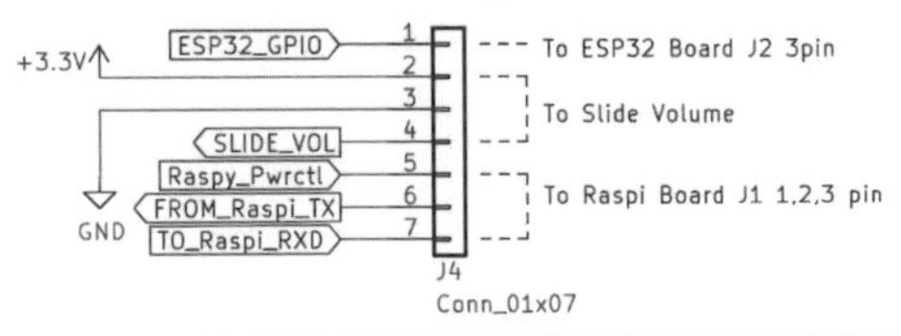
</td>
</tr>
<tr>
<td>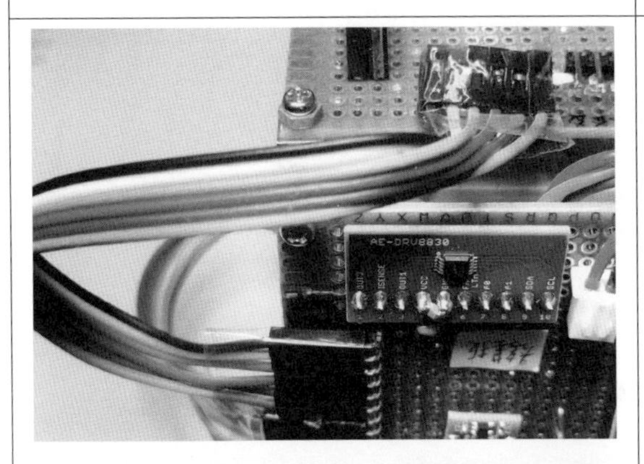</td>
<td>STM32 基板と ESP32 基板間ハーネスを接続する。
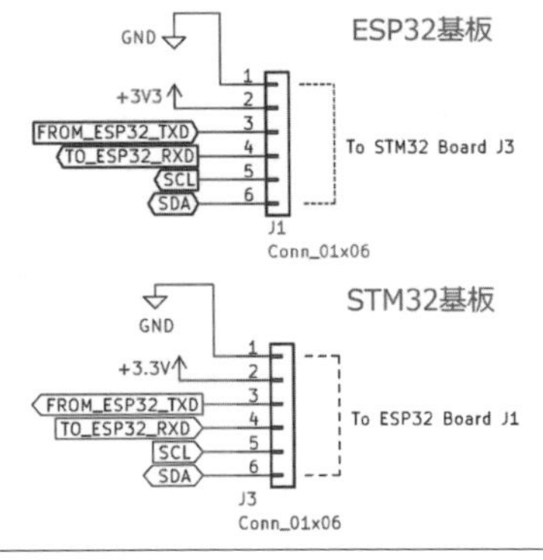
</td>
</tr>
<tr>
<td>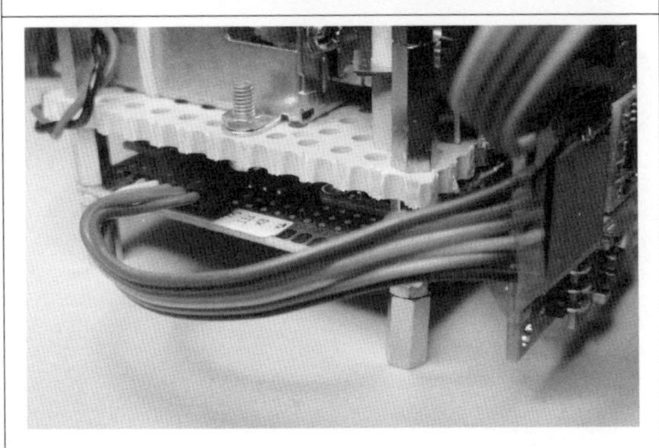</td>
<td>ESP32 基板と Raspberry Pi 基板間ハーネスを接続する。ESP32 基板のピン 1 ～ 6 と Raspberry Pi 基板のピン 4 ～ 9 を使用する。ピン 9 と ESP32 基板のピン 1 を合わせる。
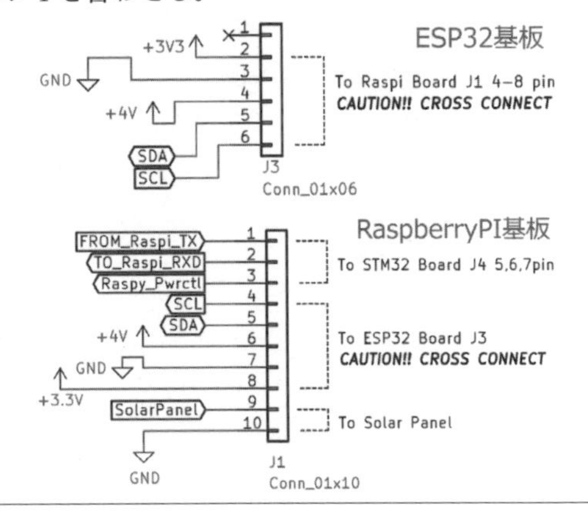
</td>
</tr>
<tr>
<td></td>
<td>STM32 基板の J4 ピン 1 と ESP32 基板の J2 ピン 3 を接続する。</td>
</tr>
</table>

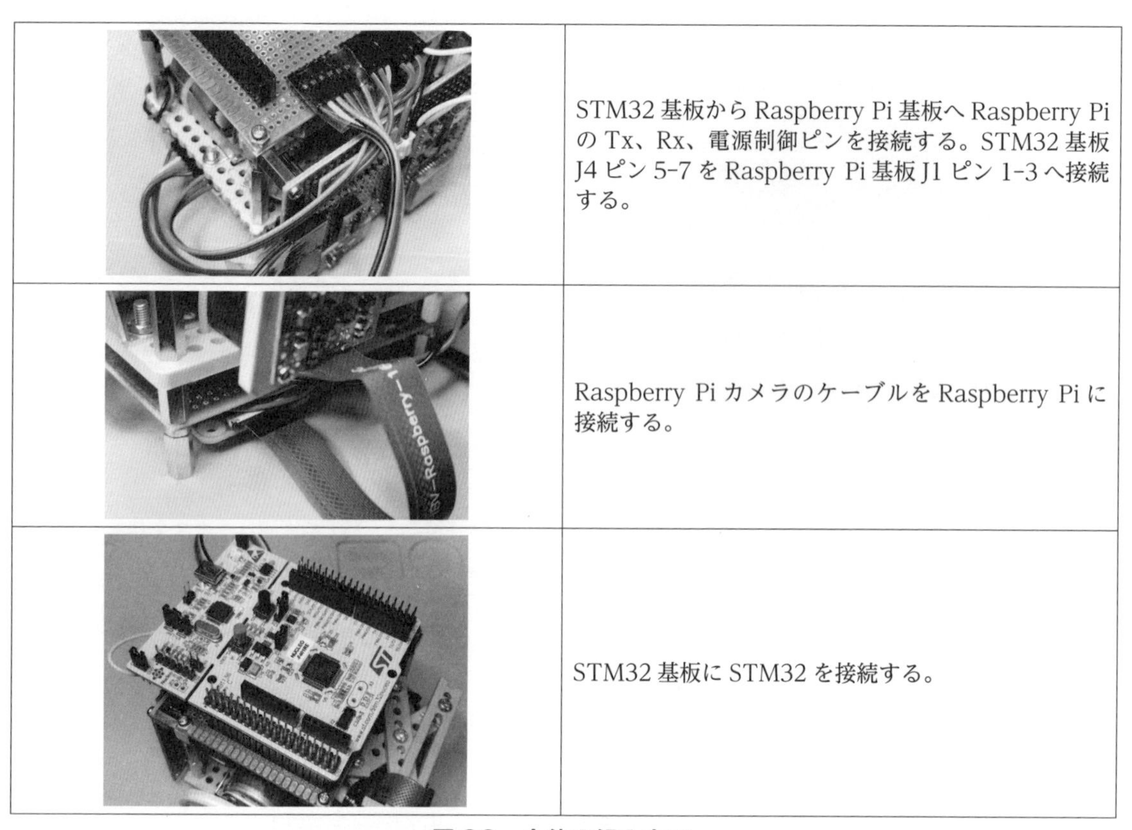

	STM32 基板から Raspberry Pi 基板へ Raspberry Pi の Tx、Rx、電源制御ピンを接続する。STM32 基板 J4 ピン 5-7 を Raspberry Pi 基板 J1 ピン 1-3 へ接続する。
	Raspberry Pi カメラのケーブルを Raspberry Pi に接続する。
	STM32 基板に STM32 を接続する。

図 66　全体の組み立て

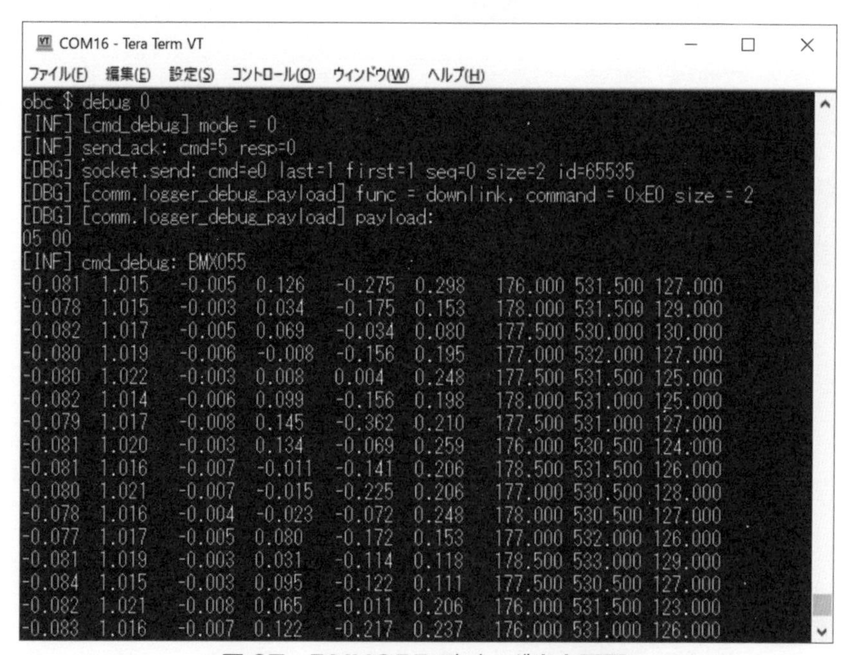

図 67　BMX055 デバッグ出力画面

STM32 に USB を接続し、Terminal でデバッグコマンドを実行する。

使用デバッグコマンド　"debug 0"(図 67)

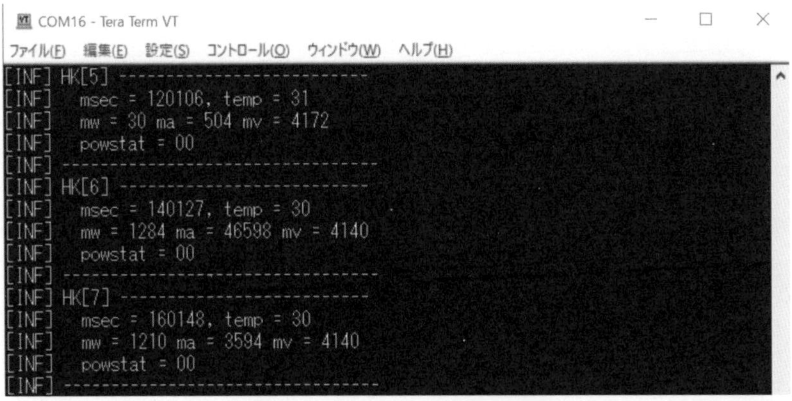

```
COM16 - Tera Term VT
ファイル(F) 編集(E) 設定(S) コントロール(O) ウィンドウ(W) ヘルプ(H)
[INF] HK[5] --------------------------
[INF]   msec = 120106, temp = 31
[INF]   mw = 30 ma = 504 mv = 4172
[INF]   powstat = 00
[INF] ------------------------------
[INF] HK[6] --------------------------
[INF]   msec = 140127, temp = 30
[INF]   mw = 1284 ma = 46598 mv = 4140
[INF]   powstat = 00
[INF] ------------------------------
[INF] HK[7] --------------------------
[INF]   msec = 160148, temp = 30
[INF]   mw = 1210 ma = 3594 mv = 4140
[INF]   powstat = 00
[INF] ------------------------------
```

図 68　HK データ出力画面

Raspberry Pi 基板の前面 USB にマイクロ USB を接続し、バッテリの充電が行われるか、STM32 の USBTerminal で電流値の変動を確認する(**図 68**)。

2．運用する(最終テスト)

組み立て終わった衛星に対して、地上局から主要コマンド送信を行い、正常動作を確認する。以下の準備を行い、動作確認を行っていく。

- 衛星の電源スイッチを ON し、起動を行う。
- PC で地上局を起動し、Bluetooth 接続状態にする。

（1）基本動作確認

以降の各確認事項の表は、以下の要領で記載を行っている。これに合わせて動作確認を行っていく。

コマンド	地上局の送信コマンド
パラメータ	「送信コマンド」のパラメータ
正常動作	正常に動作した場合の挙動

① テストコマンド

コマンド	COMM_TEST
パラメータ	対象：Main OBC
正常動作	• 受信テレメトリ履歴にテレメトリが受信されること。 • テレメトリの実行結果が「00：成功」であること。

② HK データの取得

コマンド	GET_HKDATA
パラメータ	取得開始アドレス：0 取得個数：1
正常動作	• 受信テレメトリ履歴にテレメトリが受信されること。 • テレメトリの実行結果に HK データ一覧が表示されること。

③ Raspberry Pi の電源 ON

コマンド	POWER
パラメータ	操作対象：RPi 電源状態：ON
正常動作	• 受信テレメトリ履歴にテレメトリが受信されること。 • テレメトリの実行結果が「00：成功」であること。

④ Raspberry Pi の電源 OFF

コマンド	POWER
パラメータ	操作対象：RPi 電源状態：OFF
正常動作	• 受信テレメトリ履歴にテレメトリが受信されること。 • テレメトリの実行結果が「00：成功」であること。 • Raspberry Pi の LED が約 1 、2 分後に消灯すること。 ※ Raspberry Pi の停止直後 2 分間は、停止シーケンス処理中のため、Raspberry Pi の起動コマンドは「実行結果」に「失敗」が出力されるので注意。

（2）自撮り撮影

① アームの駆動

コマンド	DRIVE_ARM
パラメータ	動作モード：展開
正常動作	• 受信テレメトリ履歴にテレメトリが受信されること。 • テレメトリの展開成否が「00：成功」であること。 • アームが伸展すること。

② 画像の撮影

コマンド	TAKE_PIC
パラメータ	撮影間隔：0 撮影時間：0 タイマー：0
正常動作	• 受信テレメトリ履歴にテレメトリが受信されること。 • 実行成否が「00：成功」であること。 • カメラの LED が赤く光り、撮影が実行されること。

③ 撮影された画像 ID リストの取得

コマンド	GET_PIC_LIST
パラメータ	取得開始 ID：0（過去に撮影した画像 ID 周辺。最初はゼロを設定する） 取得終了 ID：取得開始 ID + 10
正常動作	• 受信テレメトリ履歴にテレメトリが受信されること。 • 「実行成否」が「00：成功」であること。 • 「取得画像 ID リストの要素数」が、コマンドパラメータで指定した ID の範囲内の撮影済み画像数であること。 • 「画像 ID リスト」に画像 ID と画像サブ ID の位置が出力されること。

④ 撮影された画像データの取得

コマンド	GET_PIC_DATA
パラメータ	画像の種類：縮小画像 画像ID：取得したい画像のID（GET_PIC_LISTで取得できたもの） 画像サブID：取得したい画像のサブID（GET_PIC_LISTで取得できたもの） 開始アドレス：0 取得バイト数：10,000
正常動作	• 受信テレメトリ履歴に2件のテレメトリが受信されること（分割された画像のテレメトリが受信される）。 • 「実行結果」が「00：成功」であること。

⑤ 画像の復元

1．TestCampの上部タブで「画像」を選択する。

2．以下のパラメータを設定する。

画像の種類：縮小画像

画像ID：④で取得した画像ID

画像サブID：④で取得した画像サブID

3．「作成する」をクリックする。

4．復元された画像の保存ダイアログが表示されるので、任意の場所に保存する。

5．保存した画像を確認する。

（3）画像分類

① 画像分類の開始

コマンド	START_PIC_CATEG
パラメータ	使用するライブラリ：TensorFlow Lite 全て分類し直すかどうか：続きから分類する 分類が終わるのを待つかどうか：待たない
正常動作	• 受信テレメトリ履歴にテレメトリが受信されること。 • 実行成否が「00：成功」であること。

② 画像分類の実行状態の確認

コマンド	CHECK_PIC_CATEG
パラメータ	なし
正常動作	• 受信テレメトリ履歴にテレメトリが受信されること。 • 「コマンド処理結果」が「処理中」であること。 ※①の画像分類の開始後、数十分間は「処理中」となる。処理終了後、「停止」が返却される。

③ 画像分類の結果取得

コマンド	GET_PIC_CATEG
パラメータ	未判定時の挙動の種類：tfl 画像ID：分類情報を取得したい画像のID 画像サブID：分類情報を取得したい画像のサブID

正常動作	• 受信テレメトリ履歴にテレメトリが受信されること。 •「コマンド実行結果」が「00：成功」であること。 •「画像の分類」が「good」または「bad」であること。

（4）リアクションホイール

リアクションホイールの駆動制御

コマンド	DRIVE_RWHEEL
パラメータ	動作モード：制御開始 目標角速度：0 実行時間：1
正常動作	• 受信テレメトリ履歴にテレメトリが受信されること。 • 実行成否が「00：成功」であること。 • リアクションホイールが1秒間回転すること。

［参考文献］

（1）Raspberry Pi Documentation-camera
https://www.raspberrypi.com/documentation/accessories/camera.html

（2）岩木雅宣・小原新吾：小特集：航空・宇宙機器と表面処理、宇宙環境におけるトライボロジー、表面技術、Vol.63、No.1、表面技術協会、2012

（3）魚眼加工の実装例
https://github.com/Gil-Mor/iFish

（4）ボケ加工の実装例
https://pillow.readthedocs.io/en/latest/reference/ImageFilter.html

（5）ノイズ加工の実装例
https://stackoverflow.com/questions/22937589/how-to-add-noise-gaussian-salt-and-pepper-etc-to-image-in-python-with-opencv

（6）JERG-2-320A. 構造設計標準、宇宙航空研究開発機構

（7）髙橋和樹（著）、山田学（監修）：めっちゃ、メカメカ！強度設計―壊れない部品のカタチって、どうやって決めるん！、日刊工業新聞社、2018

（8）國井良昌：ついてきなぁ！加工部品設計で3次元CADのプロになる！、日刊工業新聞社、2010

（9）國井良昌：ついてきなぁ！加工知識と設計見積り力で「即戦力」、日刊工業新聞社、2008

（10）稲城正高・米山猛（著）、実際の設計研究会（監修）：設計者に必要な加工の基礎知識―これだけは知っておきたい機械加工の常識、日刊工業新聞社、1999

（11）MISUMI meviy、製造現場から褒められる部品設計の秘訣、設備設計のカギ「切削加工」を知ろう！、2020年4月6日、小川製作所
https://jp.meviy.misumi-ec.com/info/ja/archives/12480/

（12）Webサイト、狩野真紀：製造コスト評価に基づく超小型衛星構体の設計法、1、13-16

（13）Webサイト、松島恵一：超小型衛星の構体設計法に関する研究、1、1-4

（14）宇宙航空研究開発機構、JEMペイロードアコモデーションハンドブック -Vol.8- 超小型衛星放出インターフェース管理仕様書
https://iss.jaxa.jp/kibouser/library/item/jx-espc_8d.pdf

（15）カメラ付き伸縮アームで自撮り！ Selfi-sh開発プロジェクト、トランジスタ技術、2020年6月号、CQ出版

Appendix

Appendix CDH1 C&DH系基板回路図

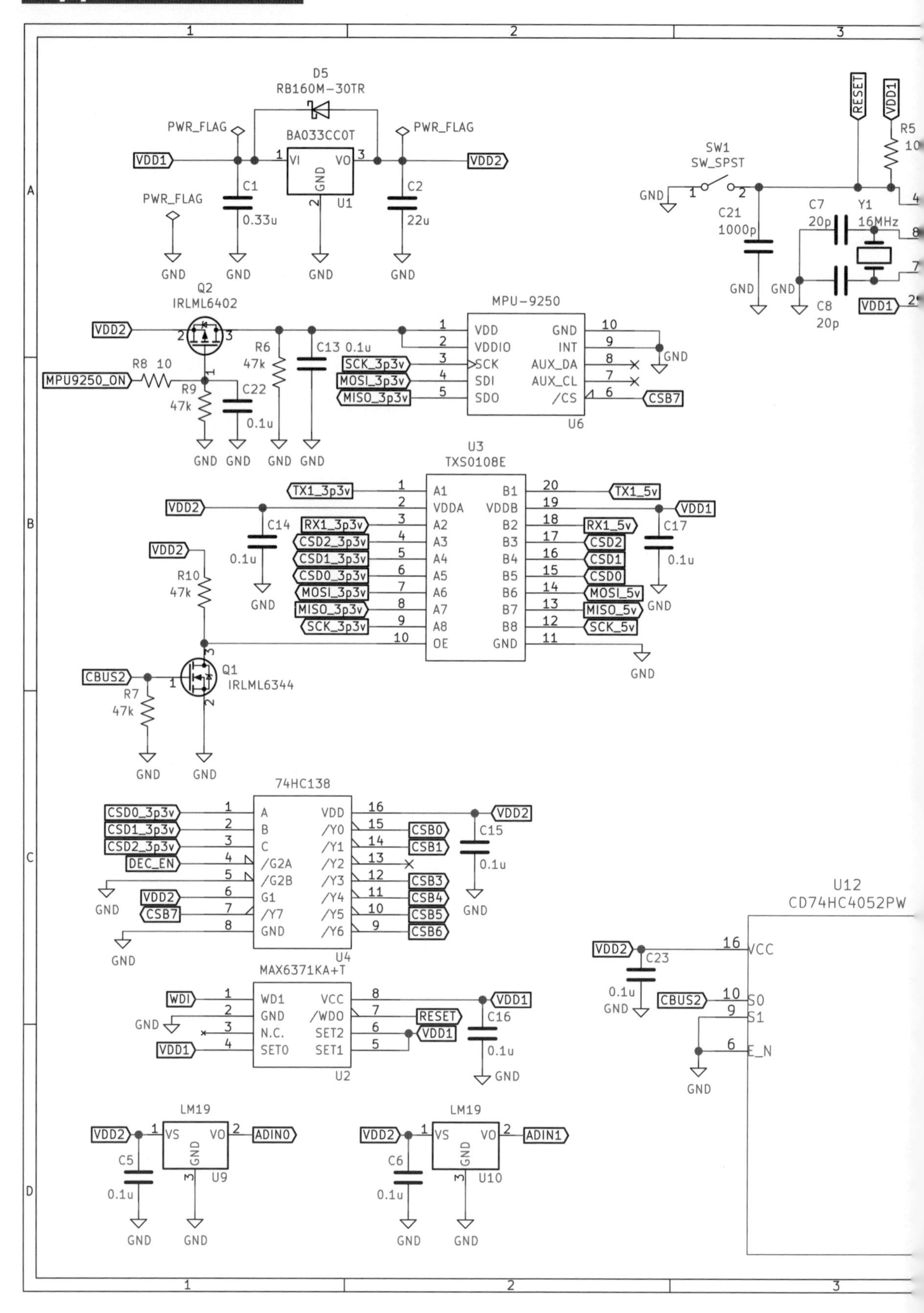

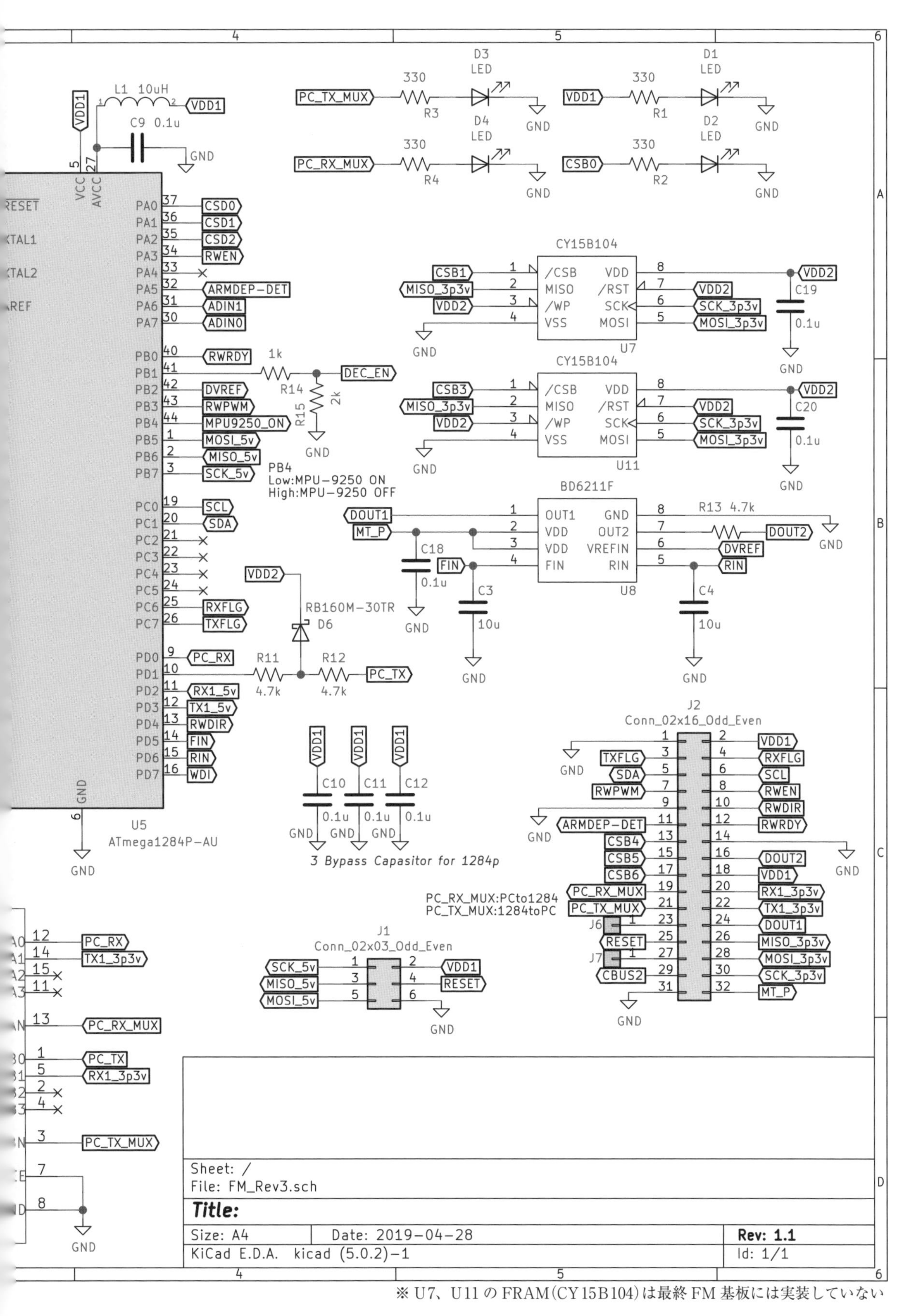

※U7、U11のFRAM(CY15B104)は最終FM基板には実装していない

Appendix CDH2 マザーボード回路図

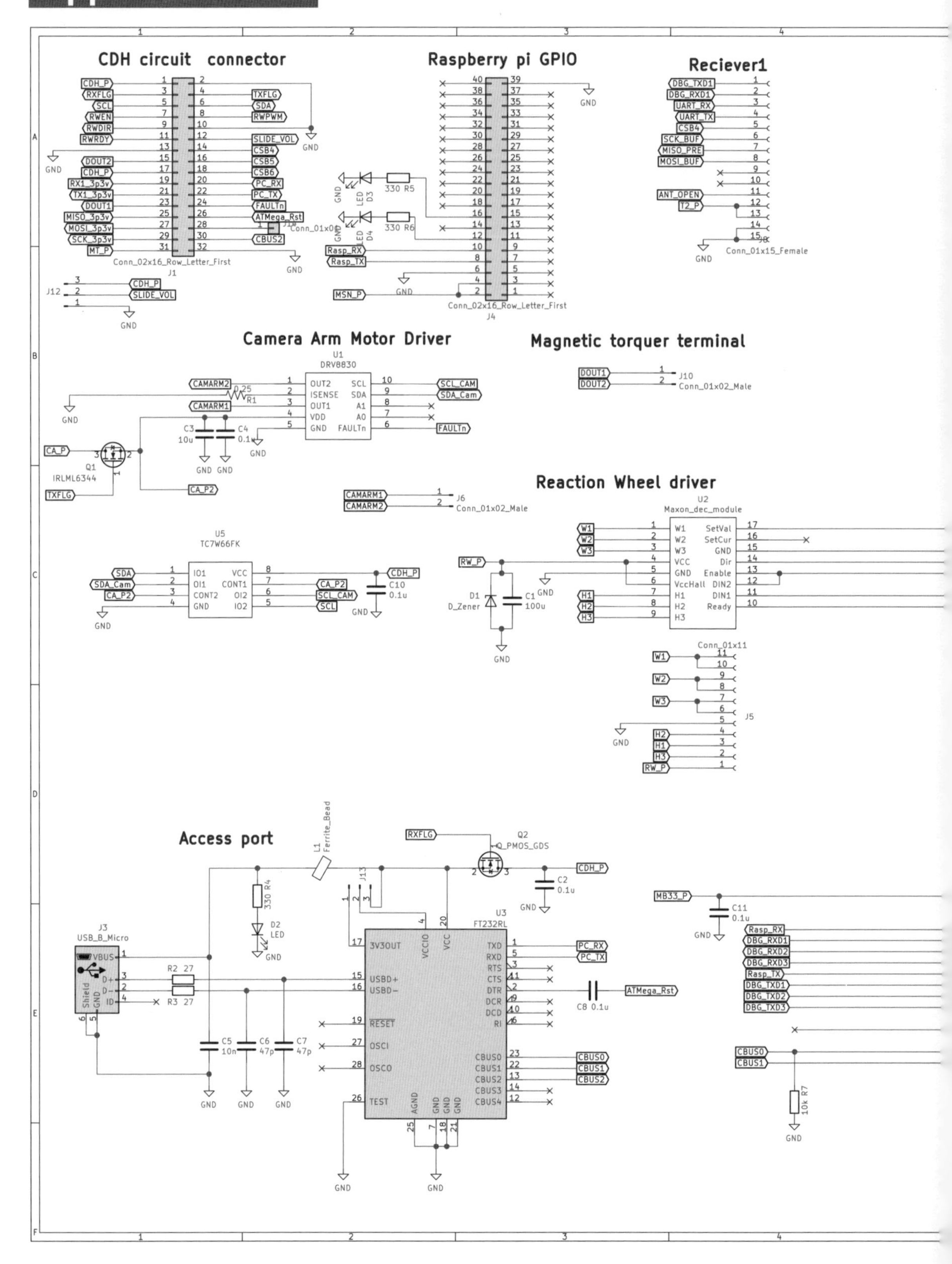

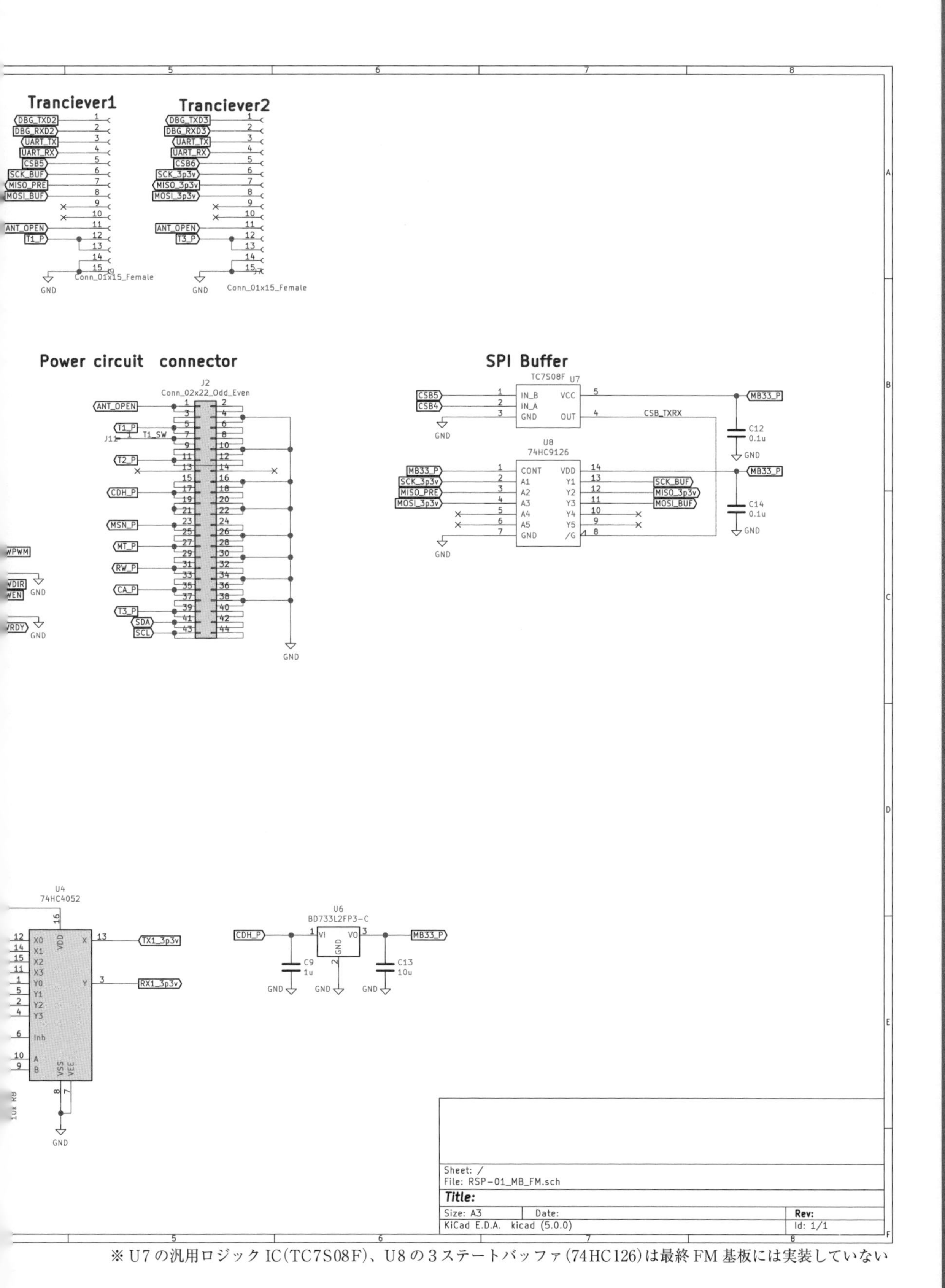

※U7の汎用ロジックIC(TC7S08F)、U8の3ステートバッファ(74HC126)は最終FM基板には実装していない

Appendix CDH3 各動作モードのフローチャート

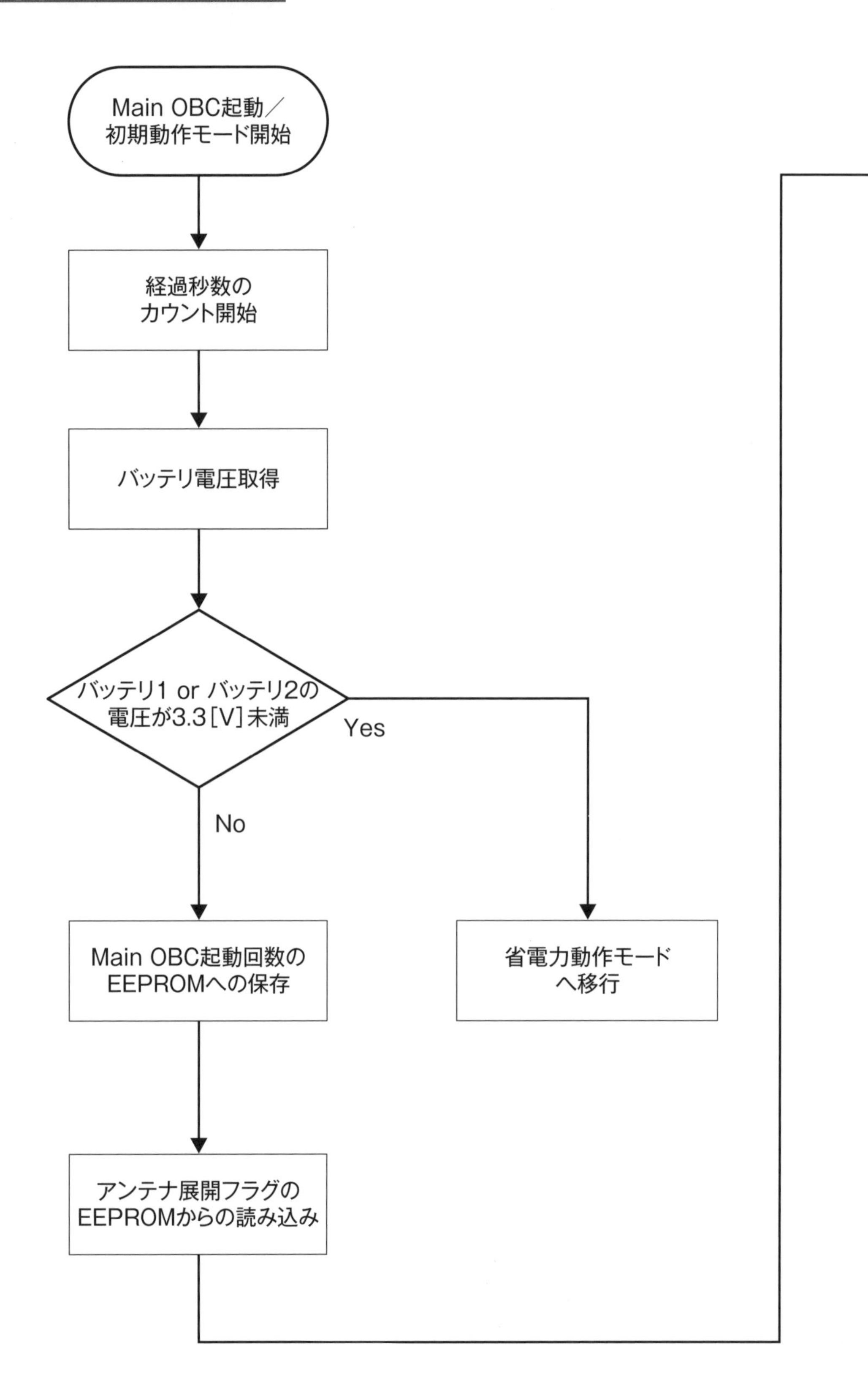

【初期動作モー

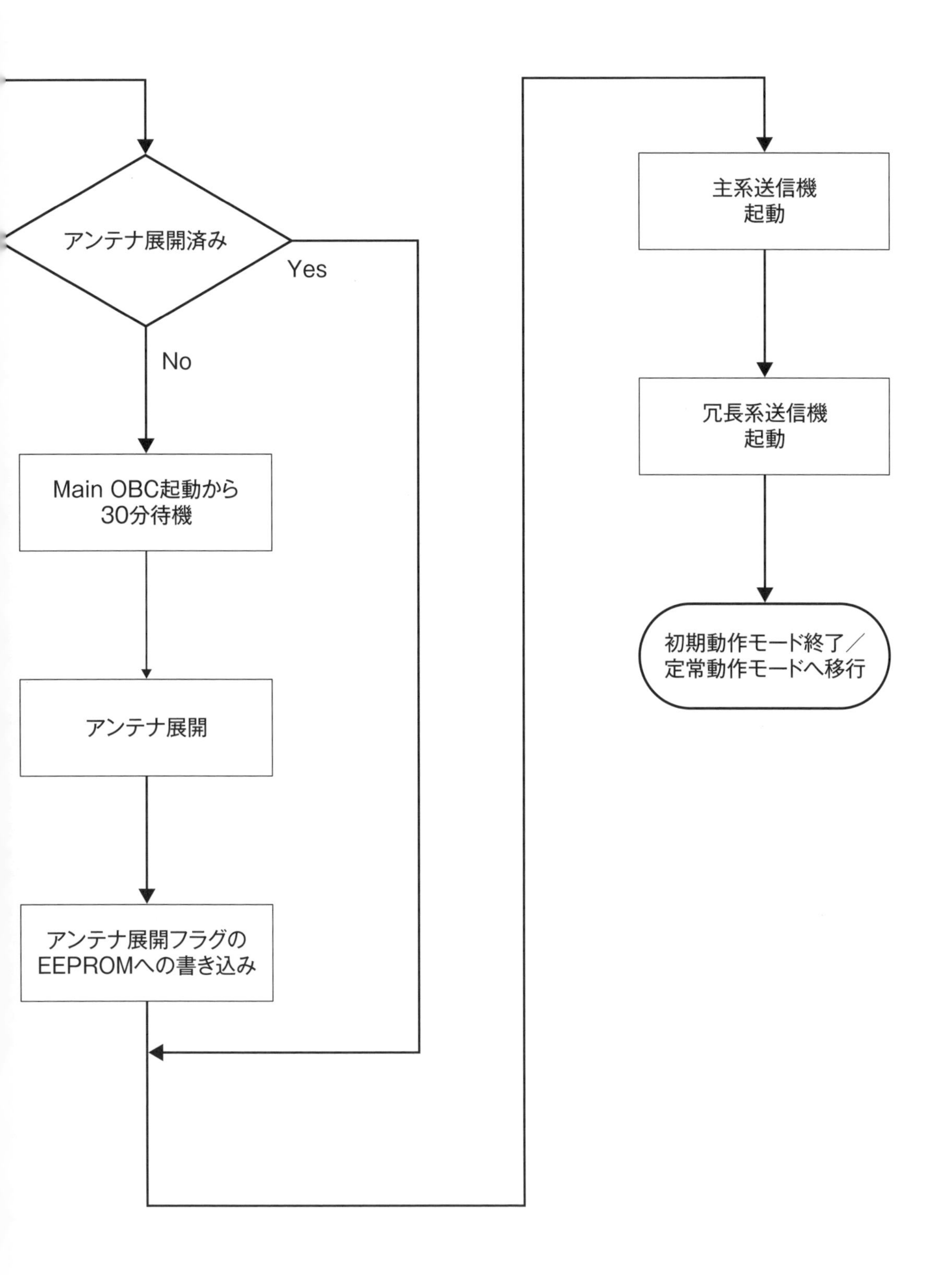
アンテナ展開済み
Yes
No
Main OBC起動から
30分待機
アンテナ展開
アンテナ展開フラグの
EEPROMへの書き込み
主系送信機
起動
冗長系送信機
起動
初期動作モード終了／
定常動作モードへ移行

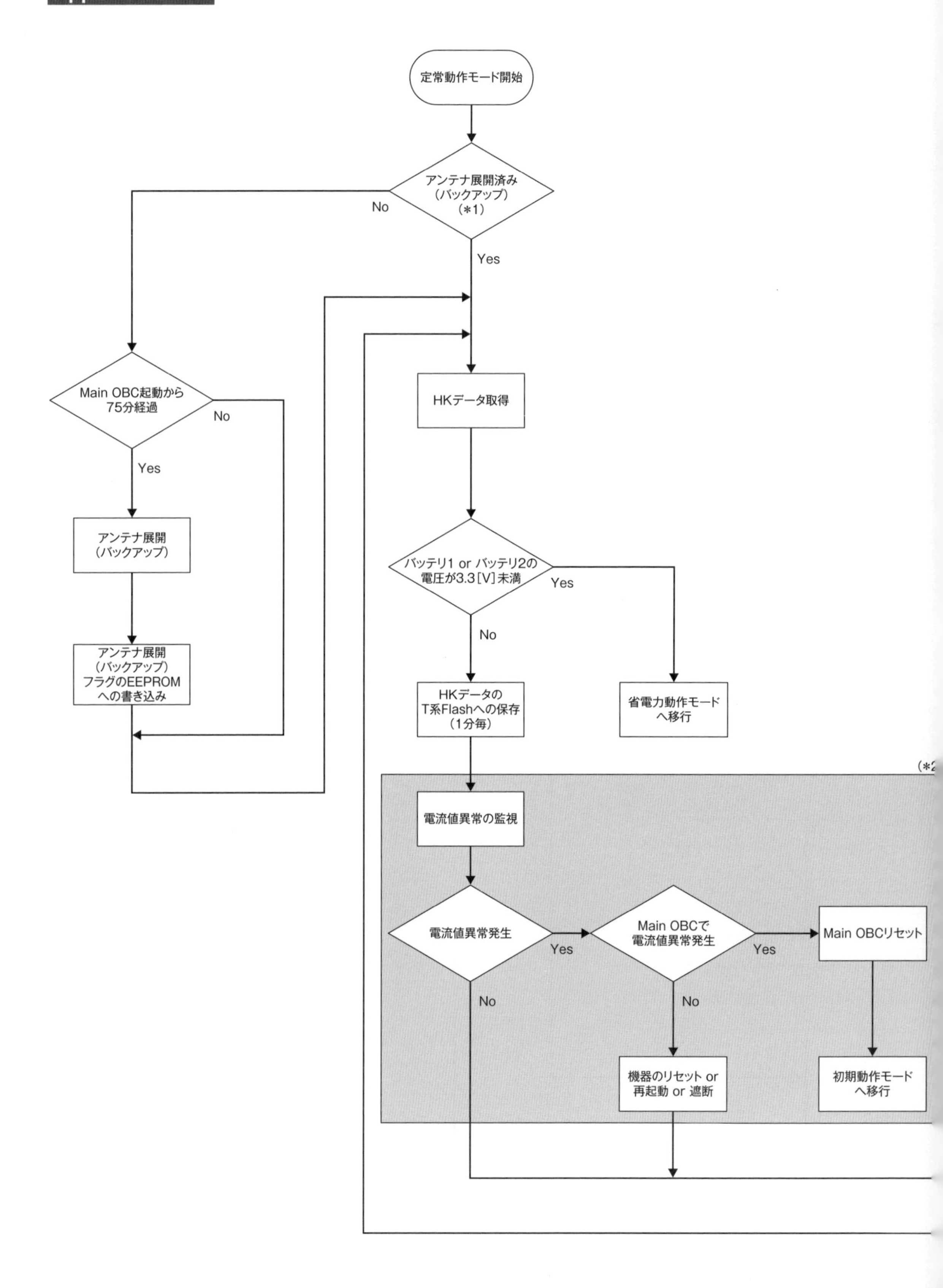
定常動作モード開始
アンテナ展開済み
（バックアップ）
（*1）
No
Yes
Main OBC起動から
75分経過
No
Yes
アンテナ展開
（バックアップ）
アンテナ展開
（バックアップ）
フラグのEEPROM
への書き込み
HKデータ取得
バッテリ1 or バッテリ2の
電圧が3.3［V］未満
Yes
No
HKデータの
T系Flashへの保存
（1分毎）
省電力動作モード
へ移行
（*2
電流値異常の監視
電流値異常発生
Yes
No
Main OBCで
電流値異常発生
Yes
No
Main OBCリセット
機器のリセット or
再起動 or 遮断
初期動作モード
へ移行

【定常動作モー

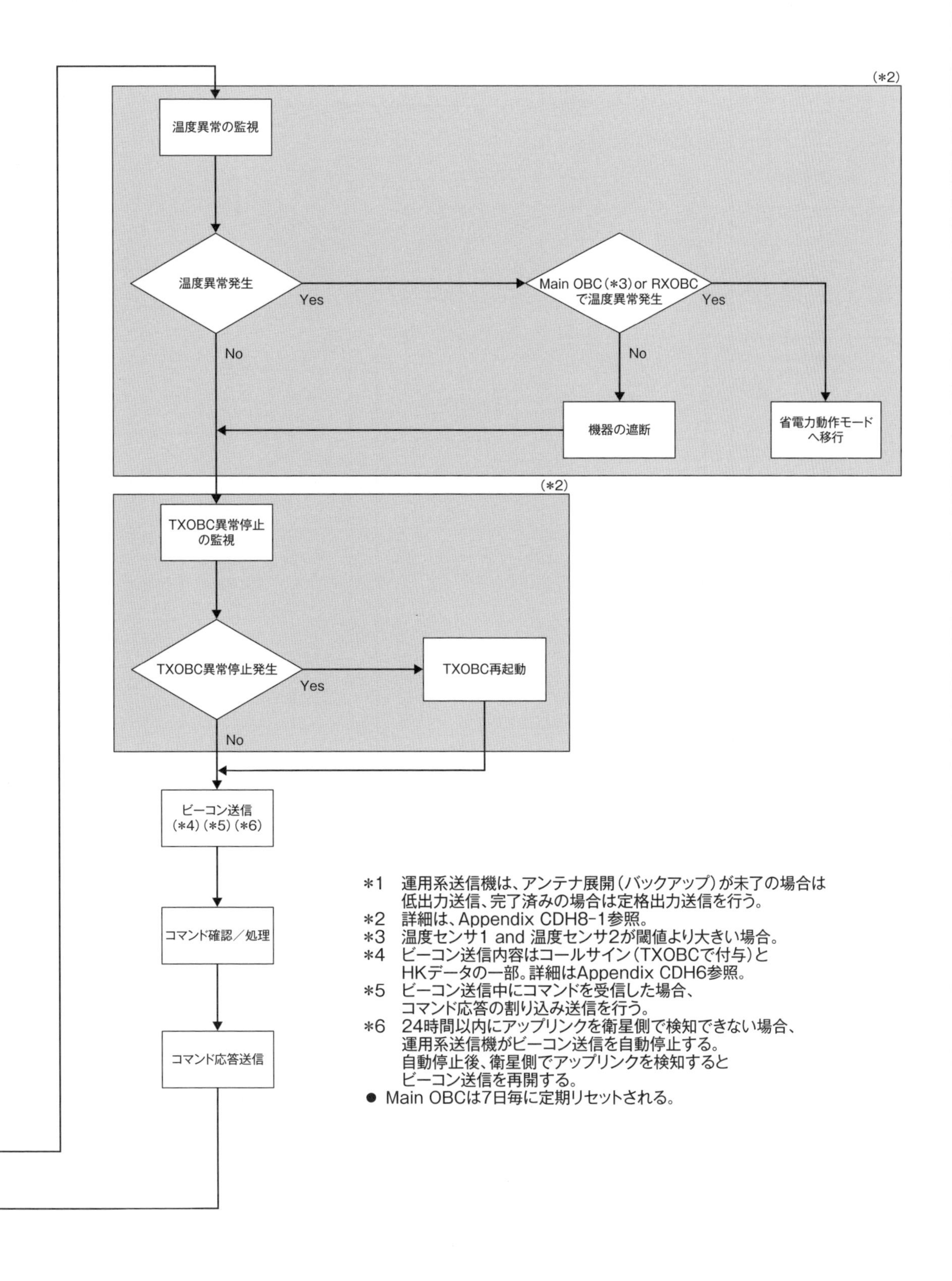

*1 運用系送信機は、アンテナ展開(バックアップ)が未了の場合は低出力送信、完了済みの場合は定格出力送信を行う。
*2 詳細は、Appendix CDH8-1参照。
*3 温度センサ1 and 温度センサ2が閾値より大きい場合。
*4 ビーコン送信内容はコールサイン(TXOBCで付与)とHKデータの一部。詳細はAppendix CDH6参照。
*5 ビーコン送信中にコマンドを受信した場合、コマンド応答の割り込み送信を行う。
*6 24時間以内にアップリンクを衛星側で検知できない場合、運用系送信機がビーコン送信を自動停止する。自動停止後、衛星側でアップリンクを検知するとビーコン送信を再開する。
● Main OBCは7日毎に定期リセットされる。

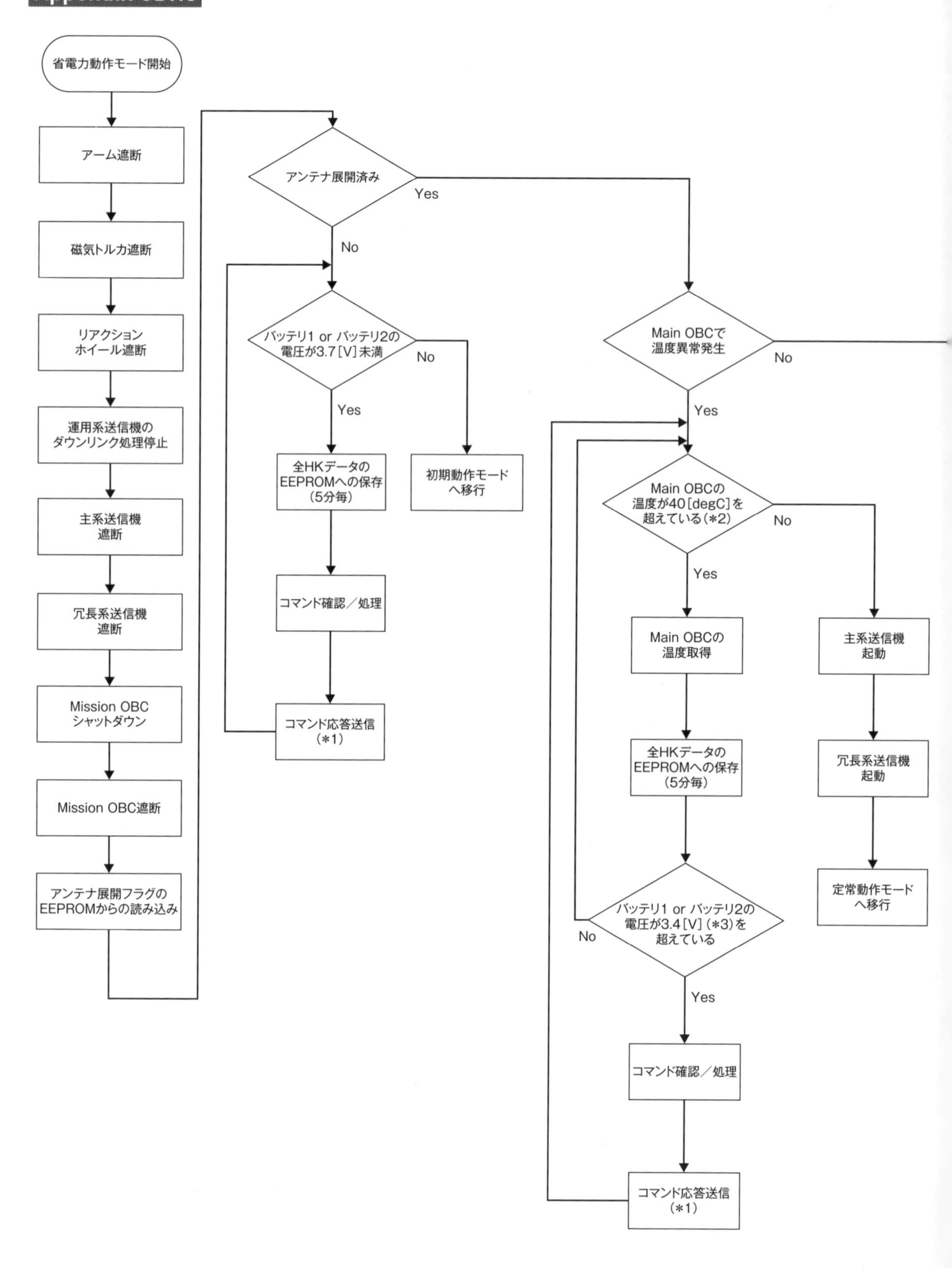
省電力動作モード開始
アーム遮断
磁気トルカ遮断
リアクション
ホイール遮断
運用系送信機の
ダウンリンク処理停止
主系送信機
遮断
冗長系送信機
遮断
Mission OBC
シャットダウン
Mission OBC遮断
アンテナ展開フラグの
EEPROMからの読み込み
アンテナ展開済み
Yes
No
バッテリ1 or バッテリ2の
電圧が3.7[V]未満
No
Yes
全HKデータの
EEPROMへの保存
(5分毎)
初期動作モード
へ移行
コマンド確認/処理
コマンド応答送信
(*1)
Main OBCで
温度異常発生
No
Yes
Main OBCの
温度が40[degC]を
超えている(*2)
No
Yes
Main OBCの
温度取得
主系送信機
起動
全HKデータの
EEPROMへの保存
(5分毎)
冗長系送信機
起動
定常動作モード
へ移行
バッテリ1 or バッテリ2の
電圧が3.4[V](*3)を
超えている
No
Yes
コマンド確認/処理
コマンド応答送信
(*1)

【省電力動作モード

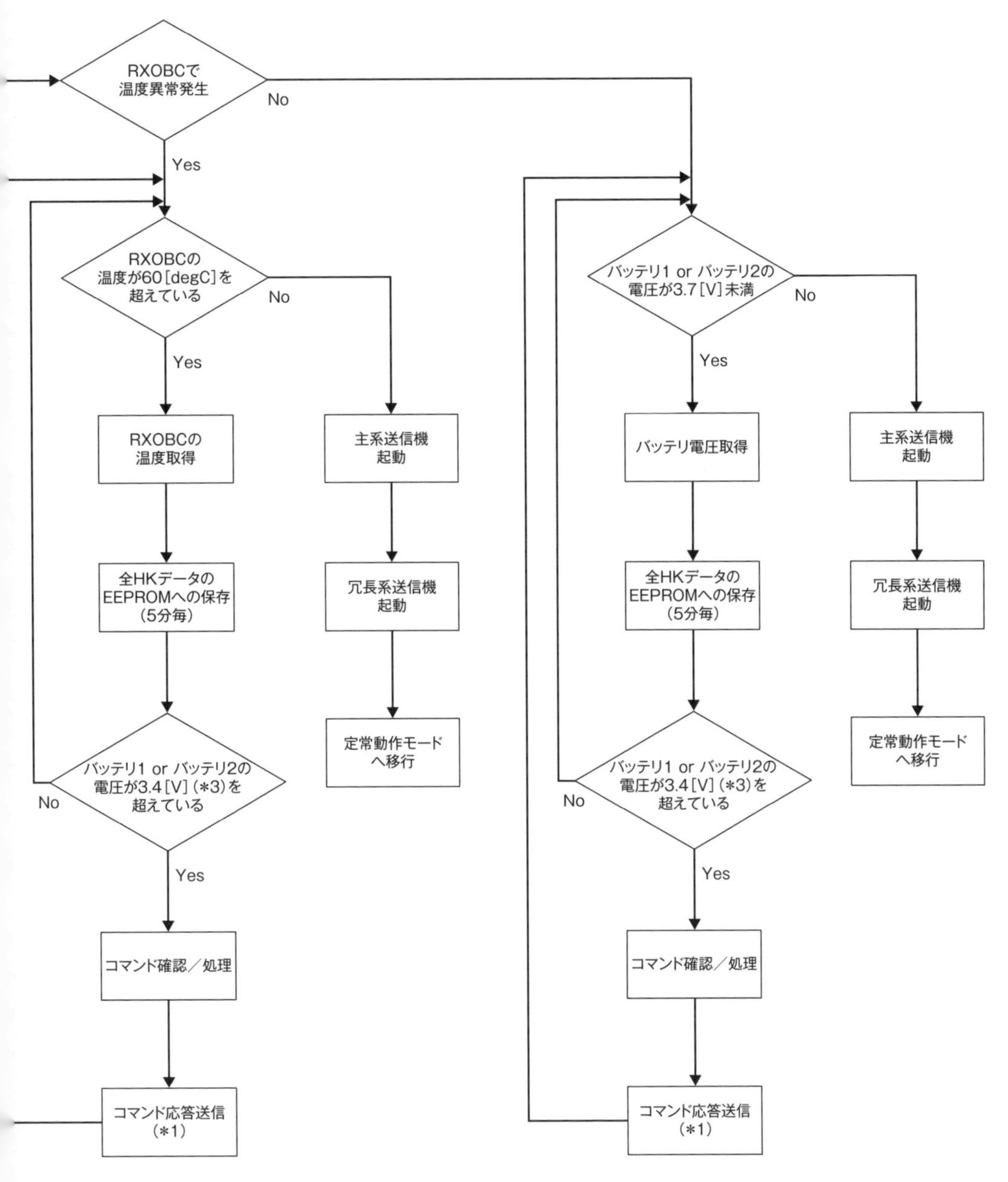

*1　地上からのコマンドによる主系送信機の起動後にコマンドレスポンス、
　　およびテレメトリの送信が可能となる。
*2　温度センサ1 or 温度センサ2が閾値より大きい場合。
*3　運用系送信機の定格出力送信が可能な電圧。

Appendix CDH4 コマンドリスト

No.	コマンド名称	分類	コマンドコード	概要	総データ長 [byte]	データ長 [byte]	
1	CMD_COMM_TEST	全系	0x01	Main OBC、Mission OBCの通信テストを行う。	1	1	対象
2	CMD_GET_HKDATA	C&DH系	0x11	Flash/EEPROMに保存されているHKデータを取得する。	4	2	取得開始アドレス
						1	HKデータのセット
						1	データの取得元
3	CMD_RESET_MAINOBC	C&DH系	0x12	Main OBCのリセットを行う。	0	0	
4	CMD_EXPAND_ANTENNA	C&DH系	0x13	アンテナ展開を行う。	1	1	電流を流す時間 [sec]
5	CMD_SET_FDIR	C&DH系	0x16	電流値異常、温度異常の異常処置（FDIR）の設定を行う。	1	(1bit)	異常の種類
						(1bit)	異常処置の有効／無効
						(4bit)	対象機器
6	CMD_POWER	電源系	0x20	衛星搭載機器の起動／遮断を行う。	1	(4bit)	対象機器
						(4bit)	起動/遮断
7	CMD_MOVE_ARM	ミッション系	0x31	アームの展開／収納を行う。	4	1	動作モード
						2	駆動時間 [millise
						1	駆動電圧
8	CMD_MOVE_ARM_AND_TAKE_PIC	ミッション系	0x32	アームの展開、画像の撮影、アームの収納を行う。	7	2	撮影間隔 [millise
						2	撮影時間 [millise
						3	タイマー [millisec]
9	CMD_TAKE_PIC	ミッション系	0x33	画像の撮影を行う。	7	2	撮影間隔 [millise
						2	撮影時間 [millise
						3	タイマー [millisec]
10	CMD_GET_PIC_LIST	ミッション系	0x34	画像IDリストの取得を行う。	4	2	取得開始ID
						2	取得終了ID
11	CMD_GET_PIC_INFO	ミッション系	0x35	画像情報の取得を行う。	5	2	取得開始ID
						2	取得終了ID
						1	画像の種類

コマンドパラメータ		備考	コマンドレスポンスの有無
内容	パラメータ値		
	0x01: Main OBC 0x02: Mission OBC	—	あり
	0x00 - 0xF9	・取得開始アドレスは、最新のHKデータが保存されているアドレスからの相対値を指定すること。	あり
	0x00 - 0x14		
	0x01: Flash 0x02: EEPROM		
—	—	・以下の機器を遮断後に、Main OBCをリセットする。Main OBCのリセット後、初期動作モードで主系送信機、冗長系送信機を起動する。 電熱線 主系送信機 Mission OBC（シャットダウン後に遮断） 磁気トルカ 冗長系送信機 アーム リアクションホイール	あり
	0x00 - 0x14	—	あり
	0x0: 電流値 0x1: 温度	・各ビットとデータの対応は以下の通り。 bit[7](MSB): 異常の種類 bit[6]: 異常処置の有効／無効 bit[5] - [4]: Reserved bit[3] - [0](LSB): 対象機器	あり
	0x0: 無効 0x1: 有効		
	0x0: 主系送信機 0x1: 受信機 0x2: Main OBC 0x3: リアクションホイール 0x4: 磁気トルカ 0x5: アーム 0x6: 冗長系送信機 0x7: Mission OBC		
	0x0: 電熱線 0x1: 主系送信機 0x2: Mission OBC 0x3: 磁気トルカ 0x4: 冗長系送信機 0x5: アーム 0x6: リアクションホイール	・各ビットとデータの対応は以下の通り。 bit[7](MSB) - bit[4]: 対象機器 bit[3] - bit[0](LSB): 起動／遮断	あり
	0x0: 遮断 0x1 :起動		
	0x00: 展開 0x01: 収納 0x10: 強制展開（時間指定） 0x11: 強制収納（時間指定）	・駆動時間および駆動電圧の指定は、モードが強制展開（時間指定）／強制収納（時間指定）の際に使用すること。通常の展開／収納時は値を無視する。 ・駆動電圧は、DRV8830のVoltage Settingに対応しているため、0.48V - 5.06Vの範囲で指定すること。詳細はDRV8830のデータシート参照。	あり
	0x0000 - 0x3A98		
	0x06 - 0x3F		
	0x0000 - 0xFFFF	・画像の保存先はMission OBCのSDカード。 ・1秒間隔で10秒間の撮影を10分後に行う場合のパラメータ例は、0x03E8（1秒）、0x2710（10秒間）、0x0927C0（10分）。 ・リアルタイム撮影はタイマーを0x000000とすること。	あり
	0x0000 - 0xFFFF		
	0x000000 - 0xFFFFFF		
	0x0000 - 0xFFFF	・画像の保存先はMission OBCのSDカード。 ・1秒間隔で10秒間の撮影を10分後に行う場合のパラメータ例は、0x03E8（1秒）、0x2710（10秒間）、0x0927C0（10分）。 ・リアルタイム撮影はタイマーを0x000000とすること。	あり
	0x0000 - 0xFFFF		
	0x000000 - 0xFFFFFF		
	0x0000 - 0xFFFF	—	あり
	0x0000 - 0xFFFF		
	0x0000 - 0xFFFF	—	あり
	0x0000 - 0xFFFF		
	0x00: 縮小画像 0x01: オリジナル画像		

No.	コマンド名称	分類	コマンドコード	概要	総データ長 [byte]	データ長 [byte]	
12	CMD_GET_PIC_DATA	ミッション系	0x36	画像データの取得を行う。	10	1	画像の種類
						2	画像ID
						2	画像サブID
						3	開始アドレス
						2	取得バイト数
13	CMD_DELETE_PIC	ミッション系	0x38	画像の削除を行う。	5	2	画像ID
						2	画像サブID
						1	画像の種類
14	CMD_SET_PIC_SIZE	ミッション系	0x39	画像サイズの設定を行う。	4	2	画像の幅 [px]
						2	画像の高さ [px]
15	CMD_SET_COMP_PIC	ミッション系	0x3A	縮小画像サイズの設定を行う。	4	2	画像の幅 [px]
						2	画像の高さ [px]
16	CMD_KILL_MOBC	ミッション系	0x3B	Mission OBCのシャットダウンを行う。	1	1	シャットダウンまでの待ち時間 [min]
17	CMD_SET_CAM_CONFIG	ミッション系	0x3C	カメラ設定の取得／変更を行う。	12	1	設定の取得／変更
						2	カメラのISO
						3	シャッター速度 [μs
						1	JPEG品質
						1	シャープネス
						1	コントラスト
						1	明るさ
						1	彩度
						1	露出
18	CMD_ABORT_TAKE_PIC	ミッション系	0x3D	撮影の中止を行う。	0	0	
19	CMD_SEND_FILE	ミッション系	0x3E	地上からMission OBCへファイルをアップリンクする。	N+25	3	開始アドレス
						2	データサイズ
						20	ファイル名
						N	データ
20	CMD_GET_FILE	ミッション系	0x3F	Mission OBCから地上へファイルをダウンリンクする。	N+7	3	開始アドレス
						2	データサイズ
						2	ファイルの絶対パスのサイズ
						N	ファイルの絶対パ
21	CMD_START_PIC_CATEG	ミッション系（画像認識）	0x41	画像分類の開始を行う。	1	(2bit)	使用するライブラ
						(2bit)	全て分類し直すかどうか
						(2bit)	分類が終わるのを待つかどうか
22	CMD_CHECK_PIC_CATEG	ミッション系（画像認識）	0x42	画像分類状況の確認を行う。	0	0	
23	CMD_ABORT_PIC_CATEG	ミッション系（画像認識）	0x43	画像分類の強制終了を行う。	0	0	

コマンドパラメータ		備考	コマンドレスポンスの有無
内容	パラメータ値		
	0x00: 縮小画像 0x01: オリジナル画像	・画像サブIDの値が0xFFFFの場合、指定なしとして処理する。	あり
	0x0000 - 0xFFFF		
	0x0000 - 0xFFFF		
	0x000000 - 0xFFFFFF		
	0x0000 - 0x0800		
	0x0000 - 0xFFFF	・画像サブIDの値が0xFFFFの場合、指定なしとして処理する。	あり
	0x0000 - 0xFFFF		
	0x00: オリジナル画像 0x01: 縮小画像 0x02: 両方		
	0x0028 - 0x0A20	—	あり
	0x0028 - 0x0798		
	0x0028 - 0x0A20	—	あり
	0x0028 - 0x0798		
	0x00 - 0xFF	—	あり
	0x00 :設定の取得 0x01: 設定の変更	—	あり
	0x0064 - 0x0320		
	0x000000 - 0x5b8d80		
	0x00 - 0x64		
	0x9C - 0x64		
	0x9C - 0x64		
	0x00 - 0x64		
	0x9C - 0x64		
	0x00: off 0x01: auto 0x02: night 0x03: nightpreview 0x04: backlight 0x05: spotlight 0x06: sports 0x07: snow 0x08: beach 0x09: verylong 0x0a: fixedfps 0x0b: antishake 0x0c: fireworks		
—	—	—	あり
	0x000000 - 0xFFFFFF	・ファイルの格納先はMission OBCの固定ディレクトリ。	あり
	0x0000 - 0xFFFF		
	文字列		
	可変長		
	0x000000 - 0xFFFFFF	—	あり
	0x0000 - 0xFFFF		
	0x0000 - 0xFFFF		
	可変長		
	0x0: TensorFlow ('tf') 0x1: TensorFlow Lite ('tfl')	・各ビットとデータの対応は以下の通り。 bit[7](MSB) - [6]: 使用するライブラリ bit[5] - [4]: 全て分類し直すかどうか bit[3] - [2]: 分類が終わるのを待つかどうか bit[1] - [0](LSB): Reserved	あり
	0x0: 続きから分類する (false) 0x1: 全て分類し直す (true)		
	0x0: 待たない (false) 0x1: 待つ (true)		
—	—	—	あり
—	—	—	あり

No.	コマンド名称	分類	コマンドコード	概要	総データ長 [byte]	データ長 [byte]	
24	CMD_GET_PIC_CATEG	ミッション系（画像認識）	0x44	画像分類情報の取得を行う。	5	1	未判定時の挙動の種類
						2	画像ID
						2	画像サブID
25	CMD_GET_GOOD_PIC_IDS	ミッション系（画像認識）	0x45	画像分類の結果、good と判定された画像IDを取得する。	0	0	
26	CMD_GET_CHAT_STATUS	ミッション系（チャット）	0x51	チャット状態の取得を行う。	N	N	チャット状態取得対象
27	CMD_SAVE_CHAT_REQ_MSG	ミッション系（チャット）	0x52	チャット要求メッセージの保存を行う。	N+6	2	リクエストID
						2	分割番号
						2	分割数
						N	圧縮データ
28	CMD_RUN_CHAT_MSG_GEN	ミッション系（チャット）	0x53	チャットメッセージ生成プロセスの起動を行う。	0	0	
29	CMD_GET_CHAT_RES_MSG	ミッション系（チャット）	0x54	チャット応答メッセージの取得を行う。	7	1	要求タイプ
						2	メッセージID
						2	リクエストID
						2	分割番号
30	CMD_GET_LOG	ミッション系（チャット）	0x55	チャットログの取得を行う。	Nt+Nd+Nk+2	Nt	取得対象
						Nd	対象日時
						Nk	キーワード
						2	取得行数
31	CMD_EXEC_SHELL	ミッション系	0x56	任意シェルを実行する。	N	N	コマンド
32	CMD_CTRL_MTORQUER	姿勢制御系	0x61	磁気トルカ制御を行う。	2	1	磁場の方向
						1	タイマー [minutes
33	CMD_RUN_RWHEEL	姿勢制御系	0x62	リアクションホイール駆動を行う。	5	2	目標角速度 [Duty比]（モータ回 [100×rpm]（フィー
						1	制限時間 [minute
						1	モータ回転数上限値[Duty比]
						(1bit)	制御モード
						(1bit)	制御有効フラグ
34	CMD_GET_RWHEEL_LOG	姿勢制御系	0x63	リアクションホイール用ログの取得を行う。	0	0	
35	CMD_GET_LEVEL	通信系	0x74	受信レベルの取得を行う。	0	0	
36	CMD_TX_TEST	通信系	0x79	TXOBCの通信テストを行う。	N+1	1	対象のTXOBC
						N	送信データ

コマンドパラメータ		備考	コマンドレスポンスの有無
内容	パラメータ値		
	0x00: tf 0x01: tfl 0x02: no	—	あり
	0x0000 - 0xFFFF		
	0x0000 - 0xFFFF		
—	—	—	あり
	ALL process req_file_count req_file_names res_file_count res_file_names req_lock res_lock comp_file_count comp_file_names sep_file_count sep_file_names	—	あり
	0x0000 - 0xFFFF	—	あり
	0x0001 - 0xFFFF		
	0x0000 - 0xFFFF		
	文字列（可変長）		
—	—	—	あり
	0x00: 順次 0x01: メッセージID指定 0x02: レスポンスID、分割番号指定	—	あり
	0x0000 - 0xFFFF		
	0x0000 - 0xFFFF		
	0x0000 - 0xFFFF		
	文字列（可変長）	・対象日時のフォーマットは以下の通り。 %Y-%m-%d %H:%M:%S(+終端文字)	あり
	文字列（可変長）		
	文字列（可変長）		
	0x0000 - 0xFFFF		
	文字列（可変長）	—	あり
	0x00: 正磁場 0x01: 負磁場 0x02: 停止	—	あり
	0x00 - 0xFF		
転時) バック時)	0x0000 - 0xFFFF	・制御モード、制御有効フラグの各ビットとデータの対応は以下の通り。 bit[7](MSB): 制御モード bit[6]: 制御有効フラグ bit[5] - [0](LSB): Reserved	あり
	0x00 - 0xFF		
	0x00 - 0xFF		
	0x0: 単純回転モード 0x1: 角速度フィードバック		
	0x0: 無効 0x1: 有効		
—	—	—	あり
—	—	—	あり
	0x01: TXOBC1 0x02: TXOBC2	・Main OBCはコマンドレスポンスの処理のみ行う。 ・送信データの先頭文字列によってテスト対象が変わる。 CW＋文字列: CW（コールサインなし） BCN+文字列: CW（コールサインあり） GMSK+文字列: GMSK	あり
	文字列（可変長）		

Appendix

Appendix CDH4

No.	コマンド名称	分類	コマンドコード	概要	総データ長[byte]	データ長[byte]	
37	CMD_RX_SW_RESET	通信系	0x7a	RXOBCのリセットを行う。	0	0	
38	CMD_SEND_CW	通信系	0x81	CW送信出力の設定を行う。	N+1	1	出力
						N	送信データ
39	CMD_SEND_GMSK	通信系	0x85	GMSK送信出力の設定を行う。	N+1	1	出力
						N	送信データ
40	CMD_ABORT_DOWNLINK	通信系	0x86	運用系送信機のダウンリンク処理を停止する。	0	0	
41	CMD_SET_CW_SPEED	通信系	0x87	CW送信速度の設定を行う。	1	1	CW送信速度[文字数/min]
42	CMD_SELECT_TXOBC	通信系	0x91	運用系TXOBCの切り替えを行う。	1	(2 bit)	CW自動送信
						(2 bit)	送信用TXOBC
						(2 bit)	Flash用TXOBC
43	CMD_TX_RESET	通信系	0x92	TXOBCのソフトリセット／ハードリセットを行う。	1	(4 bit)	TXOBC1のリセッ 方法
						(4 bit)	TXOBC2のリセッ 方法

コマンドパラメータ		備考	コマンドレスポンスの有無
容	パラメータ値		
—	—	・Main OBCはコマンドレスポンスの処理のみ行う。	あり
	0x01: 定格出力 0x02: 低出力	・送信可能な文字は以下。それ以外は半角スペース含め、「単語間」として機能する。 アルファベット: a-z, A-Z 数字: 0-9 記号: !"()+,-./:=?@	あり
	文字列（可変長）		
	0x01: 定格出力 0x02: 低出力	—	あり
	文字列（可変長）		
—	—	—	なし
	0x00 - 0xFF	—	あり
	0x0: 無変更 0x1: 有効 0x2: 無効	・Main OBCは、本コマンドで運用系に指定されたTXOBCとSPIによる通信を行う。 ・各ビットとデータの対応は以下の通り。 bit[7](MSB) - [6]: Reserved bit[5] - [4]: CW自動送信 bit[3] - [2]: 送信用TXOBC bit[1] - [0](LSB): Flash用TXOBC	あり
	0x0: 無変更 0x1: TXOBC1 0x2: TXOBC2		
	0x0: 無変更 0x1: TXOBC1 0x2: TXOBC2		
	0x0: リセットしない 0x1: ハードリセット 0x2: ソフトリセット	・各ビットとデータの対応は以下の通り。 bit[7](MSB) - [4]: TXOBC1のリセット方法 bit[3] - [0](LSB): TXOBC2のリセット方法	あり
	0x0: リセットしない 0x1: ハードリセット 0x2: ソフトリセット		

Appendix CDH5 テレメトリリスト

No.	対応するコマンド名称	分類	対応するコマンドコード	概要	総データ長 [byte]	データ長 [byte]	内
1	CMD_COMM_TEST	全系	0x01	Main OBC、Mission OBCの通信テストを行う。	1	1	実行結果
2	CMD_GET_HKDATA	C&DH系	0x11	Flash/EEPROMに保存されているHKデータを取得する。	114N	114	HKデータ
						114	
						…	
						114	
3	CMD_RESET_MAINOBC	C&DH系	0x12	Main OBCのリセットを行う。	0	0	
4	CMD_EXPAND_ANTENNA	C&DH系	0x13	アンテナ展開を行う。	1	1	実行結果
5	CMD_SET_FDIR	C&DH系	0x16	電流値異常、温度異常の異常処置(FDIR)の設定を行う。	1	1	実行結果
6	CMD_POWER	電源系	0x20	衛星搭載機器の起動／遮断を行う。	2	1	実行結果
						1	起動状況
7	CMD_MOVE_ARM	ミッション系	0x31	アームの展開／収納を行う。	3	1	実行結果
						(10 bit)	アームの位置
8	CMD_MOVE_ARM_AND_TAKE_PIC	ミッション系	0x32	アームの展開、画像の撮影、アームの収納を行う。	3	1	実行結果
						(10 bit)	アームの位置
9	CMD_TAKE_PIC	ミッション系	0x33	画像の撮影を行う。	1	1	実行結果
10	CMD_GET_PIC_LIST	ミッション系	0x34	画像IDリストの取得を行う。	4N+2	1	実行結果
						1	取得画像IDリストの要素数
						4	画像ID
						4	
						…	
						4	
11	CMD_GET_PIC_INFO	ミッション系	0x35	画像情報の取得を行う。	13N+2	1	実行結果
						1	画像情報リストの要素数
						13	画像情報
						13	
						…	
						13	
12	CMD_GET_PIC_DATA	ミッション系	0x36	画像データの取得を行う。	N+4	1	実行結果
						1	payloadのデータサイズ
						2	画像データのシーケンス番号
						N	画像のバイナリデータ
13	CMD_DELETE_PIC	ミッション系	0x38	画像の削除を行う。	1	1	実行結果
14	CMD_SET_PIC_SIZE	ミッション系	0x39	画像サイズの設定を行う。	1	1	実行結果
15	CMD_SET_COMP_PIC	ミッション系	0x3A	縮小画像サイズの設定を行う。	1	1	実行結果
16	CMD_KILL_MOBC	ミッション系	0x3B	Mission OBCのシャットダウンを行う。	1	1	実行結果

テレメトリ		備考
	テレメトリ値	
	0x00: 成功 0x01: コマンドパラメータエラー 0x04: Mission OBCが遮断中のため失敗 0xF0: 失敗	—
	詳細はAppendix CDH7 HKデータリスト参照	・当該コマンドのパラメータの「取得開始アドレス」、「HKデータのセット数」で指定した範囲のN個のデータ。 ・当該コマンドのパラメータの「HKデータのセット数」が0の場合、Flash/EEPROMの保存データではなくコマンド受信時の最新の1個のデータ。
	—	・テレメトリなし。
	0x00: 成功	—
	0x00: 成功	—
	0x00: 成功 0xF0: 失敗	・各ビットとデータの対応は以下の通り。 bit[7](MSB): Reserved bit[6]: リアクションホイール bit[5]: アーム bit[4]: 冗長系送信機 bit[3]: 磁気トルカ bit[2]: Mission OBC bit[1]: 主系送信機 bit[0](LSB): 電熱線
eserved	—	
アクションホイール	0x0: 起動 0x1: 遮断	
ーム	0x0: 起動 0x1: 遮断	
長系送信機	0x0: 起動 0x1: 遮断	
気トルカ	0x0: 起動 0x1: 遮断	
ssion OBC	0x0: 起動 0x1: 遮断	
系送信機	0x0: 起動 0x1: 遮断	
熱線	0x0: 起動 0x1: 遮断	
	0x01: 成功 0x02: 失敗：ILIMIT(extended current limit event) 0x04: 失敗：OTS(overtemperature condition) 0x08: 失敗：UVLO(undervoltage lockout) 0x10: 失敗：OCP(overcurrent event) 0x20: 失敗：アームのスライドボリュームが異常値を返している 0x40: 失敗：DRV8830からI2C通信のレスポンスがない	—
	0x0000 - 0x03FF	
	0x00: 成功 0x01: 失敗	—
	0x0000 - 0x03FF	
	0x00: 成功 0x01: 失敗	—
	0x00: 成功 0x01: 失敗	・「画像ID」は、当該コマンドのパラメータの「取得開始ID」、「取得終了ID」で指定した範囲のN個のデータ。
	0x00 - 0xFF	
	0x00000000 - 0xFFFFFFFF （上位2byteが画像ID、下位2byteが画像サブID）	
	0x00: 成功 0x01: 失敗	・「画像情報」は、当該コマンドのパラメータの「取得開始ID」、「取得終了ID」で指定した範囲のN個のデータ。
	0x00 - 0xFF	
像ID	0x0000 - 0xFFFF	
像サブID	0x0000 - 0xFFFF	
像の種類	0x00 - 0xFF	
像の幅 [px]	0x0000 - 0xFFFF	
像の高さ [px]	0x0000 - 0xFFFF	
像のデータサイズ [byte]	0x000000 - 0xFFFFFF	
像分類結果	0x00: NG 0x01: OK 0x3D: 未分類	
	0x00: 成功 0x04: データ切り捨てが発生	・「payloadのデータサイズ」、「画像データのシーケンス番号」、「画像のバイナリデータ」の合計値が「payloadのデータサイズ」となる。 ・「画像のバイナリデータ」は、当該コマンドのパラメータの「開始アドレス」、「取得バイト数」で指定した範囲のNバイトの「画像のバイナリデータ」を分割したデータ。分割データには誤り訂正符号（リード・ソロモン符号）を含む。
	0x00 - 0xFF	
	0x0000 - 0x0008	
	可変長	
	0x00: 成功 0x01: 失敗	—
	0x00: 成功 0x01: 失敗	—
	0x00: 成功 0x01: 失敗	—
	0x00: 成功 0x01: 失敗	—

Appendix CDH5

No.	対応するコマンド名称	分類	対応するコマンドコード	概要	総データ長 [byte]	データ長 [byte]	内
17	CMD_SET_CAM_CONFIG	ミッション系	0x3C	カメラ設定の取得／変更を行う。			
					11	2	ISO感度
						3	シャッタースピード [μs]
						1	JPEG品質
						1	シャープ
						1	コントラスト
						1	輝度
						1	彩度
						1	露出
					1	1	実行結果
18	CMD_ABORT_TAKE_PIC	ミッション系	0x3D	撮影の中止を行う。	1	1	実行結果
19	CMD_SEND_FILE	ミッション系	0x3E	地上からMission OBCへファイルをアップリンクする。	1	1	実行結果
20	CMD_GET_FILE	ミッション系	0x3F	Mission OBCから地上へファイルをダウンリンクする。	N+1	1	実行結果
						N	取得ファイル
21	CMD_START_PIC_CATEG	ミッション系（画像認識）	0x41	画像分類の開始を行う。	2	1	実行結果
						1	処理結果
22	CMD_CHECK_PIC_CATEG	ミッション系（画像認識）	0x42	画像分類状況の確認を行う。	2	1	実行結果
						1	処理結果
23	CMD_ABORT_PIC_CATEG	ミッション系（画像認識）	0x43	画像分類の強制終了を行う。	2	1	実行結果
						1	処理結果
24	CMD_GET_PIC_CATEG	ミッション系（画像認識）	0x44	画像分類情報の取得を行う。	4	1	実行結果
						1	処理結果
						1	画像分類の判定結果
						1	判定結果の確率 [%]
25	CMD_GET_GOOD_PIC_IDS	ミッション系（画像認識）	0x45	画像分類の結果、good と判定された画像IDを取得する。	4N+3	1	実行結果
						1	処理結果
						1	画像IDリストの要素数
						4	good判断された画像IDリスト
						4	
						…	
						4	
26	CMD_GET_CHAT_STATUS	ミッション系（チャット）	0x51	チャット状態の取得を行う。	Nreq+Nres+Ncomp+Nseq+11	4	処理結果
						1	応答メッセージ生成プロセス状態
						1	未処理メッセージファイル数
						Nreq	未処理メッセージファイル名CSV
						1	応答メッセージファイル数
						Nres	応答メッセージファイル名CSV
						1	未処理メッセージロックファイルの有無
						1	応答メッセージロックファイルの有無
						1	応答メッセージ圧縮ファイル数
						Ncomp	応答メッセージ圧縮ファイル名CSV
						1	分割応答ファイル数
						Nseq	分割応答ファイル名CSV
27	CMD_SAVE_CHAT_REQ_MSG	ミッション系（チャット）	0x52	チャット要求メッセージの保存を行う。	4	4	処理結果

テレメトリ		備考
	テレメトリ値	
カメラ設定取得の場合		—
	0x0064 - 0x0320	
	0x000000 - 0x5b8d80	
	0x00 - 0x64	
	0x9C - 0x64	
	0x9C - 0x64	
	0x00 - 0x64	
	0x9C - 0x64	
	0x00: off 0x01: auto 0x02: night 0x03: nightpreview 0x04: backlight 0x05: spotlight 0x06: sports 0x07: snow 0x08: beach 0x09: verylong 0x0a: fixedfps 0x0b: antishake 0x0c: fireworks	
カメラ設定変更の場合		
	0x00: エラーコード未設定 0x01: 成功 0x02: modeが不正 0x04: Mission OBCへの送信失敗 0x08: Mission OBCからの受信失敗	
	0x00: 成功 0x01: 失敗	—
	0x00: 成功 0x01: 失敗	—
	0x00: 成功 0x01: 失敗	・「取得ファイル」は、当該コマンドのパラメータの「開始アドレス」、「データサイズ」で指定したNバイトのデータ。
	可変長	
	詳細は(*1)参照	—
	詳細は(*2)参照	
	詳細は(*1)参照	—
	詳細は(*2)参照	
	詳細は(*1)参照	—
	詳細は(*2)参照	
	詳細は(*1)参照	—
	詳細は(*2)参照	
	0x00: good 0x01: bad 0x3D: 画像分類未実施 0xDC: 不正なコード値（数値以外） 0xDD: 不正なコード値（0 - 255 の範囲外）	
	0x00 - 0x64	
	詳細は(*1)参照	・「good判断された画像IDリスト」は、Mission OBCに保存されているN個のデータ。
	詳細は(*2)参照	
	0x00 - 0xFF	
	0x00000000 - 0xFFFFFFFF （上位2byteが画像ID、下位2byteが画像サブID）	
	文字列（詳細は備考欄参照）	・テレメトリ値の文字列の詳細は以下の通り。 000 : 正常終了 E001: Unknownエラー E002: リクエストのフォーマットエラー N700: エラーなし
	0: 未起動 1: 起動済	
	0x00 - 0xFF	
	可変長	
	0x00 - 0xFF	
	可変長	
	0: ロックファイルなし 1: ロックファイルあり	
	0: ロックファイルなし 1: ロックファイルあり	
	0x00 - 0xFF	
	可変長	
	0x00 - 0xFF	
	可変長	
	文字列（詳細は備考欄参照）	・テレメトリ値の文字列の詳細は以下の通り。 000 : 正常終了 E001: Unknownエラー E002: リクエストのフォーマットエラー N100: エラーなし E130: ロックファイルが存在する場合

Appendix CDH5

No.	対応するコマンド名称	分類	対応するコマンドコード	概要	総データ長 [byte]	データ長 [byte]	内
28	CMD_RUN_CHAT_MSG_GEN	ミッション系（チャット）	0x53	チャットメッセージ生成プロセスの起動を行う。	4	4	処理結果
29	CMD_GET_CHAT_RES_MSG	ミッション系（チャット）	0x54	チャット応答メッセージの取得を行う。	N+10	4	処理結果
						2	レスポンスID
						2	分割番号
						2	分割数
						N	圧縮データ
30	CMD_GET_LOG	ミッション系（チャット）	0x55	チャットログの取得を行う。	N+4	4	処理結果
						N	ログ
31	CMD_EXEC_SHELL	ミッション系	0x56	任意シェルを実行する。	N	N	実行結果
32	CMD_CTRL_MTORQUER	姿勢制御系	0x61	磁気トルカ制御を行う。	1	1	実行結果
33	CMD_RUN_RWHEEL	姿勢制御系	0x62	リアクションホイール駆動を行う。	0	0	-
34	CMD_GET_RWHEEL_LOG	姿勢制御系	0x63	リアクションホイール用ログの取得を行う。	8N+2	1	RW起動有効フラグ
						1	RWステータス
						8	9軸センサのデータ
						8	
						...	
						8	
35	CMD_GET_LEVEL	通信系	0x74	受信レベルの取得を行う。	1	1	RSSI [dBm]
36	CMD_TX_TEST	通信系	0x79	TXOBCの通信テストを行う。	N	N	応答データ
37	CMD_RX_SW_RESET	通信系	0x7a	RXOBCのリセットを行う。	0	0	-
38	CMD_SEND_CW	通信系	0x81	CW送信出力の設定を行う。	N	N	応答データ
39	CMD_SEND_GMSK	通信系	0x85	GMSK送信出力の設定を行う。	N	N	応答データ
40	CMD_ABORT_DOWNLINK	通信系	0x86	運用系送信機のダウンリンク処理を停止する。	0	0	-
41	CMD_SET_CW_SPEED	通信系	0x87	CW送信速度の設定を行う。	1	1	設定の成否
42	CMD_SELECT_TXOBC	通信系	0x91	運用系TXOBCの切り替えを行う。	0	0	-
43	CMD_TX_RESET	通信系	0x92	TXOBCのソフトリセット／ハードリセットを行う。	1	(2 bit)	実行内容
						(2 bit)	
						(2 bit)	
						(2 bit)	

(*1)テレメトリ内容の実行結果の詳細は以下の通り。
0d10: 成功
0d11: 不明なコマンド名
0d12: 不明なエラー
0d13: コマンドエラー
0d14: 引数不正
0d15: 正常に終了していない（もしくは処理中）
0d16: root.log が見つからない
0d17: root.log parse 失敗
0d18: cmd.log が見つからない
0d19: cmd.log parse 失敗
0d20: 処理開始

(*2)テレメトリ内容の処理結果の詳細は以下の通り。
0d0 : good
0d1 : bad
0d19 : log のフォーマットが想定外
0d20 : 処理開始
0d50 : 成功（getGoodPicIds）
0d51 : 失敗（getGoodPicIds）
0d119: log のフォーマットが想定外（log の時刻が1時間以上前）
0d201: コマンドの実行まで処理が進んでいない
0d218: log ファイルが見つからない
0d219: log の分割に失敗
0d220: 不正なコード値だった場合に、このコード値で上書きされる（数値以外）
0d221: 不正なコード値だった場合に、このコード値で上書きされる（0 - 255 の範囲外）
0d223: log の日付のフォーマットが不正（エラーなどが log に出力されていてコード値が拾えていない）

テレメトリ		備考
	テレメトリ値	
	文字列（詳細は備考欄参照）	・テレメトリ値の文字列の詳細は以下の通り。 000 : 正常終了 E001: Unknownエラー E002: リクエストのフォーマットエラー N900: エラーなし E901: プロセスの起動に失敗
	文字列（詳細は備考欄参照）	・テレメトリ値の文字列の詳細は以下の通り。 000 : 正常終了 E001: Unknownエラー E002: リクエストのフォーマットエラー N300: エラーなし W301: 応答メッセージロックファイルが存在 W302: 指定したメッセージIDのファイルがない W303: 指定したレスポンス、分割番号に相当するメッセージファイルがない W304: 返却する処理済みメッセージが1件もない（Reqtype0の時） E330: 指定したメッセージIDのファイルが2個以上ある E331: 指定したレスポンス、分割番号に相当するメッセージファイルが2個以上ある ・「圧縮データ」は、当該コマンドのパラメータで指定したNバイトのデータ。
	0x0000 - 0xFFFF	
	0x0001 - 0xFFFF	
	0x0000 - 0xFFFF	
	可変長	
	文字列（詳細は備考欄参照）	・テレメトリ値の文字列の詳細は以下の通り。 000 : 正常終了 E001: Unknownエラー E002: リクエストのフォーマットエラー N500: エラーなし W501: 指定したログファイルが存在しない W502: 指定したdatetimeとkeywordに合致するログがない ・「ログ」は、当該コマンドのパラメータで指定したNバイトのデータ。
	可変長	
	文字列（可変長）	—
	0x00:成功 0x04:無効な方向定義 0x05:timerオーバーフロー	—
	—	・テレメトリなし。
	0x00:停止 0x01:起動	・「9軸センサのデータ」は、Flashに保存されているN個のデータ。
	0x00:初期状態 0x01:実行中 0x02:制限時間超過 0x03:電流上限 0x04:センサ値取得失敗 0x05:フィードバック失敗 0x06:モータ異常	
角速度（x軸）	0x0000 - 0xFFFF	
角速度（y軸）	0x0000 - 0xFFFF	
角速度（z軸）	0x0000 - 0xFFFF	
温度	0x0000 - 0xFFFF	
	0x00 - 0xFF	—
	文字列（可変長）	・Main OBCを経由せず、RXOBCから運用系TXOBCに直接送信データを転送する。ただし、コマンドレスポンスはMain OBCを経由する。 ・4byteは"GMSK"文字で使用する。
	—	・テレメトリなし。
	文字列（可変長）	—
	文字列（可変長）	—
	—	・テレメトリなし。
	0x01: 成功 0x02: 失敗	—
	—	・テレメトリなし。
XOBC1コマンド受信	0x0: 操作対象外 0x1: 成功 0x2: 失敗	・各ビットとデータの対応は以下の通り。 bit[7](MSB) - [6]: TXOBC1コマンド受信 bit[5] - [4]: TXOBC1リセット bit[3] - [2]: TXOBC2コマンド受信 bit[1] - [0](LSB): TXOBC2リセット
XOBC1リセット	0x0: 操作対象外 0x1: 成功 0x2: 失敗	
XOBC2コマンド受信	0x0: 操作対象外 0x1: 成功 0x2: 失敗	
XOBC2リセット	0x0: 操作対象外 0x1: 成功 0x2: 失敗	

Appendix CDH6 ビーコンデータリスト

1個目のビーコンデータ

No.	内容		データ長[byte]	文字数	データ値	備考
1	起動回数		2	4	符号なし整数	—
2	経過秒数		4	8	符号付き整数(*1)	(*1)本来は符号なし整数にすべきだった。
3	機器の起動状況	Reserved	1	2	—	・各ビットとデータの対応は以下の通り。 bit[7](MSB): Reserved bit[6]: リアクションホイール bit[5]: アーム bit[4]: 冗長系送信機 bit[3]: 磁気トルカ bit[2]: Mission OBC bit[1]: 主系送信機 bit[0](LSB): 電熱線
		リアクションホイール			0x0: 起動 0x1: 遮断	
		アーム			0x0: 起動 0x1: 遮断	
		冗長系送信機			0x0: 起動 0x1: 遮断	
		磁気トルカ			0x0: 起動 0x1: 遮断	
		Mission OBC			0x0: 起動 0x1: 遮断	
		主系送信機			0x0: 起動 0x1: 遮断	
		電熱線			0x0: 起動 0x1: 遮断	
4	電圧: バッテリ1 [mV]		2	4	符号なし整数	—
5	電圧: バッテリ2 [mV]		2	4	符号なし整数	—
6	電波強度: 受信機		1	2	符号付き整数(生値)	—
7	電波強度: 運用系送信機		1	2	符号付き整数(生値)	—
8	無線機のステータス	運用系送信機	1	2	0x0: 冗長系送信機 0x1: 主系送信機	・各ビットとデータの対応は以下の通り。 bit[7](MSB) - [6]: 運用系送信機 bit[5] - [4]: Reserved bit[3] - [2]: ダウンリンク周波数のロック状態 bit[1] - [0](LSB): アップリンク周波数のロック状態
		Reserved			—	
		ダウンリンク周波数のロック状態			0x0: 未ロック 0x1: ロック	
		アップリンク周波数のロック状態			0x0: 未ロック 0x1: ロック	
9	温度: Main OBC温度センサ1 [degC]		2	4	符号付き整数	—
10	温度: Main OBC温度センサ2 [degC]		2	4	符号付き整数	—

2個目のビーコンデータ

No.	内容	データ長[byte]	文字数	データ値	備考
1	温度: RXOBC [degC]	2	4	符号付き整数	—
2	温度: TXOBC1 [degC]	2	4	符号付き整数	—
3	温度: TXOBC2 [degC]	2	4	符号付き整数	—
4	温度: Mission OBC [degC]	2	4	符号付き整数	—
5	角速度(x軸)	2	4	符号付き整数(生値)	—
6	角速度(y軸)	2	4	符号付き整数(生値)	—
7	角速度(z軸)	2	4	符号付き整数(生値)	—
8	磁気(x軸)	2	4	符号付き整数(生値)	—
9	磁気(y軸)	2	4	符号付き整数(生値)	—
10	磁気(z軸)	2	4	符号付き整数(生値)	—

Appendix CDH7 HK データリスト

No.	内容		データ長 [byte]	データ値	備考
1	次回保存されるアドレス		2	符号なし整数	・Flash/EEPROMからHKデータを取得した場合は有効な値だが、HKデータのセット数:0でコマンド送信した場合は無効な値。
2	起動回数		2	符号なし整数	—
3	経過秒数		4	符号付き整数(＊1)	(＊1)本来は符号なし整数にすべきだった。
4	異常発生回数: 電圧		2	符号なし整数	—
5	異常発生回数: 電流: Mission OBC		2	符号なし整数	—
6	異常発生回数: 電流: アーム		2	符号なし整数	—
7	異常発生回数: 電流: 磁気トルカ		2	符号なし整数	—
8	異常発生回数: 電流: リアクションホイール		2	符号なし整数	—
9	異常発生回数: 電流: C&DH系基板		2	符号なし整数	—
10	異常発生回数: 電流: 受信機		2	符号なし整数	—
11	異常発生回数: 電流: 主系送信機		2	符号なし整数	—
12	異常発生回数: 電流: 冗長系送信機		2	符号なし整数	—
13	異常発生回数: 温度: Mission OBC		2	符号なし整数	—
14	異常発生回数: 温度: Main OBC		2	符号なし整数	—
15	異常発生回数: 温度: RXOBC		2	符号なし整数	—
16	異常発生回数: 温度: TXOBC1		2	符号なし整数	—
17	異常発生回数: 温度: TXOBC2		2	符号なし整数	—
18	Not Used(＊2)		2	符号なし整数	(＊2)本来は削除すべきだった。
19	Not Used(＊3)		2	符号なし整数	(＊3)本来は削除すべきだった。
20	異常発生回数: 通信: TXOBC1		2	符号なし整数	—
21	異常発生回数: 通信: TXOBC2		2	符号なし整数	—
22	機器の起動状況	Reserved	1	—	・各ビットとデータの対応は以下の通り。 bit[7](MSB): Reserved bit[6]: リアクションホイール bit[5]: アーム bit[4]: 冗長系送信機 bit[3]: 磁気トルカ bit[2]: Mission OBC bit[1]: 主系送信機 bit[0](LSB): 電熱線
		リアクションホイール		0x0: 起動 0x1: 遮断	
		アーム		0x0: 起動 0x1: 遮断	
		冗長系送信機		0x0: 起動 0x1: 遮断	
		磁気トルカ		0x0: 起動 0x1: 遮断	
		Mission OBC		0x0: 起動 0x1: 遮断	
		主系送信機		0x0: 起動 0x1: 遮断	
		電熱線		0x0: 起動 0x1: 遮断	
23	電流: Mission OBC [mA]		2	符号付き整数	—
24	電流: アーム [mA]		2	符号付き整数	—
25	電流: 磁気トルカ [mA]		2	符号付き整数	—
26	電流: リアクションホイール [mA]		2	符号付き整数	—
27	電流: C&DH系基板 [mA]		2	符号付き整数	—
28	電流: 受信機 [mA]		2	符号付き整数	—
29	電流: 主系送信機 [mA]		2	符号付き整数	—
30	電流: 冗長系送信機 [mA]		2	符号付き整数	—
31	電流: 電熱線 [mA]		2	符号付き整数	—
32	電流: ソーラーパネル (+Z) [mA]		2	符号付き整数	—
33	電流: ソーラーパネル (−Y) [mA]		2	符号付き整数	—
34	電流: ソーラーパネル (−X) [mA]		2	符号付き整数	—
35	電流: ソーラーパネル (+Y) [mA]		2	符号付き整数	—
36	電流: ソーラーパネル (−Z) [mA]		2	符号付き整数	—
37	電流: バッテリ1 [mA]		2	符号付き整数	—
38	電流: バッテリ2 [mA]		2	符号付き整数	—
39	ソーラーパネル電圧 [mV]		2	符号付き整数	—
40	電圧: バッテリ1 [mV]		2	符号付き整数	—
41	電圧: バッテリ2 [mV]		2	符号付き整数	—
42	電圧: 5V電源 [mV]		2	符号付き整数	—
43	電波強度: 受信機		1	符号付き整数(生値)	—
44	電波強度: 運用系送信機		1	符号付き整数(生値)	—
45	無線機のステータス	運用系送信機	1	0x0: 冗長系送信機 0x1: 主系送信機	・各ビットとデータの対応は以下の通り。 bit[7](MSB) - [6]: 運用系送信機 bit[5] - [4]: Reserved bit[3] - [2]: ダウンリンク周波数のロック状態 bit[1] - [0](LSB): アップリンク周波数のロック状態
		Reserved		—	
		ダウンリンク周波数のロック状態		0x0: 未ロック 0x1: ロック	
		アップリンク周波数のロック状態		0x0: 未ロック 0x1: ロック	
46	温度: Main OBC温度センサ1 [degC]		2	符号付き整数	—
47	温度: Main OBC温度センサ2 [degC]		2	符号付き整数	—
48	温度: RXOBC [degC]		2	符号付き整数	—
49	温度: TXOBC1 [degC]		2	符号付き整数	—
50	温度: TXOBC2 [degC]		2	符号付き整数	—
51	温度: Mission OBC [degC]		2	符号付き整数	—
52	角速度(x軸)		2	符号付き整数(生値)	—
53	角速度(y軸)		2	符号付き整数(生値)	—
54	角速度(z軸)		2	符号付き整数(生値)	—
55	磁気(x軸)		2	符号付き整数(生値)	—
56	磁気(y軸)		2	符号付き整数(生値)	—
57	磁気(z軸)		2	符号付き整数(生値)	—
58	温度: 9軸センサ		2	符号付き整数(生値)	—

Appendix CDH8 異常処置機能

【Appendix CDH8-1 衛星による異常処置】

衛星による自動処置で対応する各系の異常内容を**表1**に示す。

表1 各系の異常内容

サブシステム	異常内容	詳細
C&DH系	(1) Main OBC 電流値異常	以下の1．参照
	(2) Main OBC 異常停止	
	(3) Main OBC 温度異常	
通信系	(1) 主系送信機電流値異常	2．参照
	(2) 冗長系送信機電流値異常	
	(3) 受信機電流値異常	
	(4) TXOBC1 異常停止	
	(5) TXOBC2 異常停止	
	(6) RXOBC 異常停止	
	(7) TXOBC1 温度異常	
	(8) TXOBC2 温度異常	
	(9) RXOBC 温度異常	
姿勢制御系	(1) 磁気トルカ電流値異常	3．参照
	(2) リアクションホイール電流値異常	
	(3) リアクションホイール動作異常	
ミッション系	(1) Mission OBC 電流値異常	4．参照
	(2) Mission OBC 通信異常	
	(3) Mission OBC 温度異常	
	(4) アーム電流値異常	

電流値異常、温度異常に関しては、FDIR(Fault Detection Isolation and Recovery)設定コマンド(CMD_SET_FDIR)で異常処置(異常検知・自動処置)の有効／無効の設定が可能である。

1．C&DH系異常

C&DH系異常の詳細を**表2**に示す。

表2 C&DH系異常の詳細

(1) Main OBC 電流値異常	
検知方法	Main OBC による消費電流の監視を行い、2回連続して80mA を上回る場合に異常と判断する。
自動処置	Main OBC／WDT による Main OBC のリセットを行う。Main OBC リセット後は初期動作モードに移行する。
地上での確認方法／復旧方法	HK データ取得コマンド(CMD_GET_HKDATA)のテレメトリ「起動回数」、「経過秒数」、「異常発生回数：電流：C&DH系基板」で確認可能。
(2) Main OBC 異常停止	
検知方法	WDT による Main OBC の監視を行い、ソフトウェアの処理が停止している場合に異常と判断する。
自動処置	WDT による Main OBC のリセットを行う。Main OBC リセット後は初期動作モードに移行する。
地上での確認方法／復旧方法	HK データ取得コマンド(CMD_GET_HKDATA)のテレメトリ「起動回数」、「経過秒数」で確認可能。

(3) Main OBC 温度異常	
検知方法	Main OBC による温度センサ１、および温度センサ２の温度の監視を行い、２回連続して共に 125degC を上回る場合に異常と判断する。
自動処置	Main OBC による省電力動作モードへの移行を行う。温度が 40degC 以下になった場合に定常動作モードに復帰する。
地上での確認方法／復旧方法	HK データ取得コマンド（CMD_GET_HKDATA）のテレメトリ「異常発生回数：温度：Main OBC」で確認可能。

2．通信系異常

通信系異常の詳細を**表３**に示す。

表３　通信系異常の詳細

(1) 主系送信機電流値異常	
検知方法	Main OBC による消費電流の監視を行い、２回連続して 400mA を上回る場合に異常と判断する。
自動処置	Main OBC／運用系 TXOBC による運用系送信機のダウンリンク処理停止後、主系送信機の再起動を行う。
地上での確認方法／復旧方法	HK データ取得コマンド（CMD_GET_HKDATA）のテレメトリ「異常発生回数：電流：主系送信機」で確認可能。
(2) 冗長系送信機電流値異常	
検知方法	Main OBC による消費電流の監視を行い、２回連続して 400mA を上回る場合に異常と判断する。
自動処置	Main OBC／運用系 TXOBC による運用系送信機のダウンリンク処理停止後、冗長系送信機の再起動を行う。
地上での確認方法／復旧方法	HK データ取得コマンド（CMD_GET_HKDATA）のテレメトリ「異常発生回数：電流：冗長系送信機」で確認可能。
(3) 受信機電流値異常	
検知方法	Main OBC による消費電流の監視を行い、２回連続して 70mA を上回る場合に異常と判断する。
自動処置	Main OBC／RXOBC による RXOBC のリセットを行う。
地上での確認方法／復旧方法	HK データ取得コマンド（CMD_GET_HKDATA）のテレメトリ「異常発生回数：電流：受信機」で確認可能。
(4) TXOBC1 異常停止	
検知方法	Main OBC による通信状態の監視を行い、連続 400 回を超えて通信異常を検知した場合に異常と判断する。
自動処置	Main OBC／運用系 TXOBC による運用系送信機のダウンリンク処理停止後、主系送信機の再起動を行う。
地上での確認方法／復旧方法	HK データ取得コマンド（CMD_GET_HKDATA）のテレメトリ「異常発生回数：通信：TXOBC1」で確認可能。
(5) TXOBC2 異常停止	
検知方法	Main OBC による通信状態の監視を行い、400 回連続して通信異常を検知した場合に異常と判断する。
自動処置	Main OBC／運用系 TXOBC による運用系送信機のダウンリンク処理停止後、冗長系送信機の再起動を行う。
地上での確認方法／復旧方法	HK データ取得コマンド（CMD_GET_HKDATA）のテレメトリ「異常発生回数：通信：TXOBC2」で確認可能。
(6) RXOBC 異常停止	
検知方法	RXOBC の WDT による RXOBC の監視を行い、ソフトウェアの処理が停止している場合に異常と判断する。

自動処置	RXOBC の WDT によるリセットを行う。
地上での確認方法／復旧方法	N/A
(7) TXOBC1 温度異常	
検知方法	Main OBC による温度の監視を行い、２回連続して 80degC を上回る場合に異常と判断する。
自動処置	Main OBC／運用系 TXOBC による運用系送信機のダウンリンク処理停止後、主系送信機の遮断を行う。
地上での確認方法／復旧方法	HK データ取得コマンド（CMD_GET_HKDATA）のテレメトリ「異常発生回数：温度：TXOBC1」で確認可能。一定時間待機後、衛星搭載機器の起動／遮断コマンド（CMD_POWER）で主系送信機の起動を行うことで復旧を試みる。
(8) TXOBC2 温度異常	
検知方法	Main OBC による温度の監視を行い、２回連続して 80degC を上回る場合に異常と判断する。
自動処置	Main OBC／運用系 TXOBC による運用系送信機のダウンリンク処理停止後、冗長系送信機の遮断を行う。
地上での確認方法／復旧方法	HK データ取得コマンド（CMD_GET_HKDATA）のテレメトリ「異常発生回数：温度：TXOBC2」で確認可能。一定時間待機後、衛星搭載機器の起動／遮断コマンド（CMD_POWER）で冗長系送信機の起動を行うことで復旧を試みる。
(9) RXOBC 温度異常	
検知方法	Main OBC による温度の監視を行い、２回連続して 80degC を上回る場合に異常と判断する。
自動処置	Main OBC による省電力動作モードへの移行を行う。温度が 60degC 以下になった場合に定常動作モードに復帰する。
地上での確認方法／復旧方法	HK データ取得コマンド（CMD_GET_HKDATA）のテレメトリ「異常発生回数：温度：RXOBC」で確認可能。

３．姿勢制御系異常

姿勢制御系異常の詳細を**表４**に示す。

表４　姿勢制御系異常の詳細

(1) 磁気トルカ電流値異常	
検知方法	Main OBC による消費電流の監視を行い、２回連続して 2,000mA を上回る場合に異常と判断する。
自動処置	Main OBC による磁気トルカ制御の初期化後、磁気トルカの遮断を行う。
地上での確認方法／復旧方法	HK データ取得コマンド（CMD_GET_HKDATA）のテレメトリ「異常発生回数：電流：磁気トルカ」で確認可能。一定時間待機後、衛星搭載機器の起動／遮断コマンド（CMD_POWER）で磁気トルカの起動を行うことで復旧を試みる。
(2) リアクションホイール電流値異常	
検知方法	Main OBC による消費電流の監視を行い、２回連続して 2,000mA を上回る場合に異常と判断する。
自動処置	Main OBC によるリアクションホイール制御の初期化後、リアクションホイールの遮断を行う。
地上での確認方法／復旧方法	HK データ取得コマンド（CMD_GET_HKDATA）のテレメトリ「異常発生回数：電流：リアクションホイール」で確認可能。一定時間待機後、衛星搭載機器の起動／遮断コマンド（CMD_POWER）でリアクションホイールの起動を行うことで復旧を試みる。
(3) リアクションホイール動作異常	
検知方法	Main OBC による異常処置フラグの監視を行う。
自動処置	Main OBC によるリアクションホイールの強制停止を行う。

地上での確認方法／復旧方法	リアクションホイールのログ取得コマンド（CMD_GET_RWHEEL_LOG）のテレメトリ「RW 起動有効フラグ」、「RW ステータス」、「9軸センサのデータ」で確認可能。復旧方法はログの内容による。

4．ミッション系異常

ミッション系異常の詳細を**表5**に示す。

表5　ミッション系異常の詳細

(1) Mission OBC 電流値異常	
検知方法	Main OBC による消費電流の監視を行い、2回連続して 800mA を上回る場合に異常と判断する。
自動処置	Main OBC による Mission OBC のシャットダウン後、70 秒待機してから Mission OBC の再起動を行う。
地上での確認方法／復旧方法	HK データ取得コマンド（CMD_GET_HKDATA）のテレメトリ「異常発生回数：電流：Mission OBC」で確認可能。
(2) Mission OBC 通信異常	
検知方法	Main OBC による通信状態の監視を行い、Mission OBC へのデータ送信失敗、あるいは Mission OBC からのデータ受信失敗を検知した場合に異常と判断する。
自動処置	Mission OBC へのデータ送信失敗の場合、最大3回まで Main OBC からの再送制御を行う。Mission OBC からのデータ受信失敗の場合、最大 10 回まで Main OBC からの再送制御を行う。
地上での確認方法／復旧方法	地上からのコマンドで通信異常が発生した場合は、コマンドレスポンスで確認可能。
(3) Mission OBC 温度異常	
検知方法	Main OBC による温度の監視を行い、2回連続して 100degC を上回る場合に異常と判断する。
自動処置	Main OBC による Mission OBC シャットダウン後に 70 秒待機し、Mission OBC を遮断する。
地上での確認方法／復旧方法	HK データ取得コマンド（CMD_GET_HKDATA）のテレメトリ「異常発生回数：温度：Mission OBC」で確認可能。一定時間待機後、衛星搭載機器の起動／遮断コマンド（CMD_POWER）で Mission OBC の起動を行うことで復旧を試みる。
(4) アーム電流値異常	
検知方法	Main OBC による消費電流の監視を行い、2回連続して 750mA を上回る場合に異常と判断する。
自動処置	Main OBC によるアームの再起動を行う。
地上での確認方法／復旧方法	HK データ取得コマンド（CMD_GET_HKDATA）のテレメトリ「異常発生回数：電流：アーム」で確認可能。

【Appendix CDH8-2　運用者による異常処置】

運用者による異常処置で対応する各系の異常内容を**表6**に示す。

表6　各系の異常内容

サブシステム	異常内容	詳細
各系	Main OBC／各機器間の通信異常	次ページの1．参照
通信系	(1) アンテナ展開異常	2．参照
	(2) 主系送信機の固定故障	
ミッション系	(1) アーム展開異常停止	3．参照
	(2) アーム収納異常停止	

1．各系異常

各系異常の詳細を**表7**に示す。

表7　各系異常の詳細

Main OBC／各機器間の通信異常	
確認方法	Main OBC と以下の機器の通信異常を、運用者がビーコン、コマンドレスポンス、テレメトリから判断する。 • Mission OBC • アーム • 磁気トルカ • リアクションホイール • 主系送信機 • 冗長系送信機
運用者による処置	(1) 各機器の再起動を行う。 (2) Main OBC のリセットを行う。 ※不具合箇所の特定が可能な場合はいずれかを実施する。不可能な場合は (1)、(2) の順で実施する。

2．通信系異常

通信系異常の詳細を**表8**に示す。

表8　通信系異常の詳細

(1) アンテナ展開異常 ※初期動作モード、および定常動作モードでのアンテナ展開が失敗した場合	
確認方法	運用者が地上での電波受信強度から判断する。
運用者による処置	アンテナ展開コマンド(CMD_EXPAND_ANTENNA)によるアンテナ再展開を行う。
(2) 主系送信機の固定故障	
確認方法	運用者が地上での電波受信状況から判断する。
運用者による処置	TXOBC 切り替えコマンド(CMD_SELECT_TXOBC)による冗長系送信機への切り替えを行う。

3．ミッション系異常

ミッション系の詳細を**表9**に示す。

表9　ミッション系異常の詳細

(1) アーム展開異常停止	
確認方法	アーム駆動コマンド (CMD_MOVE_ARM)、あるいはアーム駆動・画像撮影コマンド(CMD_MOVE_ARM_AND_TAKE_PIC)のテレメトリ「アームの位置」で確認可能。
運用者による処置	アーム駆動コマンド(CMD_MOVE_ARM)による強制展開を行う。
(2) アーム収納異常停止	
確認方法	アーム駆動コマンド (CMD_MOVE_ARM)、あるいはアーム駆動・画像撮影コマンド(CMD_MOVE_ARM_AND_TAKE_PIC)のテレメトリ「アームの位置」で確認可能。
運用者による処置	アーム駆動コマンド(CMD_MOVE_ARM)による強制収納を行う。

RSP-01 開発メンバー

三井　龍一
伊藤　州一
安達　一哲
杉山　洋憲
猪股　雄太
加藤　学
妹尾　梨子
細野　泰弘
細田　知江
米谷　拓朗
瀧本　辰一
大淵　暁登
木村　健将
田中　良輔
空久保　充弘
越　友宏

三好　彩子
椛澤　貴子
伊串　亮二
廣田　陽一
鬼頭　佐保子
今井　尭之
入山　徳夫
今村　謙之
古川　頼誉
大伍　克則
池田　愛
後藤　昂司
山﨑　康平
山下　澄子
田中　寛之
武井　智司

松岡　千代子
菅田　朋樹
有路　委久男
小川　洋史
山下　紘生
石川　拓海
菅原　彬
安部　綾音
森下　義人
宮本　卓
池田　瑞希
金子　拓矢
遠藤　桃子
清水　健矢
宇山　慎二
松永　みなみ

池羽　輝海
近藤　健
近藤　淳
星　諒佑
下地　安男
佐藤　央隆
平井　拓実
永嶺　賢
阿部　拓斗
髙橋　健太
飯田　拓海
簑和田　孔
柳　圭亮
大谷　興治
土屋　潤
菅野　英俊

衛星からの信号初受信

#趣味で作る人工衛星

2023年 4月14日　第1版第1刷発行

著　者　リーマンサット・プロジェクト
発行者　村上和夫
発行所　株式会社 オーム社
郵便番号 101-8460
東京都千代田区神田錦町 3-1
電話 03(3233)0641(代表)
URL https://www.ohmsha.co.jp/

組版 アトリエ渋谷　印刷・製本 壮光舎印刷
ISBN978-4-274-23038-7 Printed in Japan